一步万里阔

TECHNOLOGY

技术与德国

TECHNOLOGY IN MODERN GERMAN HISTORY

1800年至今

1800 TO THE PRESENT

Karsten Uhl

[德] 卡斯滕·乌尔 著

朱任东 译

中国工人出版社

图书在版编目(CIP)数据

技术与德国:1800年至今 /(德)卡斯滕·乌尔著;朱任东译.
-- 北京:中国工人出版社,2024.3
书名原文:*Technology in Modern German History*:*1800 to the Present*
ISBN 978-7-5008-8112-4

Ⅰ.①技… Ⅱ.①卡… ②朱… Ⅲ.①技术史-研究-德国-1800- Ⅳ.①N095.16

中国国家版本馆CIP数据核字(2024)第055078号

著作权合同登记号:图字01-2023-0105

技术与德国:1800年至今

出 版 人　董　宽
责任编辑　杨　铁
责任校对　张　彦
责任印制　黄　丽
出版发行　中国工人出版社
地　　址　北京市东城区鼓楼外大街45号　邮编:100120
网　　址　http://www.wp-china.com
电　　话　(010)62005043(总编室)　(010)62005039(印制管理中心)
　　　　　(010)62001780(万川文化出版中心)
发行热线　(010)82029051　62383056
经　　销　各地书店
印　　刷　北京盛通印刷股份有限公司
开　　本　880毫米×1230毫米　1/32
印　　张　13
字　　数　260千字
版　　次　2024年4月第1版　2024年4月第1次印刷
定　　价　88.00元

目录

致　谢

我想感谢那些认真阅读了本书部分章节的朋友和同事：马修·C. 卡德威尔（Matthew C. Caldwell）、诺扬·丁克卡尔（Noyan Dinçkal）、罗伯特·格罗斯（Robert Groß）、安娜·洪纳克尔（Ana Honnacker）、妮娜·克莱诺德（Nina Kleinöder）、迈克尔·勒费尔森德（Michael Löffelsender）、德特勒夫·马雷斯（Detlev Mares）、斯蒂芬·波瑟（Stefan Poser）、尼古拉斯·罗勒德尔（Nicolas Rohleder）和克里斯蒂安·楚姆布雷格尔（Christian Zumbrägel）。你们的评论帮助我改进了工作，当然，作为作者，我对任何错误或缺陷负有完全责任。我特别感谢丛书的编辑詹妮弗·埃文斯（Jennifer Evans）、马修·菲茨帕特里克（Matthew Fitzpatrick）和丹尼尔·西门斯（Daniel Siemens）邀请我为丛书撰写这本书。他们对手稿进行了极其严格的审阅，为进一步完善论点提供了重要的线索。

唐娜·J. 德鲁克（Donna J. Drucker）是一位科技史学者，也是在德国大学任教的以英语为母语的老师。她阅读了大部分手稿，我对她在内容和语言方面作出的卓越的编辑工作深表感激。

自 2006 年我认识米凯尔·哈德（Mikael Hård）以来，他为我理解技术史提供了灵感。虽然我们的方法论有一些差异，但作为本书写作计划提出后的第一位读者，他对书中主题所提的宝贵建议对我来说意义非凡。我还要感谢本书的两位匿名审稿人。

最重要的是，我要感谢我的妻子罗尼娅·吕克海姆（Ronja Rückheim），她容忍了我为努力完成手稿而养成的糟糕习惯。

导　言

技术塑造了现代德国。非德国人通常将战后德国与技术以及高质量汽车等大众消费品联系在一起。流行音乐甚至也传播了德国文化与技术密切联系的刻板印象，尤其是卡夫特沃克乐队（Kraftwerk，“发电站”）的歌曲“Autobahn”“Radioactivity”“We Are the Robots”。本书探讨了这种关联的起源，以及在200多年的德国历史中，技术的各种表现形式。本书调查了从19世纪初到21世纪初，技术在改变德国文化、社会和政治的过程中起到的作用，其核心是对技术与文化之间的相互关系进行调查。本书探讨的主要问题是二元的：技术如何塑造了现代德国，以及现代德国——及其特定的文化假定、社会结构和政治权力——如何塑造了技术。在本书中，我们将重新研究工业化、城市化和进步的主导叙事，以及长期被历史学家忽视的领域，如传统和日用技术的持续存在、农村技术和技术机构。 1

德国历史学者仍然倾向于忽视技术史对于国家整体发展的

重要性。已有的广泛研究证明了技术对于德国历史中的民族认同、理解现代主义和适应美国主义等重大问题的关键性。例如，航空技术在 20 世纪初塑造了现代化的德国认同。[1] 此外，泰勒主义和福特主义在魏玛德国拥有许多支持者，他们将美国的工业效率概念运用于德国具体的经济、文化和社会环境。[2] 正如杰弗里·赫夫（Jeffrey Herf）所指出的，“反动的现代主义者”，尤其是纳粹分子，占有现代技术，同时拒绝现代性和启蒙的政治价值观。[3] 本书为这些重要贡献提供了一个广泛的介绍和综述，为后续研究奠定了基础。它将展示技术如何渗透入现代德国生活的方方面面。本书是论述技术在德国历史中扮演的角色的首部英语著作，这一空白是令人惊讶的，因为技术对德国经济、社会和文化至关重要。20 世纪 20 年代，两家公司的合作象征着现代德国技术的不同方面：克虏伯和库卡（Kuka）合作生产垃圾收集车。克虏伯代表了德国工业的过去和现在，而库卡则在半个世纪后成为最重要的工业自动化参与者。[4] 就工业历史而言，克虏伯代表了 19 世纪的重工业，在 20 世纪中叶仍占主导地位。相比之下，库卡是一位新来者，在旧工业时代结束后成为一位重要的参与者。库卡还代表了全球工业发展的未来趋势，2017 年，一家中国公司接管了它，标志着西方工业主导地位的终结。此外，库卡的历史也是技术史涵盖消费和工业生产全部历史的例证——在这一例证中，垃圾处理是消费的最终阶段，机器人是自动化的最现

2

代化版本。它还表明，最复杂的进步愿景——机器人技术——有时起源于诸如垃圾处理等日常生活技术问题。同样重要的是，库卡的故事提醒我们，当前人们面对的紧迫问题——尤其是环境问题——在 20 世纪初已经非常显著，已具规模的克虏伯公司与未来之星库卡合作解决垃圾清理的难题。尽管库卡公司在过去的百年中发生了变革，但有一件事没有改变：库卡的机器人手臂仍然与早期的垃圾收集车一样是橙色。2018 年德国总理安格拉·默克尔自豪地向国宾展示库卡的产品，即使它不再是一家德国公司，但仍然是一家总部位于德国的高科技企业。

图 0.1————德国总理安格拉·默克尔于 2018 年 4 月 23 日在汉诺威博览会上向墨西哥总统恩里克·佩纳·涅托展示用于大众汽车制造的库卡机械臂。

3

在过去的几十年中，技术史学者采用了新颖的研究方法，并改变了研究重心。从 20 世纪 80 年代开始，关注技术的社会建构和文化适用性等研究方向崭露头角。然而，这些新方法并非没有面临挑战。据历史学家约阿希姆·拉德考（Joachim Radkau）所言，技术史仍然主要被理解为劳动史。[5] 尽管我认同对劳动的强调，但正如接下来的章节所展示的，仅关注生产，往往会忽略技术的多重适用性以及技术使用者的主动性。从设计与建造时的社会文化结构开始，到使用、处置或回收，这是技术的生命周期，它对技术史至关重要。只有历史学家才能决定关注技术产品、工程师还是用户。[6] 本书将在这些不同的视角之间切换。

甚至历史上的实践者有时也在这些视角之间切换。有一些证据显示，德国工人特别强烈地认同自己生产的产品和“德国精工”的概念。普通工人为参与生产现代科技的象征性产品而自豪，如飞机。例如，不来梅的福克 – 沃尔夫（Focke-Wulf）飞机公司的工人们为“他们的”飞机首飞而庆祝。正如历史学家阿尔夫·吕特克（Alf Lüdtke）所指出的，这是熟练工人对劳动的真实热情和自豪表达。[7] 总体而言，劳动者既认同产品本身，又认同工程师和设计师的努力。此外，他们还会想象乘坐飞机，尽管那个时候的工人几乎不可能买得起昂贵的机票。

此外，生产者与使用者之间的界限在创新历史中变得模糊不清。具体而言，深入研究就会发现，技术史中并未出现许多天才发明家的身影；相反，大多数情况是修补匠逐步改进了技术。许多技术产品是集体发明的结果。[8]近年来，当代对技术进步的矛盾情绪也反映在对创新失败的学术研究中。[9]例如，磁悬浮高速单轨列车“Transrapid”的案例清楚地反映了社会、经济和文化条件对技术创新的重要性。这一例证推翻了那种仍然流行但幼稚的天才创新者理念——那些无可阻挡的发明之所以成功，完全是因为它们自身的质量。

总之，技术史不只是创新的历史。大卫·艾杰顿（David Edgerton）已经证明了古老的技术、混合技术与全球历史的相关性。最重要的是，我们不应把创新性与重要性混为一谈。德国历史中还有古老技术的特定方面。[10]据约阿希姆·拉德考所说，19世纪初期德国人对采用新技术的不情愿以及对创新的适应较慢，最终成为他们成功的秘诀。他们接受了已经确立的技术，并在19世纪末成为以科学为基础的工业的引领者。往往被忽视的是，一些“古老且持续发展的产业”[11]延续至今。

说了这么多，我并不主张完全将视角从生产转移到使用。对用户主动性的过高评估会产生新的方法论问题，这将在第七章中广泛讨论。目前，重要的是指出用户在面对技术问题时的主动性，以及这种主动性受到的限制，这就足够了。总之，技术的历史是人类、环境与技术之间的关系的历史。这种观念不应被误解为仅是思想史。虽然这种关系的历史概念很重要，但本书旨在分 4

析社会实践中人类与技术之间的关系的变化。因此，从广义上讲，技术被理解为人类生产或使用技术产品的过程。[12] 不断有历史人物声称要引进“人性化”技术或为技术“人性化”而奋斗，这构成了全球技术史的特征。如各章所示，工业劳动与城市发展的人性化在德国历史上是一个特别重要的主题。然而，“人”“人性”或“人性化”的概念本身就是非常灵活的。社会主义者、自由主义者和民族社会主义者声称对现代技术与人类需求的和解具有独到的认识。

对技术史最具说服力的方法是研究“自下而上”的历史，正如鲁思·奥尔登齐尔（Ruth Oldenziel）和米凯尔·哈德的杰出工作所证明的那样。[13] 这种方法聚焦于普通人。当然，工程师、企业家和政治家都值得我们关注，但工人、农民、居民、家庭主妇、休闲爱好者、通勤者和旅行者都能为我们提供关于技术史的许多信息。这一关注不可忽视技术产品。虽然技术并不决定一个国家的历史发展，但它绝不是中立的。[14] 正如兰登·温纳（Langdon Winner）所示，技术产品具有政治性。[15] 一旦对一个庞大的技术系统做出政治决策，要扭转其势头就变得非常困难。[16] 当然，技术的社会影响是“复杂且依赖具体情况的”[17]，但技术仍然具有社会效应。

国际转移和跨国纠纷的问题引起了技术史学者极大的关注。[18] 正如大卫·阿诺德（David Arnold）所说明的，严格来说，这里考虑的是技术和知识的跨国流通，而不仅是单向的扩散。[19]这些复杂的过程将在所有章节中涉及。除了19世纪初期、中期英国技术的明显影响，以及20世纪末以来美国对德国技术发展的影响，还有许多国家向德国转移了知识和技术。其中包括工业化早期游徙的比利时技术人员、丹麦的农村技术体系和各种环境抗议。我们不能忽视，冷战期间苏联对社会主义民主德国发展所产生的至关重要的影响。苏联的技术转移不仅限于高科技，而且涉及农村环境中日常使用的技术制品，如挤奶机（见第六章）。从19世纪末开始，德国成为许多欧洲邻国技术发展的典范。即使是20世纪初被广泛地描述为“美国化”的效率运动，在大西洋两岸也有许多相互学习的因素。另一个重要的考虑因素当然是对殖民地的剥削以及由此带来的德国思想和产品的冷酷的全球转移，尽管这种转移并不总是达到预期目的。

在这一背景下，研究并区分属于国际趋势的技术发展与明显属于德国自身的技术发展非常重要。德国的技术发展有三个特点，它们高度相关且具有鲜明的国家特色。第一，从19世纪末开始，基于科学的产业对德国工业化的成功起到了至关重要的作用，产生了一种强烈的技术统治论思维和对进步的信仰。正如哲学家尤尔根·哈贝马斯所指出的，对于一些德国技术官僚来说，对技术和科学几乎无限的信仰近乎一种意识形态：他们认为创新技术是构建和组织社会的手段。[20]第二，在现代德国历史中，国

5

家及其官僚机构在产业技术的推动方面扮演了非常积极的角色。往往被忽视的是，国家对城市规划或农村发展等问题也发挥了至关重要的作用。第三，环境运动在德国产生了强烈的影响。它在 19 世纪就有基础，但在 20 世纪末和 21 世纪初，尤其是在有争议的核能问题上，变得极为重要。

对德国历史特殊性的列举，可能让一些读者想起在 20 世纪七八十年代备受关注的“特殊道路”辩论。[21] 最近，历史学家尤尔根·科卡（Jürgen Kocka）回顾了这场辩论。尽管该辩论假设存在一条通向现代化的“正常”（或自由主义）路径，而德国偏离了这条路径，在这方面存在一些缺陷，但“特殊道路”的一些问题仍然具有相关性。最重要的是，仍然需要理解为什么德国会与法国或英国不同，而被法西斯主义所掌控。[22] 自从杰弗里·赫夫的杰出研究《反动现代主义》问世以来，这场辩论逐渐发生了改变，人们认识到曾存在多种替代现代性的变体。因此，如今不再将德国视为“一个在现代化过程中遇到困难的国家，而是一个令人困扰的现代国家”[23]。

最初的“特殊道路”辩论在很大程度上忽视了技术问题，即便是海因里希·奥古斯特·温克勒（Heinrich August Winkler）撰写的杰出的现代德国历史通论，也很少关注德国对西方技术的吸收。然而，温克勒准确地描述的德国政治、社会史，即“通往西方的漫长道路”[24]，应该与德国技术早期发展的西方化形成对比。总之，有一些证据表明德国的“令人困扰的现代性”至少部分地归因于从19世纪开始的对技术的特定评价。最重要的是，正如赫夫所指出的，对技术的反动拥抱对于现代“德意志民族身份”的形成至关重要。反动现代主义者试图“将技术与灵魂结合起来”，但他们只对“现代性中的技术”充满热情，因为他们拒绝启蒙时代的价值观。在纳粹时代，反动现代主义达到了顶峰。其中一些最重要的特征包括称赞“创造性资本”（与“寄生”或“犹太”资本相对立）是“效益、就业和技术进步的源泉”，以及“劳动过程的美学化”。最终，反动现代主义的传统在战时火箭计划中达到了顶峰。对于反动现代主义者来说，技术外化了“权力意志”[25]。为证明这一观点，历史学家乌尔里希·翁根罗斯（Ulrich Wengenroth）指出，自从第一次世界大战以来，包括工程师和政治家在内的重要的德国实践者，选择了一条自我设定的通往现代化的“特殊道路”。根据翁根罗斯的说法，因为德国的工业家和工程师更倾向于刻板地遵循过去的配方，所以德国工业成为自己在19世纪末繁荣的牺牲品。1945年之前，国际竞争对于大多数德国工业领域的根本性转型几乎没有产生动力。[26]

然而，人们不应将备受争议的“特殊道路”误解为仅是德国独特心态的问题。相反，政治结构问题至关重要。例如，与英国和法国不同，德国并没有中央集权。因此，德国不存在首都与政治权力较弱的城市之间的强烈差异。相反，在不同的德国城市之

6

间，技术发展水平相对均衡。[27] 当然这并不意味着地区发展不重要。事实上，19 世纪初工业革命开始时，德国各地的发展受到了特定产业的影响（见第一章）。

这本书的叙述始于 1800 年前后，当时技术史发生了重要的转变。乌尔里希·翁根罗斯曾经认为，当时出现的新技术思想，甚至比蒸汽机或纺纱机等早期工业化的经典技术具有更持久的影响力。[28]

这本书遵循《布卢姆斯伯里现代德国历史》（*Bloomsbury History of Modern Germany*）丛书的一般结构，分为两个部分。第一部分“追溯历史”，批判性地勾勒出对于充分理解现代德国至关重要的“叙事”。它概述了 19 世纪和 20 世纪德国历史中与技术相关的关键主题。该部分通过实证细节展示了技术如何塑造现代德国。与此同时，这部分还介绍了历史学上的争议。第一部分的关键主题包括工业化的不同阶段、网络化城市的发展以及将技术视为进步的目的论的胜利。此外，对高科技历史的批判性修正，讲述了高科技引发的狂热如何塑造了特定的历史路径，而不论相应的技术是否被证明是成功的。前两章全面讨论了工业化和城市化的发展，这对于理解现代德国历史至关重要。因此，这两章自然更具描述性和详细性。

第二部分“新的方向”，讨论了近期的历史学发展和新的研究方法。这部分旨在质疑通常将德国技术描绘为进步、工业化、精密和城市化的形象。它探讨了被忽视的领域，如农村技术或经常被忽视的日用技术的重要性——消费者或工人如何使用新技术？他们如何学习和改造它们？在高度技术化的环境中，身体经验如何被转变？总之，它将研究20世纪后几十年的历史，并考量那段时期中是否发生了技术变革——计算机化给职业生涯和私人生活带了多大程度的影响？在文化和政治方面，受到德国环保主义的影响，进步观念受到了挑战，因为曾经盛行的进步愿景被新的对不确定性的担忧所取代。

总体而言，第二部分反映了第一部分的研究结果：第一章调查了现代工业的不同阶段，而第五章考察了技术对技术使用者（生产者和消费者）身体的影响。同时，用户的身体实践和他们对技术的吸收，影响了产品的设计和修改。第二章揭示了城市发展对于现代德国历史的重要性，而第六章则仔细地研究了常常被忽视的农村地区技术变革的历史，这个故事很好地打破了农村落后的陈词滥调。同样，第三章叙述了德国高技术的发展，与第七章探讨的日用技术形成对比，后者对普通人的生活更为重要。最后，第四章展示了进步愿景在技术决策中起到的重要作用，而第八章则证明即使在极度乐观的时期，针对技术的抗议始终存在。

7

以这种方式配对的章节说明，对工业化、城市化、高科技的作用和进步愿景的持久认识，对于理解现代德国历史中的技术，仍然非常重要。同时，技术史中经常被忽视的不同路径和矛盾之处，也需要做更仔细的观察。在本书的末尾，一份简短的、附带注释的最重要的英文参考书目，反映了最近历史学研究所涵盖的主题和方法论。

第一部分

历史追溯

Chapter 1—工业化塑造的社会

11

没有一项工业革命的伟大创新源自德国。18 世纪后期，德国人并没有很快地吸收来自英国的新技术，只有少数几个地方运用了新的工业发明。这一时期，比利时、瑞士甚至法国的部分地区都要比德意志那些支离破碎的邦国先进。1815 年前后，萨克森和莱茵兰等地率先开始了真正的工业化进程，此时距英国工业革命开始已过去了近半个世纪。19 世纪后期，德国大部分地方的工业开始腾飞，[1] 然而，时间来到 1900 年，统一后的德国在工业竞赛中已经不落下风。

很多广为人知的历史论著把德国工业曾经的落后解释为一种优势：当 19 世纪末出现新型工业时，德国和美国没有英国旧工业的负担。[2] 在这一背景下，20 世纪 80 年代，历史学家进行了一场热烈的讨论，即德国是否存在一条独特的现代化道路（Sonderweg，“特殊道路”），以此解释德国第一次民主运动的失败和纳粹运动的兴起。[3] 普鲁士精英的长期霸权、强力但不民主的官僚机构和重工业巨头的巨大权力，是“特殊道路”观点的关键要素。2007 年，德国财政部部长佩尔·施泰因布吕克（Peer Steinbrück）在七国集团（G7）会议上宣称，最著名的重工业巨头克虏伯不仅象征着“德国工业化”，而且“象征着德国历史本身”，即使在今天，这一状况依然没有改变。根据这位社会民主党政治家的说法，克虏伯是德国工业史上最美好和最黑暗的代表。一方面，克虏伯是一个工业先驱，对其工人有着高度的社会责任感；另一方面，该公司在纳粹时期扮演了一个臭名昭著的角色——它提供的军事装备至关重要，而且使用了数千名强迫劳动者。[4] 这是政治、社会和经济史在关于德国工业史的公开辩论中持续交织的一个例证。

本章考察了 18 世纪晚期的情形，此时英国经济开始高速发展，激励着欧洲工业以它为榜样。欧洲各个地区之间存在着巨大的经济和科技差异，特别是对于德国历史学家来说，地区间的经济差异因政治分裂而加剧，因此描述一个“国家”的整体形象毫无意义，这种情况一直持续到 1871 年德意志帝国建立。诚然，普鲁士在很多方面是科技的创新者，但忽视德意志的其他地方，就只能了解片面的情形。一些经济和科技的进步只能通过研究德国西南各邦来加以解释。在此过程中，如果讨论国家在引进和发展工业技术方面的总体作用，那么究竟是德意志各邦（尤其是普鲁士）还是私营企业主导了德国的工业化进程，成为一个颇具

12

争议的话题。此外，有关德国的“特殊性”指向了技术史的一个中心话题：人与机器之间的关系。本章特别强调了“人”是贯穿德国工业从雏形发展到自动化时代的一个恒定因素。在19世纪末以科学为基础的工业萌芽期间，工厂仍然保留了精工细作的工艺传统，这是对恒定性的很好的证明。这种关于工作中重视人的因素的持久争论，一直持续到在自动化生产中使用熟练劳动力的当代。

“工业革命”这个术语绝不能被误解。虽然它描述了一个漫长的过程，但也代表了“与过去的实质性决裂”[5]。在1815年之前的几十年里，英国的多种发明确实是“变革性”的。与过去欧洲的很多技术发明不同，工业革命的影响从未消失。[6]从全球和欧洲的角度来看，英国具有特殊的条件，使其工业化进程得以启动。从全球来看，1750年至1850年发生的欧亚“大分流”（彭慕兰），可以用“技术创新和地理运气”来解释，其中的关键性因素是蒸汽机和煤炭。与中国的情况相反，英国的煤层恰好位于离工业中心相当近的地方。此外，两者在技术上面临的挑战完全不同。中国的矿井主要面临通风问题，而英国和欧洲的矿井需要不断排水。因此，英国燃煤蒸汽机的发明和进步具有决定性激励因素，在几十年内成为工厂重要的动力来源，也为现代铁路运输打下了基础。[7]此外，英帝国从其北美殖民地的丰富资源中获利。新大陆的煤、蒸汽机和原材料令英国及后来的欧洲避免走上东亚工业发展的劳动密集型道路。[8]

从欧洲的角度来看，英国的地理环境和技术进步也是相互影响的。英国北部和西部的廉价煤炭有力地推动了新技术的发展。[9] 与此相反，19 世纪后期欧洲大陆才开始大量使用煤炭，这是因为可燃烧的泥炭土已经满足了重要的中心城市的燃料需求，如不断发展的荷兰城市。历史学家罗伯特·艾伦（Robert Allen）假设，如果德国的煤炭利用比实际情况早发生 300 年，那么“工业革命可能在荷兰—德国得到突破，而不是英国的成就”[10]。但这一幕并没有发生，因此工业革命——技术和知识——不得不从英国引进。

虽然工业革命标志着对过去的重大突破，但传统的体系并没有迅速消失。甚至在 19 世纪 20 年代，英国纺织工业的新技术仍然与旧的工作组织形式兼容。现代工厂出现了，但分散的作坊和生产系统并没有消失，而是设法与更现代化的技术相结合。与独立的手工业者不同的是，那些受雇于家庭手工作坊的人，他们的原材料是由包买商提供的，产品也由包买商负责销售。这样，家庭作坊雇工就成为事实上的雇佣劳动者，因此，一种资本主义的依赖关系在工业化大工厂出现之前就已经出现了。[11] 在某种程度上，这种依赖更为严重：包买商决定了质量标准和交付产品的时间。[12]

13

从后来出现的“血汗工厂”和中间人的介入来看，家庭手工作坊的某些方面可以看作后来在工厂中得到系统发展的劳动纪律的前身。包买商制度早在 14 世纪就已经存在，并在 16、17 世纪广泛实行，特别是在纺织业中。这些旧的纺织业分散网络直到 20 世纪才最终消失。[13] 正如历史学家马克辛·伯格（Maxine Berg）所说，"是竞争和资本主义的压力，而不是新技术本身"[14] 导致了大工厂制度的发展。经济史学家扬·德·弗里斯（Jan de Vries）也提供了很好的证据，证明工业革命开始前的一个世纪中发生了重大变化。这一早期发生的"勤勉革命"（industrious revolution）结合了供给和需求两方面：家庭作坊强化了市场生产，同时增加了对消费品的需求。根据德·弗里斯的说法，"勤勉革命"先于工业革命发生，并"为工业革命铺平了道路"[15]。

即便在英国，也存在"许多条通往工业革命的道路"，更不用说在欧洲和全球。[16] 尽管无法简单地以技术解释这种多样化，但技术仍然是理解工业革命，尤其是其传播的核心。蒸汽机或纺纱机等新技术尤其给人们留下了深刻的印象，这使得许多外国人来到英国，试图模仿和引进这些技术。为了保护自己的经济独特性，英国甚至实施了技术出口禁令。[17] 由此来看，技术对于工业和社会发展至关重要。技术不仅对社会和经济产生直接影响，而且对文化产生的间接影响同样显著。

走私新技术并没有使得欧洲大陆的经济顺理成章地获得成功。英国的高水平表现必须归功于"不仅是机器"：技术的成功应用也需要英国工人和管理人员的技能和效率。[18] 因此，需要同时进行技术、知识和人员的转移。

德国的早期工业化：不只是技术转移

在 1800 年前后的几十年里，技术和知识的转移似乎是一条从英国到欧洲大陆的单行道。然而，如果不回顾对英国工业起飞至关重要的早期发展阶段，这幅图像是不完整的。法国历史学家费尔南・布罗代尔认为，15 世纪后期的繁荣是由德国的高水平贵金属采矿技术（金、银和铜）带来的，由此拉开了工业革命的序幕。这一趋势直到 1535 年后才停止，当时新大陆的银矿开采开始扩张并与欧洲竞争。就在这一早期发展阶段，英国人很快学会了德国的采矿技术。[19] 从这个意义上说，机械化和技术进步的早期转移对后来的英国工业革命的影响，比通常认为的更为重要。[20]

14

一些证据表明，“勤勉革命”的概念适用于英国和荷兰，但对于德国来说并不完全适用。19 世纪，行会等传统机构仍对日益高涨的“在市场中工作和消费的欲望”有着严格的限制。[21] 尽管如此，德国社会绝不是极端守旧和反进步的。诸如萨克森这样的地区，行会本身也通过建立纺织学校推动了工业化进程，学徒和熟练工在那里学习技术。[22] 尽管这是一个不彻底的现代化的例子——试图保留旧的秩序，但也有来自社会不同方面对新技术的全心全意的支持，官僚、科学家、企业家和工匠都对来自国外的新技术感兴趣，并传播相关知识。在 18 世纪晚期从英国发回消息的德国旅行者中，最重要的一位是杰出的科学家格奥尔格 · 克里斯托夫 · 利希滕贝格（Gerog Christoph Lichtenberg）。利希滕贝格对蒸汽机和新工厂非常感兴趣，在家书中描述了工业生产的细节，显然他对严谨的劳动分工印象深刻。[23]

在 1770 年的一封信中，利希滕贝格讲述了一位英国勋爵——“一位德国人的崇拜者”——指出了两国在科技方面的所谓差异。根据这位英国人的说法，德国发明家具有深刻的理论洞察力，而英国人仅是修补匠而已。这位英国勋爵无法理解，他的同胞设法制造了机器，“然而他们的解释和理解往往非常不正确”[24]。这封信回顾历史，准确地讲述了工业革命是如何变成一个英国逐渐进步从而成功的故事。英国“修补匠们”对理论洞察力的兴趣逐渐超过了对经济产出的兴趣。五年后，利希滕贝格参观了伯明翰附近的博尔顿和瓦特的“著名工厂”，并对工厂最重要的产品“一种新型火力或蒸汽动力机器”着迷。[25] 那时，对技术感兴趣的游客肯定要去参观工厂，直到博尔顿担心游客中有工业间谍，于 18 世纪 80 年代末将其关闭。[26]

虽然像利希滕贝格这样的著名科学家可以写下他在英国看

到的令人印象深刻的事情，但技术转移的决定性因素还是普通工匠。钟表匠等熟练技工访问了英国，向瓦特等英国工程师学习，并在回国时将新技术转移到德国。特别是德国的盐矿从这一知识转移中受益匪浅，并在 18 世纪后期实现了现代化。[27] 此外，一些德国工匠在英国工厂待了一段时间，然后作为技术专家回到德国，他们知道如何使用、修理甚至安装新技术装置。[28] 技术和专门知识的个人转移在工业化的早期阶段至关重要，即使在以科学为基础的技术发展后期，基于个人的技术知识和隐性知识也是十分重要的。[29]

在 1800 年前后的几十年里，从英国到德国的技术转移分为三个发展阶段：第一阶段，德国完全依赖进口机器和随之而来的专业技术移民；第二阶段，18 世纪末英国实施出口禁令后，德国开始了工业间谍活动——企业技术人员去英国学习，其中的一些人甚至试图潜入工厂；第三阶段，也就是更先进的技术发展阶段，知识转移通过出版物、设计图纸等媒介进行。[30] 约翰·贝克曼（Johann Beckmann）是德国技术科学的先驱，被称为“技术之父”，促进了最后一种技术转移的发展。在他的著作和论文中，最著名的是在 1780 年出版的关于发明历史的书籍，贝克曼向德国专家介绍了英国的各种工业和科技进步，如运河修建、炼焦和炼铜，当然也描述了博尔顿和瓦特工厂的蒸汽机生产。[31]

获得技术诀窍是一个缓慢且乏味的过程。19 世纪早期，德国工业依赖于从英国、比利时工匠和专家那里引进的技术知识。[32] 德国的第一批机械纺纱厂是由英国专家仿照英式样例建造的。伍珀塔尔（Wuppertal）棉纺厂最初的成功在很大程度上要归功于普鲁士政府，政府于 1821 年提供了一台易于仿制的半机械式织布机来支持纺织厂。[33] 1835 年，纽伦堡与菲尔特之间的第一条德国铁路完全是从英国进口的：铁轨、货车车厢、机车车头，甚至火车司机、司炉和煤也是进口的！在接下来的几十年里，柏林和开姆尼茨的德国工程师设法复制了这条线路。[34]

关于工业革命时代技术转移的著名报道很好地凸显了早期适应的过程。例如，1751 年，在英国发明第一台纽科门式蒸汽机近 40 年后，比利时机械师让·瓦塞格（Jean Wasseige）第一次在德国杜塞尔多夫附近的一个铅坑里安装了一台纽科门式蒸汽机。到处迁徙的比利时工匠在德国引进新技术方面发挥了重要作用，因为比利时的技术较为先进，许多比利时工匠是运用英国新技术的第一批大陆专家。[35] 瓦特式蒸汽机比它的纽科门前辈效率更高，运往德国的第一台瓦特式蒸汽机并没有经过这么长时间的耽搁。1785 年，就在第一台英国瓦特式蒸汽机制造出来几年后，它就被运到哈尔茨山（Harz Mountains）附近的黑茨特（Hettstedt），用于一座铜矿的排水。[36] 三年后，德国首次在西里西亚城镇塔尔诺维茨（Tarnowitz）附近的铅矿建造了瓦特式蒸汽机，用于矿井排水。不过，机器零件是英国制造的。[37] 显然，

技术差距并没有缩小。事实上，这种转移之所以能够成功，只是

16 因为蒸汽机不在英国出口禁令的范围之内，英国并不认为蒸汽机在国外的扩散是对自身经济优势的威胁。因为虽然从长远来看，蒸汽机对工业的进一步发展至关重要，但在当时，它对除采矿之外的经济活动的影响仍相当有限。[38] 1791 年，德国工程师才成功地制造了国产蒸汽机，并且是仿照过时的纽科门式蒸汽机制造的。这台机器是一个很好的例子，说明了新发明有时会面临的困难：它的完成时间被推迟，而最初订购机器的矿井拒绝接收，在被扔到一边八年之后，另一个矿区才把它运走。[39] 德国工业化早期阶段的这次失败，最终成为鲁尔区现代采矿业发展的起点，使得德国工业化真正地腾飞。从 1808 年开始，正是这台蒸汽机使得煤矿得以进行深层开采。[40]

除了这个例子，考虑技术生命周期也是至关重要的，它克服了只关注最新技术的局限性。在一些地方，纽科门式蒸汽机被使用了很长一段时间——它与瓦特的发明无关。此外，英国的技术在转移到德国之前经常绕道欧洲其他地区。例如，1779 年，普鲁士的第一台蒸汽机被安装在阿尔滕韦丁（Altenwedding）的一个褐煤矿中，取代马匹用于排水。这是一台纽科门式蒸汽机，可能来自斯洛伐克，那里的采矿业自 18 世纪初以来取得了巨大的进步。这台蒸汽机是技术持续使用的一个很好的例子：纽科门式蒸汽机在 1779 年已经过时了，但是直到 1800 年，纽科门式蒸汽

机的使用数量还是多于瓦特式蒸汽机，甚至在英国也是如此。在阿尔滕韦丁煤矿中使用的旧式纽科门蒸汽机，直到 1828 年才被新的瓦特式蒸汽机所取代。[41]

18 世纪晚期的这些初步努力为德国各邦的工业腾飞奠定了基础。1784 年，位于莱茵兰拉廷根镇（Ratingen）的欧洲大陆第一家机械化棉纺厂开业，就是一个很好的例子。德国工厂主甚至以它模仿的英国工厂的坐落地点"克罗姆福德"（Cromford）给自己的工厂命名。[42] 它的原型工厂是由英国著名发明家理查德·阿克赖特（Richard Arkwright）于 1771 年创建的，可以被认为是第一座现代化工厂，实行了全面的劳动分工，引入了流水线生产和半自动化生产的概念。[43] 德国人在钢铁工业上也取得了进展。经过了几次短期试验的失败，1796 年，第一座功能齐全的炼焦炉在上西里西亚投入使用。[44] 除了技术和经济上的模仿，德国人还从英国的经验中学到了如何尽量避免犯错，至少他们是这么认为的。如何避免工业化产生最坏的社会后果，这一问题在德国被广泛地讨论。因此，英国不仅是一个积极的榜样，而且作为工业先驱提供了反面教训。尽管如此，德国难以避免地在一些问题上重蹈覆辙，如童工问题。尽管普鲁士在工业发展上落后于英国，但一些最重要的普鲁士工厂雇用的童工数量几乎占劳动力总数的三分之一。两国的限制性立法同样出现在 19 世纪 30 年代：1833 年，英国《工厂法》宣布雇用童工为非法；1839 年，普鲁士也有类似的法律颁布。[45]

17　总之，英国既是德国的榜样，又是竞争对手。[46] 但德国的某些情况明显与英国不同。英国的创新者主要是资本主义企业，而德意志国家——尤其是普鲁士——通过国家官僚机构促进工业化的发展，并组织了来自英国的知识转移。[47] 因此，德国工业化最初并不是实施资本主义原则的结果，而是由自认为代表自由进步的政治家发起的。因此，自由主义与重商主义的思想相融合。当时的德国人很清楚自己的国家与英国的不同之处，许多重要的思想家和改革家钦佩英国工业上的成功，与此同时，他们并不相信简单地复制英国模式会奏效。德国——或者更准确地说是在 1871 年成为德意志帝国的那片土地——必须找到自己的工业发展之路。因此 1800 年前后发生的不仅是技术和经济观念的转移，而且是全面的文化交流。著名的普鲁士改革家卡尔·奥古斯特·冯·哈登贝格（Karl August von Hardenberg）等领军人物很早就对工业进步十分了解，1773 年至 1781 年，他三度前往英国学习。[48] 他和亚历山大·冯·洪堡（Alexander von Humboldt）等知识渊博的官员从 18 世纪后期就开始促进普鲁士的工业化，实行了一些小规模的技术创新战略，19 世纪后期德国在全球工业中的领先是一个世纪前演变开始的结果。[49] 萨克森在七年战争（1756—1763 年）中失败后，建立了国家经济机构，为实施新的产品、工艺和技术支付额外费用，促进工业化以重建经济。四十年后，普鲁士在1806年对法战争中失败后，也发起了改革运动，加速了工业技术的发展。[50]

尽管这一模式是显而易见的，但德国工业化的发展历史也不是一条直线或单一模式。其发展存在着显著的地区差异，发展进程也不尽相同。一些历史学家总是弄不清这一点，他们将德意志各邦与英国相比，将其描述为“极不发达的国家”。根据这一说法，德国“意识到自己的落后，并刻意模仿”[51]英国。在这方面，有必要对技术发展的思想史和经济史进行区分。尽管出现了关于进步的交流，使德国人羡慕英国繁荣的工业，但这并不意味着德国工业必然没有竞争力。另外，认定德国工业普遍落后是有问题的，因为各地的情况并不相同。政治学家加里·赫里格尔（Gary Herrigel）指出，德国有两种主要的工业模式，只有一种模式符合大众所认为的“德国生产方式”，即从农村地区迅速转变成大公司主导的工业中心，鲁尔区就是典型。[52]另一种模式在德国工业史上同样重要，但经常被忽视，那就是“分散型工业模式”，在实施这种模式的地区，中小型企业在不放弃传统手工业和专精化生产体系的情况下保持了竞争力。无论是当时的德国人还是外国竞争者，都不认为这些企业是“落后的”。这种工业模式主要存在于德国西南部、萨克森，以及西部伍珀塔尔和锡根（Siegen）周围的农村。早期农村工业化的特点是向工厂制度的“缓慢过渡”，令人惊讶的是，传统的“去中心化、生产分散、外

18

包网络”在整个19世纪和20世纪持续存在。这种“工业化的替代类型”应对了欧洲工业化的挑战，在采用一些新技术的同时保留了基本的组织结构。[53]

历史学家对这些地区间差异的忽视，导致他们错误地将德国工业化的一种模式与所谓的德国工业化道路等同。在描述德国工业化的所谓特征时，学者们经常错误地引用经济学家亚历山大·格申克龙（Alexander Gerschenkron）对“经济落后”的经典定义，认为像德国这样看上去“落后”的国家专注于输入“最现代化、最昂贵的技术”，且偏爱“大规模工厂”。[54] 格申克龙和他的赞成者认为，对于最初的落后，这是奋起直追的完全合理的方式。然而，这种分析方法忽视了德国有实现工业现代化的多种途径。格申克龙的描述只适用于工业化城市地区，如不断扩大的鲁尔城市圈，这些城市必然依赖于技术和知识的输入，即英国的机器、工程师和工人。[55]

最近，大多数历史学家还相信，德国的工业成功要归功于一种特殊的银行业——全能银行（universal bank）。然而，经济学家卡罗琳·福林（Caroline Fohlin）最近指出，全能银行是“在工业化的最后阶段成长起来的，而不是在工业化之前”。从某种意义上说，技术创新催生了全能银行，而不是普遍认为的那种相反的情况。此外，1850年以前的工业增长大部分“来自金属加工、纺织和其他轻工业的中小生产者”，而不是通常所认为的大型重工业企业。[56]

对于纯粹的技术转移和传播也要进行区别。可以用萨克森纺织业的例子来说明。萨克森纺纱厂的第一台蒸汽机出现于1820年，但蒸汽机得到广泛应用的速度却很慢。截至1848年，只有18家棉纺厂采用了蒸汽机，而且其中的大部分工厂仍然使用水车提供补充动力。因此，萨克森的问题不是缺少技术转移，而是技术的传播速度太慢。此外，采用新的织布机技术并不意味着建立工厂；相反，手工编织者团体在小作坊里也可以使用，新技术很容易与旧的模式相结合。这种缓慢的工业化道路被证明是相当成功的。[57] 从某种程度上说，较早地运用技术创新在这一缓慢的过程中产生了十分重要的影响：萨克森的第一台纺纱机是半机械式“珍妮纺纱机”，采用这种较陈旧技术的分散生产持续了很长时间，因此它的流行阻滞了全机械化生产流程的发展。[58] 此外，19世纪中叶，萨克森的商业政策同时鼓励工厂兴建和家庭手工业技术改造，促进了二者的共存。[59] 不过，19世纪50年代是技术流行的10年，1861年，萨克森的大多数纺织车间用上了蒸汽机。[60] 这一变化发生在全德纺织业中，手工纺纱基本上被水力和蒸汽纺纱机所取代。[61] 在德国其他地区，“小企业的持续发展”也与技术创新携手并进：19世纪后期，雷姆沙伊德（Remscheid）和索林根（Solingen）地区的小企业是小型蒸汽机和汽油发动机的首批用户，它们也是19世纪90年代小型电动机

19

的首批用户。要知道大多数德国工厂在 1905 年以后才转用电动机，这些小企业是很了不起的。[62]

尽管如此，这两个下莱茵河地区的城镇的工业机械化进程开始得相当晚了。自中世纪以来，这两个地方就是传统的餐具生产中心，自 18 世纪晚期以来保持繁荣。两个地方在没有改变工业结构的情况下保持了竞争力，它们都是由“几乎没有任何机械化迹象（19 世纪 50 年代才引入蒸汽机）的小作坊、小商店”塑造的。然而，工匠非常专业，即使没有适当地过渡到工厂制度，劳动分工的程度也很高。[63]

总之，德国工业化的特征是“传统体系长期存在”[64]，减缓了经济和社会变革进程。19 世纪，家庭手工业和工厂长期共存并竞争。[65] 然而，如上所述，不能把这种转变的缓慢等同于技术和经济的完全落后。在某种程度上，技术转移的代理人特别注意生产中“人”的因素，因此，19 世纪初缓慢的技术变革为 19 世纪后期基于人力资本优势的快速变革铺平了道路。除了几十年来想方设法保持其劳动方式的农村工匠，普鲁士的改革家也参与了这一缓慢转变的过程。18 世纪晚期，不是普鲁士国王，而是部长、官员与科学家、技术专家结盟，开始一步步实施工业化战略。这个联盟延续了几代人，推动了普鲁士的工业化和科技教育、研究的制度化。最后，这种创新战略导致了 1900 年以科学为基础的德国工业的大发展。从某种意义上说，在“技术科学”这个概念出现之前，它就已经诞生了，成为普鲁士工业化道路的一个重要特点。19 世纪后期享誉世界的德国工程科学，普鲁士的前辈们称之为功能化或“有用”的科学。[66] 18 世纪 20 年代初，普鲁士建立了为私营工厂培训初等技术人员的省级职业学校，以及为工厂经理提供高等技术教育的柏林技术学院，大多数德意志邦国效仿了这一做法。[67]

德国西南部的巴登和符腾堡走上了另一条通往工业现代化的道路。通过关注生产要素中的人，即技术的使用者和工人，它最终与所谓的德国工业化模式殊途同归。与普鲁士精英化技术教育不同，德国西南部各邦国提供了起源于手工艺培训的更为广泛的教育体系。一些学者将小企业和手工业的长期存在解释为德国历史上反现代制度长期存在的证据。与之相反，历史学家哈尔·汉森（Hal Hansen）已经表明，“德国具有企业组织的手工业部门的演变”根本不是“不合时宜的倒退”，而是通向自由的工业现代化的众多可行途径之一。19 世纪中叶，行业协会取代了行会。乍一看，这似乎是旧做法的延续，但事实上，与行会相反，这些新的行业协会接受了市场的概念，并使协会中的工匠在市场中富有竞争力。在德国西南部的农村，通过技术工人培训机构进行的“人力资本积累”是工业化成功的关键因素。[68] 显然，中小企业无力大规模投资新技术，但从长远来看，区域经济的不发达促进了一批技术研究机构的建立，这些机构稳步地开展“引进和

20

21

传播知识、技术和更先进的商业做法”。最初是在巴登，涌现出的许多学校保持了进步的势头——从高等学校，如卡尔斯鲁厄工艺学校（卡尔斯鲁厄理工学院的前身），到较低水平的职业学校。这种集培训、教学、研究以及工艺学校与当地企业合作于一体的方式，为德国科学产业的特殊模式的形成奠定了基础，并在 1900 年后成为国际竞争对手效仿的榜样。这种方式起源于西南部地区，很快成为巴伐利亚、黑森和萨克森等邻邦的榜样，19 世纪末被普鲁士采用。[69] 从这个意义上说，开始于 19 世纪早期的各种区域发展，孕育了一条非常成功的、特殊的“德国式”工业化道路。

鉴于德国漫长的前工业化历史，它在 19 世纪末的快速崛起一点也不令人惊讶：这里有一个全面的技术教育体系，工匠们拥有工艺诀窍，还有一支庞大的后备劳动力大军。除此之外，德国各邦幸运地拥有自然资源。在 1871 年统一之前，各邦之间的地区性竞争产生了强大的压力，这也是成功的一个重要因素。[70] 另外一个因素——一般认为这个因素与德国工业在 20 世纪的成功有关——也出现在这个早期阶段：强调高质量的工作。虽然英国已经建立了工厂，但传统制造业在德国却很盛行。然而，这并不是落后，而是国际分工的一部分：德国各邦进口英国的半机械化设备，由“使用祖传工艺、赚取低工资”的德国人进一步加工，并将这些产品出口到东欧。[71] 因此，19 世纪中期，德国工业从廉价劳动力中获利，但工业取得的成绩也要归功于“高质量的劳动力”。在特殊机构中进行高效的技术教育和在职培训，意味着加强对人力资本的投入，这是德国工业成功的关键。[72]然而，正如下文将证明的那样，大规模生产与高质量劳动力的结合走上了一条复杂、扭曲的道路；当相较于大规模生产，高质量工作的重要性成为一个有争议的问题时，在进步的过程中，出现了多方面的问题。

煤矿开采与铁路：为新产业铺平道路

总而言之，现代国家的形成对市场发展和资本积累的过程非常关键，从而为工业化构建了框架。[73]在货币一体化方面，1834年，普鲁士及其盟友创立了德意志关税同盟，1867年，大多数德意志邦国加入了这个同盟，这是一个极为重要的事件。[74]1851年，德意志各邦才实行汇率管制。19世纪40年代，德国还保持着56种货币兑换标准。完整的货币同盟直到1873年才出现。在此期间，度量衡实现了标准化。[75]从某种程度上说，19世纪早期德意志强大的封建主义阻碍了英国私营企业的工业化道路。这意味着德国各邦在废除封建限制、使度量衡和货币标准化、实现作为工业化基础的贸易自由上发挥了重要作用。[76]

然而，至少在某些地方，私营企业的主动性比政治改革更为重要。例如，在1809年法占莱茵兰实行贸易改革之前，索林根的“强大的包买商们已经废除了大部分行会限制，并建立了他们处于顶端的新秩序”。[77]因此，以包买模式组织起来的家庭手工业对德国早期资本主义发展的重要性要大于新型工厂。[78]

因此，有充分的理由质疑国家在现代化和工业化中的核心作用。一方面，私营企业的主动性是必不可少的；另一方面，国家官僚机构内部的争吵使得很难确定单一目标，相反，官僚们自行其是。[79]然而，关于19世纪中叶工业发展的两个关键部门——煤矿和铁路，值得密切关注德意志各邦的做法。虽然这两个部门不是由政府行为决定的，但如果不特别考虑国家政策，就无法解释它们相互关联的扩展。18世纪晚期，大多数主管矿业的普鲁士官员都持有一种被历史学家埃里克·多恩·布罗泽（Eric Dorn Brose）描述为“向后看的进步主义”的态度：这通常是互相矛盾的。[80]1800年前后的“普鲁士采矿和冶金的早期主管者”并不是狭义的现代化的人，他们的任务是“将德国矿山恢复到原始技术水平”[81]。然而，来自从业者的压力起到了关键作用。18世纪80年代，普鲁士部长兼矿业改革家弗里德里希·安东·冯·海尼茨（Friedrich Anton von Heynitz）派遣一名矿业官员两次去英国学习现代钢铁冶炼技术。这位名叫弗里德里希·奥古斯特·亚历山大·埃维斯曼（Friedrich August Alexander Eversmann）的

22

官员令他的上级相信，用焦炉生产生铁对于普鲁士来说是必不可少的。[82] 18 世纪初英国就建成了第一座高炉，然而直到 19 世纪，焦炭才在德国的钢铁生产中取代了木炭，煤变得越来越重要。[83]

尽管采用新技术需要漫长的时间，但是这些发展对于德国工业具有决定性意义。19 世纪二三十年代，德国经济处于新旧秩序之交。此后，在采矿、铁路和重工业的联合推动下，德国经济在 19 世纪中叶迎来了革命性变化。重要的技术创新包括深层采矿、焦炉、搅炼法和碳钢，当然少不了蒸汽机，这些创新改变了采矿业和钢铁业，并催生了铁路运输。[84]

尽管蒸汽机在文化记忆中的存在也许过于沉重，但它对采矿和其他工业部门的确产生了长期且深刻的影响。蒸汽机的成功是能量概念的历史性分水岭，因为它将热量转化为动能，对于运输业——铁路和船舶——以及各种机器的重要性是显而易见的。[85]

如前所述，19 世纪的第一个 10 年，第一台蒸汽机在鲁尔区的矿场开始运行。1828 年，鲁尔区仅仅使用了 26 台蒸汽机，1843 年增加到 95 台。它们对于大型生产场所是至关重要的，尤其是排水，对于煤炭生产、开凿竖井和提供新鲜空气也是必不可少的。[86] 尽管有悠久的采矿历史，但在 19 世纪初之前，当地几乎没有煤炭贸易。1800 年以前，农民们挖煤只是为了自给自足或充作副业。此外，鲁尔河直到 1780 年才通航。[87] 只有当上述技术创新出现后才能实现深层挖掘。早些时候，采矿主要是开采金属矿石，现在，煤炭时代开始了。可以肯定的是，鲁尔区是工业化的后发者。其煤炭时代大约始于 1840 年，比英国晚了半个世纪。然而，鲁尔区最终受益于其优越的地理条件：大量易于开采的优质煤炭、可通航的水道和 19 世纪中叶新建的铁路线，以及附近经历快速增长的销售市场。最重要的是，鲁尔煤田的绝对规模是一个巨大的优势。[88]

从这个意义上说，德国矿业在一定程度上是“落后”的，但作为后发者，鲁尔区受益于可以运用成熟的技术开采矿山。总而言之，19 世纪鲁尔区煤炭产量飞速增长，并在 1900 年前后达到顶峰，是全球所有矿区中产量最高的。1792 年，只有 1356 名矿工在鲁尔区工作，而 60 年后这一数字增长到 15,212 名。1912 年，鲁尔区有 371,059 名矿工。产量增长更为可观，从 1792 年的 17.7 万吨煤开始，然后是 1852 年的 190 万吨，1912 年达到 1.03 亿吨。[89] 除了鲁尔区，德国其他大型煤田——西里西亚、萨尔（Saar）和亚琛——为 19 世纪下半叶工业发展提供了同样出色的条件。19 世纪初，西里西亚和萨尔甚至占据了主导地位，尽管它们从一个持续的扩张期中受益，但增长并不像鲁尔区那样充满活力。相比之下，法国和其他欧洲国家缺乏占优势地位的煤炭工业，工业化发展相当缓慢。[90]

23

煤矿开采对于了解这一地区的政治历史至关重要。从许多方面看，德国崛起成为欧洲大国主要归功于煤炭时代。[91] 煤炭以及少量褐煤的开采，成为德国工业进步的基础，在19世纪中叶，煤炭既是德国工业的能源来源，又是钢铁行业的基本原材料。[92]尽管蒸汽机对于近代的深层采矿很重要，但应该强调的是，采矿技术的逐渐变化一直持续到20世纪。旧技术仍然存在，大部分工作是以传统方式完成的。由于不同地方的地质条件不同，采矿技术和劳动习惯也不同，采矿技术从来没有整齐划一地达到先进水平；相反，各种采矿技术在不同的地点共存。总之，1918年以前，机械化作业不是采矿业的主要方式，盛行的是人力劳动。[93]在1850年之后的40年间，劳动生产率几乎翻了一番，但随后一直停滞，直到1914年。[94]在第一次世界大战爆发之前，在工作面工作的工人既不使用蒸汽机又不使用电动机，他们仍然在用锄头、锤子、手钻、锯子、镐和铁锹。[95]与工厂工人相比，矿工在机械化的第一阶段仍然在劳动过程中占据主导地位。直到20世纪60年代，机器才成为决定性因素。[96]此外，有时一些新技术会被引入，但没有被矿工接受。1859年的普鲁士，机器已经取代了用手绳下降的做法，但许多矿工抵制这种变化。直到19世纪80年代，一大半的矿工仍然喜欢使用绳索。[97]

关于动力来源，19世纪80年代，压缩空气首次被用于采矿，它是代替蒸汽机的第二重要的能源类型，在此基础上研制了风钻并得到普及。从19世纪90年代开始，第三种能源——电力——被用于采矿。尽管取得了这些进步，但直到20世纪50年代，鲁尔区还在使用蒸汽机采矿。直到此时，电力才成为鲁尔区矿业的最主要的能源。[98] 如前所述，与煤炭的压倒性影响相比，褐煤对德国工业快速发展起到的作用较小，但开采量仍然令人印象深刻。与普通煤相比，褐煤是在露天煤矿中开采的。萨克森—安哈尔特（Anhalt）是德国最重要的褐煤生产地区。19 世纪后期蒸汽动力斗轮挖掘机的引入，使露天开采实现了机械化。最初，褐煤被制成煤球用作家用燃料，但 1900 年后，它也成为发电厂的燃料，实现了工业用途。德国的褐煤开采量从 1860 年的 440 万吨增加到 1913 年的 8700 万吨。[99]

煤炭对于铁路、钢铁冶炼等相关行业也是必不可少的。随着 19 世纪 50 年代德国采煤行业走向繁荣，对铁路运输的需求急剧增加。[100] 历史学家迪特尔·齐格勒（Dieter Ziegler）强调，撇

24

开铁路是无法解释工业革命的，尤其是在德国。[101] 在某些方面，铁路的突出地位将德国的工业化与英国的工业化区分开来：在德国，铁路促进了煤炭工业、建筑工程和木材业的发展，也将钢铁行业和货车制造推向了更高的水平。[102] 煤炭和铁路相得益彰：以煤为燃料的火车和铁路既降低了运输成本，又为煤炭开辟了新的市场。由于有针对性地降低了运输价格，鲁尔煤炭击败了德国北方市场上的英国竞争对手，这些新市场反过来又成为鲁尔矿业进一步现代化的动力。从 19 世纪 50 年代开始，运费的下降加速了转型的进程。

如前所述，大部分火车机车和铁轨是在德国铁路发展的早期阶段从英国进口的。1841 年之前，在德国运行的 51 台机车中只有 1 台是在国内生产的，另外的 48 台从英国进口，2 台来自比利时。事实证明，对于 19 世纪 30 年代末的德国工程师来说，制造机车是一项真正的技术挑战。不过，他们最初的失败为随后几十年的成功铺平了道路。19 世纪 50 年代，德国几个主要的邦国都在生产机车，而从英国进口的机车已经很少见了。[103] 因此，铁路建设为生产机车和蒸汽机的制造业提供了强大的动力。[104]

与英国相比，德意志各邦必须更加积极地发展铁路。英国授予私人公司征用土地的权利的做法在德国并不常见。相反，德国铁路建设的方式更加多样化，并且因邦而异。私营和国有公司的混合系统是最主要的形式，因为在大多数情况下，获得利润都不太轻松。开办铁路所需的初始巨额投资往往只产生微薄的收益，而且可能还需要数年时间才能实现。因此，地方政府通常是铁路的主要利益相关者。19 世纪 30 年代初，铁路建设以私营企业为主，但随着私人投资的减少，政府开始更多地参与这项业务，从而实现了新技术的经济潜力。因此，通过国际比较，可以看到国家在德国铁路建设中发挥了卓越的作用。[105] 普鲁士也是如此，它最初尝试了私营铁路，但私营铁路产生的问题越来越明显，18 世纪 70 年代，国家就实行了有效的垄断。

总之，政府参与德国铁路事务解决了工业革命附带的某些问题。普鲁士、萨克森、巴伐利亚、奥尔登堡（Oldenburg）和黑森希望利用铁路系统来加强农村地区与不断发展的工业中心之间的联系。这些邦国通过对轻工业、农业和食品工业的支持，改善了农村地区的条件。同时，对于确保城市食品供应起到了积极作用，从而驱散了日益高涨的工人运动引起的社会忧虑。[106]

1850 年以后，对铁路需求的快速增长刺激了鲁尔区另一项后发工业的现代化进程，它在接下来的几十年里将大幅增长，那就是钢铁。直到那时，焦炭冶炼和精炼才取代了德国钢铁工业中的木炭技术。[107] 随之诞生的坩埚炼钢法，生产的钢具有多种用途，对工业时代非常重要。英国在 18 世纪中叶发明了坩埚钢，最初它仍然是使用前工业化方式生产的，并不比制作传统玻璃需要更多的人力。它是使用传统熔炉，在简单的陶罐中完成的。与最初的坩埚钢不同的是，德国坩埚钢完美地适应了不断变化的工业环境，是第一种可以在液态条件下成型的可锻造钢。此外，它具备了非凡的纯度，这使得它可以满足 19 世纪后期的新应用。坩埚钢直到 20 世纪才被电炉钢取代。[108]

19 世纪上半叶，以水力和木炭为基础的传统钢铁工业在德国的许多地区仍然存在，从 19 世纪 30 年代开始，只是稍微提高了现代化程度。[109] 在 19 世纪最初的几十年中，早期的德国坩埚钢厂全部倒闭了，只有一个值得注意的例外：1811 年在鲁尔区中心地带成立的克虏伯公司。它的成功可以归功于克虏伯钢的特定物理特性，这些特性是偶然产生的。克虏伯的坩埚钢以一种特殊的方式固化，淬火后，钢变得更硬，这使它可以用于英国坩埚钢不适用的地方。除此之外，克虏伯钢面临一些明确的限制，如不能用于生产刀具。克虏伯钢的技术品质解释了为什么这个公司不同于其他德国竞争对手，在早年克服了一切困难生存下来。克虏伯在最初阶段的生存就依赖于为新等级钢材寻找新的工业应用，因此好运也起到了至关重要的作用。从某种意义上说，克虏伯成为现代工厂的独特道路，堪称工业化进程的典范。这不是天才的杰作，相反，公司创始人弗里德里希·克虏伯最初误判了流程的许多方面，只能通过反复试验找到合适的技术、经济和组织解决方案。[110] 然而不管怎么说，这种创业心态——以及好运——是其成功的决定性因素。

此外，周边产业也不可或缺，机械制造提出了对钢铁工具的新需求。“好希望”公司（Gutehoffnungshütte）于 1819 年开始制造蒸汽机，为像克虏伯这样的钢铁行业新进者提供了一个不断增长的产品市场。在接下来的几十年里，对军用和工业用钢产品的需求快速增长，使克虏伯在短短二十年内从一个只有 130 名工人的“成功作坊”，发展成为拥有 12,000 名工人的“巨型企业”。[111] 1848 年后，创始人的儿子阿尔弗雷德·克虏伯重组了工厂，不再进行定做生产，转而开始批量生产，主要制造机器、火车以及大炮。克虏伯钢铁凭借其军工产品成为德国民族神话的一部分，尤其是它生产的大炮，被广泛认为是普鲁士在后来的德国统一战争（1864—1871 年）中取胜的重要因素。[112]

除了关于克虏伯钢铁的文化意义的神话，仅是经济数据就令人印象深刻。它和鲁尔区的其他钢铁公司将生铁产量从 1850 年的 1.15 万吨提高到 1912 年的 760 万吨，与此时的英国的产量（875 万吨）几乎持平，而 1850 年的英国还遥遥领先（220 万吨）。现代钢铁工业就是在这一时期建立起来的。1871 年，鲁尔区共有 64 座熔炉，几乎所有的熔炉都以焦炭为原料。这里的生铁产量占普鲁士的三分之一。不过当时生产初级品的搅炼法仍然盛行。[113] 此后，钢铁的大规模生产拉开了近代“钢铁时代”的序幕，钢铁工业在经济和技术上都起着主导作用。[114] 这种转变对全球工业产生了影响：英国失去了工业化领导者的角色，而德国和美国则超越了它。

26

这个结果绝不是由技术决定的，德国在全球钢铁市场上的成功并不是因为所谓的技术优势；它基于强有力的国家和银行支持，尤其是卡特尔组织的力量。与传统的搅炼法相比，贝西默（Bessmer）炼钢法或平炉炼钢法等新技术由于整体的庞大规模以及在销量下降时需调整系统，而为卡特尔组织所独享。根据历史学家乌尔里希·翁根罗斯的说法，即使在超越了英国的竞争对手之后，德国钢铁行业仍然存在自卑感。在一定程度上，避免国内竞争和由此产生的卡特尔是成功的关键。此外，第一次世界大战前德国的经济成功主要归功于低价格：德国的原材料资源优先使用基本的贝西默工艺，该工艺生产的钢材质量比较一般，但制造成本比英国用平炉工艺制造的优质钢材低得多。[115]

如前所述，德国的工业腾飞始于 19 世纪中叶。19 世纪五六十年代对重工业和铁路的大量投资，尤其是与政治上的自由化相结合，使得经济显著增长。[116] 尽管政府行为推动了工业化进程，但它的重要性不能被高估，因为德国工业化在 1871 年政治统一之前就已经开始了。[117] 煤炭、铁路和钢铁工业带动了三个行业的发展：化学、机械制造和电气工程，德国在 20 世纪初以此为基础成为世界经济和技术强国。如前所述，煤炭工业和铁路相互刺激，钢铁对于繁荣的机械制造业至关重要，而煤炭本身就是化学工业发展的基础。出于安全考虑，铁路线必须配备电报机，从而支持了电工行业（electro-technical industry）的发展，尤其是后来的西门子和通用电力公司（AEG）等世界知名公司的发展。此外，所有这些新产业都依赖于熟练的劳动力和应用型科学的进步。

学者们普遍认同，德国在 19 世纪经历了三个主要的工业化阶段。第一阶段是从 1815 年到 1848—1849 年的革命年代，这是一个充满变数的早期工业化阶段。随后是工业腾飞的第二阶段，德国重工业取得了突破，它只是被 1857—1859 年的萧条暂时中断了，但总体而言，经济增长一直持续到19世纪70年代。第三阶段高度工业化始于德国统一和1873—1879年大萧条之后。[118]

27 德国的工业腾飞有一些特点，例如，1840—1880年，200万德国人移居海外，导致许多新兴产业严重缺乏人力，机械制造和钢铁行业的熟练工人尤其稀少。而在早期工业化阶段，德国许多地区持续进行的技术教育和劳动培训成为经济成功的关键因素。从那时起，“人力资本的积累”就是德国工业和经济成功的一个决定性特征。[119]

19世纪下半叶德国工业腾飞还有一个特殊的基础。历史学家约阿希姆·拉德考将德国技术的落后描述为一个神话，认为19世纪下半叶的德国工业腾飞归功于当时的小型机械制造文化。[120]然而，与19世纪20年代独立于英国机器体系之外的法国和比利时的机械工业相比，德国的机械制造起步相对较晚，直到19世纪中叶才达到独立水平。[121]因此，早期的德国机械制造业依赖于高薪聘请的英国工头或工匠的技术，主要生产英国的复制品。尽管开局困难，实际上却有一些持久的积极作用。英国专家是培养出一代德国技术工人的教师，其中许多学徒后来成为企业家，[122]这一点尤其有价值。此外，从长远来看，这种依赖还有一个好处，正如德国机床制造商的例子所证明的那样，在许多情况下，“好的模仿者会成为好的创新者”[123]。“通过模仿来学习”为追赶、缩小技术差距并最终成为创新者铺平了道路。[124]

在接下来的几十年里，德国机械工业以两种方式确立了自己的地位：第一种是在没有工艺传统的地区发展起来的，其特点是使用进口技术在更大的工厂中进行生产。第二种结合了悠久的工匠传统，从作坊开始。[125] 早在 1856 年，萨克森的生产商就制造了国内纺织业所用蒸汽机的 75%。[126]

一般来说，工厂在 1850 年后才开始在德国经济中发挥重要作用，但工厂雇用的工人数量快速增加。1835 年，工厂或其他类型的大公司雇用了 40 万名工人，1850 年上升到 60 万人，1873 年达到 180 万人，1900 年达到 570 万人。因此，在 19、20 世纪之交，22% 的雇工是在工厂工作的。[127]

以科学为基础的工业及其合理化

19 世纪七八十年代标志着工业化新阶段的开始，有时被称为“第二次工业革命”。有学者称，这一阶段以化工、工程、电气为新兴产业，以德国、美国等世界新兴工业强国为主导，其影响比第一次工业革命更为深远。历史学家科尼利厄斯·托普（Cornelius Torp）特别指出，“1914 年之前的第一波经济全球化浪潮”对德国具有重要影响。除了持续的技术进步，新的经济机构——公司、卡特尔和全球体系——也建立起来，最终，知识

28

成为生产中的一个重要因素。[128] 在具体的工业应用方面，科学知识在工业化的第一阶段影响较小。科学只是提供了一种乌托邦式想象，这种想象塑造了 18 世纪末以来的工业革命思想。[129] 然而，科学确实对 19 世纪后期的工业产生了明显的影响。那时，科学知识已成为新兴产业的核心，曾处于第一次工业革命边缘的德国已成为现代工业技术的中坚力量。德国在第二次工业革命期间的经历有两个方面：第一个方面是在 20 世纪成为全球趋势的一种生产方式——以科学为基础的工业；第二个方面虽然与前者密切相关，却是德国特有的生产方式的起点，这种方式一直流行到 21 世纪——强调质量优先的多样化优质生产（Diversified Quality Production，DQP）。

简单来说，两个看似不起眼的事件象征着第二次工业革命期间德国工业的转型：1876 年德国工程学教授的公开信和 1887 年英国的立法行动。虽然是发生在不同领域的两件事，但要解决的都是相同的问题：质量和竞争。在 1876 年费城世界博览会期间，一份美国报纸嘲笑德国的展品——主要是艺术品和手工艺品——是“廉价和肮脏的”。著名的工程学教授弗朗茨·鲁洛（Franz Reuleaux）参观了费城世博会，后来发表了一次演讲，肯定了美国报纸的结论（他将其翻译为德语“billig und schlecht”，意为“廉价和劣质”），这次演讲后来以《费城来信》为题出版，传遍了德国。鲁洛承认，遗憾的是，德国工业产品的质量实际上一直很差，原因是错误地强调价格竞争，而不注重质量。这在德国引起了不小的轰动，但鲁洛的确说到了要害之处，当时的德国工业主要生产廉价的英国仿制品。只有当劳动力成本的增加导致了逆转时，德国在高质量产品方面才具备新的竞争力。公司不得不修改战略，随着工资的增加，基于价格的竞争不再具有可持续性，优质产品成为公司取得竞争优势的新基础。[130]

当然，这些变化不能仅归因为鲁洛的影响，而是其他实际因素作用的结果，最明显的是劳动力短缺。四年前，电子企业西门子—哈尔斯克（Siemens&Halske）在发生工头罢工后就对这个问题做出了回应。公司在柏林工厂建立了所谓的美式车间，这标志着向以美国为潮流引领者的大规模生产过渡。在劳动力短缺的情况下，这种新的生产方式提供了解决办法。电报先驱维尔纳·冯·西门子在给他的一个兄弟的信中写道：通过“实施美式工作方法”和使用美式特殊机器，“即使工人很差，也能生产出优质的产品”。[131] 可以肯定的是，大规模生产在德国工业中仍然是罕见的。当时只有西门子以及缝纫机与武器制造商路德维希·罗伊公司（Ludwig Loewe，同样坐落于柏林）等最现代化的工厂实现了美国化。西门子的“美式车间”并不代表整个工厂都是这样，因为大多数车间的生产仍然由工头主导。[132] 这是德国大规模生产之路的一个明显特征。大多数行业还在坚持使用熟练劳动力，美式大规模生产并没有被简单地、原封不动地转移到德国，

29

而是一种混合模式。西门子、罗伊等企业走上了不同的道路，反映了企业家的观点。西门子既是发明家，又是企业家，他既不喜欢质量竞争，又不喜欢价格竞争，而是希望以尽可能便宜的方式大量生产高质量产品。同时，他还试图减少对工头的依赖，这将使管理层能够对劳动力进行更大程度的控制。然而，以西门子为代表的早期实践者并不代表整个德国工业界的普遍做法，直到20世纪，高度机械化生产和手工生产仍然在德国工厂中共存。[133]

教授机械工程的鲁洛教授和“既是发明家又是科学研究者”[134]的西门子，不仅代表一般意义上的质量优先道路，而且他们都促进了以科学为基础的工业蓬勃发展的模式的形成。两者的努力都建立在先前的教育改革的基础之上，特别是19世纪初普鲁士政府建立的工程院校，为1900年前后新兴产业的大获成功铺平了道路。[135]从更广泛的角度看，德国科学家长期以来享有很高的国际声誉。自19世纪30年代以来，英国人一直钦佩德国科学，尤其是普鲁士对科学的支持，已成为英国的重点学习榜样。[136]德国工科大学（Technische Hochschulen）已发展成为技术教育和研究的全球标准。尽管如此，这绝不是德国创新的单向转移，而是一种跨国交流，美国的实验室就是德国第一批工科大学学习的早期国外典范。

德国工科院校的研究和教学标准很高，但德国高等教育系统的庞大规模才是真正令人印象深刻的。在20世纪最初10年，有3万名工程师从德国院校毕业，比美国多0.9万名。[137]许多学生来自国外，就电气工程课程而言，一半学生来自国外，主要是东欧和东南欧。由于对知识出口的沙文主义恐惧，德国对外国学生的数量进行了限制，在1905年之后限制了他们的人数。[138]

通过建立新院校，德国各州为经济现代化铺平了道路。工科大学创造了“工程师、技术官僚和工业研究人员组成的新中产阶级”[139]。此外，自18世纪70年代以来，出现了一种新型初级工程学院，它“成功地为工厂提供了车间工程师”[140]。这再次表明，20世纪初德国在某些行业中占据领先地位并非由于“后发优势”，而是制度创新，以研究为导向的大学和以科学为基础的工业是成功的关键。[141]西门子和电气技术是这个过程的核心，正如电报对铁路的进一步发展起到了非常关键的作用，这一行业对德国整个工业至关重要。[142]

30

基础研究是19世纪末电气工业引发技术革命的关键。沃纳·西门子研究的机械能转化为电能，在电报技术上形成了突破，并开启了整个德国经济的增长周期。[143]从那时起，电气工业与电气工程学之间产生了密切的联系。[144]1887年，西门子强烈建议成立帝国物理与技术研究所（Imperial Institute for Physics and Technology），因为这将提供“将科学引入技术”[145]的机会。

以科学为基础的工业得以建立，但它与科研机构的关系是互惠互利的。严格地说，根据历史学家沃尔夫冈·科尼希（Wolfgang König）的说法，“基于工业的科学”是更为恰当的表述，至少在电气工程方面是这样，因为工科大学“从工业生产中获得的知识比工业生产从大学中获得的要多”。[146]

科学、技术与工业三者间的关系在化学工业中尤为明显。据历史学家维尔纳·阿贝尔斯豪泽（Werner Abelshauser）所说，化学工业的出现标志着“知识社会的开始。在知识社会中，以科研为基础的创新已经成为经济增长和社会发展的决定性因素”[147]。化学似乎为德国资源有限的问题提供了解决方案。一家德国化学制造商在1900年前后表示，与美国或俄国相比，德国不能完全依赖大量的资源，而必须依靠“其人口的智慧和勤奋”[148]。这一论断虽然是陈词滥调，但反映了那些高度重视人为因素和员工技术水平的人的理解，这一理解支撑着他们的行动和信念。许多德国工业和政治领导人将工业化视为“无限可能性工业”，相应地把美国称为“无限可能性土地”。[149] 虽然人力资本受到了追捧，但员工的具体经济价值取决于各自的岗位。化学家和技术人员是生产的基本因素，但煤焦油工业的大多数员工仍然是非熟练工人，对公司没有什么个体价值。[150]

德国人在以科研为基础的合成染料生产方面尤为成功，1913年其产量占全球产量的75%以上。[151] 然而回想起来，这还需要更加细致的研究。19 世纪 60 年代初期，就连后来成为世界知名企业的巴斯夫公司（BASF），也是模仿国外煤焦油染料的生产工艺，并接手专利，直到系统研发产生的利润远高于“仅凭经验和隐性知识所提供的利润”[152]。历史学家厄休拉·克莱因（Ursula Klein）已经证明，现代早期的发展为之后的腾飞奠定了基础，以科学为基础的工业可以依赖 18 世纪的化学传统作为“技术科学的早期形式”。虽然当时的化学家对于 1800 年前后的工业革命没有作出突出的贡献，但在边缘领域仍然功不可没。[153] 科技创新并没有完全取代 19 世纪晚期已经

图 1.1————1930 年，柏林欧司朗（Osram）电池厂的女工。由曾经做过工人的尤金·海利格（Eugen Heilig）偷拍的照片——《肮脏环境中的计件工作》。科隆艺术爱好者画廊。

存在的产业，相反，德国经济中新旧并存。一方面，在化学或 31 电气行业等分支中存在“最先进的技术和大公司”；另一方面，手工艺仍然具有经济意义。[154]

在这种传统德国工业的背景下，1887 年，英国进行了立法干预。英国的《商标法》将从德国进口的产品标记为“德国制造”，以警告消费者不要购买质量低劣的产品。然而，这一标签很快成为德国产品的一种宣传。[155] 该法案特别针对索林根的刀具行业，以保护其在谢菲尔德的竞争对手免受德国低价竞争的影响。然而，由于拥有熟练劳动力，索林根的产品达到了很高的质量水平，在 19 世纪 90 年代非常具有竞争力。20 世纪初，索林根刀具已成为全球市场的领导者。这尤其得益于刀具在非洲市场的成功，从某种意义上说，德国腹地手工业生产的持续存在，部分原因是殖民时期的全球贸易。[156]

那么在以科学为基础的工业时期，家庭手工业发生了什么？虽然人们可能会认为它们在技术进步的压力下消失了，但事实并非如此。即使工厂在 18、19 世纪之交蓬勃发展，德国各地仍有许多小企业幸存下来。例如，电气化在 1900 年前后进一步分散了萨克森州的纺织业，因为许多小企业只用一台机器就可以经营。大型工厂经常通过雇用廉价的、大部分时间在家工作的女性劳动力来外包部分生产。家庭手工业之所以幸存下来，是因为发生了 32 变化。正如大企业迅速现代化一样，小企业也适应了新的环境。[157]

此外，在这个高度工业化时期，很明显仍然需要熟练劳动力。工厂的建立并没有立即彻底改变劳动的流程。手工工匠在德国工程行业甚至汽车行业一直坚持到 19 世纪 20 年代。铁匠和修车匠从事的工作，在早期的汽车工厂与传统的作坊中几乎没有区别。工头仍然主导着生产，旧结构依然存在。[158]

技术在国家之间的转移也并非无缝衔接。自 1903 年起，汽车制造商戴姆勒开始使用最现代化的德国和美国机床。然而，戴姆勒并没有按“美国模式”使用这些机器，使用它们的目的不是提高效率和产量，而是用于提高手工生产的质量。工匠控制着工件，因此机械化生产会定期暂停。新技术以传统方式投入使用，而劳动过程没有发生重大变化。从某种意义上说，手工作坊贯穿于汽车制造的早期阶段。只是战时生产推动了向大规模生产的逐步过渡。[159]

仔细观察不同行业的工厂，会发现德国的另一个特点。机器按类型分组，工件被成批移动。这种节点模式在工业化的第一阶段仍然存在，并且在相当长的一段时间内都没有被流水线所取代。根据戴维·兰德斯（David Landes）的说法，构成“劳动力贵族”的“熟练工堡垒”仍然是德国工厂的典型特征。即使是最现代化的柏林机床厂之一的罗伊公司，直到 1926 年才转向流水线生产。[160] 在 20 世纪 20 年代加强合理化的第一阶段，德国工业中的熟练劳动力人数丝毫没有减少。相反，他们作为德国品质的保障备受尊重。[161]

在考察德国的工业化道路时，乍一看似乎是失败或不完全现代化的特征，往往是通往现代性的另一条道路。从宏观经济的角度来看，可以说在 19 世纪 70 年代大萧条之后，德国从“自由竞争发展到企业市场经济”。德国绝不是像持“特殊道路”观点的历史学家所认为的，犯了没有建立自由主义的错误。德国并没有保留“前工业价值体系”，而是建立了一个新体系，并成为“第一个后自由主义国家”。[162] 第一次世界大战后，德国工业专注于生产“多样化优质产品”，因为美式福特主义道路并不适用于德国：没有足够的资金进行高科技创新，也缺乏消费需求，无法建立大规模生产和大规模消费的美式福特主义经济。因此，德国的工业传统为成功的替代方案铺平了道路：成熟的技术、熟练劳动力和定制生产，为“多样化优质产品”的“德式”体系奠定了基础，这一体系盛行于 20 世纪。[163]

33 尽管如此，早期像西门子或罗伊这样的企业家为引入大规模生产所进行的努力也绝不是孤立的现象。20 世纪初，人们进一步尝试提高生产力和效率。世纪之交后不久，一些德国工厂开始引入流水线生产，最初仅限于包装或食品等特定行业，从事这种新型工作的几乎总是女性。[164] 汉诺威的食品公司“百乐顺”（Bahlsen）甚至在 1905 年推出了传送带，老板赫尔曼·巴尔森（Hermann Bahlsen）显然受到了芝加哥屠宰场的启发。但除了美国的影响，著名的糖果制造商“朗特里”（Rowntree）、“吉百利”（Cadbury）等英国公司也有重大影响。这些英国公司的家族式人事管理方式旨在营造欢乐的工作氛围，提高工人的积极性，同时为抵抗工会势力提供了堡垒，对“百乐顺”这样的公司影响颇深。[165]

应该强调的是，19 世纪后期在美国开始的关于效率的争论，也只是在两次世界大战之间才在德国产生影响——尽管在第一次世界大战之前，“效率”已经被一些德国工程师和工厂主所接受。弗雷德里克·温斯洛·泰勒（Frederick W.Taylor）关于科学管理的著作十分重要，因为他提供了一种提高工业效率的实用方法：研究工时和动作，将操作分解为简单的动作。这样就可以找到“最好的方法”完善操作过程。[166] 泰勒很快找到了德国的追随者，其中包括研究总监、日后卡尔·蔡司光学公司的共同所有人恩斯特·阿贝（Ernst Abbe），他早在 19 世纪 60 年代就提出了高度的劳动分工以及向批量生产过渡的主张。在第一次世界大战之前，蔡司公司是第一批实行泰勒科学管理的德国追随者之一。[167]

不过在某些方面，阿贝提供了科学管理的“替代”版本，他将工人看作“负责任的人”，并提高他们的工作积极性，强调了人为因素的重要性。做出改动的原因是光学行业的技术门槛，对于极端的泰勒主义或最高水平的劳动分工来说，光学行业根本就不算是一个足够大的经济部门。[168] 电气公司博世是泰勒主义的另一个采用者，1907 年，公司重组了生产线并进行工时和动作的分析研究。[169] 然而，人们常常忘记，大约在同一时间，博世还通过空调等技术创新改善了工作环境。[170] 这表明，在许多德国工业环境中，效率与工作的人性化是齐头并进的，是达到提高生产力这一目的的不同手段。

众所周知，第一次世界大战给了德国政府——以及与之交战的国家——提高工业效率的理由。为此，成立了战争物资办公室，由通用电力公司董事长沃尔特·拉特瑙（Walter Rathenau）领导，他后来成为魏玛德国的外交部部长。[171] 然而，与后来所有支持美国化的德国人一样，超前的拉特瑙已经确信泰勒主义必须适应德国的情况。拉特瑙希望对现代技术进行改造以适应德国的普遍情况，也就是说，他想保持某些德国文化特色。[172] 很多人知道德国政府对泰勒主义的支持，但相比之下，这种工作的合理化与人性化之间的密切联系则鲜为人知，在战争期间，两者演变为互补的概念。在这种情形下，性别发挥了突出的作用：女工接替上战场的男人，提高了人们对工作条件的认识。新的性别变化体现在两个关键方面：一方面，一些工作场所设计师和专家为女工考虑，认为女工需要比男人更人性化的工作空间。因此，德国政府——作为美国、英国和法国的对手——引入了女性福利监督员，他们检查工厂车间并关注女工的福利。另一方面，改

34

善工作环境有利于全体男性和女性劳动力。专家认为气氛和环境对工作满意度至关重要，这反过来又会激励工人与管理层积极合作。[173]

“一战”后，工业效率获得了更多的关注，主要是因为一种新模型进入了车间——亨利·福特的大规模生产系统。这种创新的流水线生产系统被证明比科学管理更实用，并且获得了巨大的成功。正如历史学家丹尼尔·罗杰斯（Daniel Rodgers）所说：“福特主义作为一种进步思想入侵欧洲：面向未来、灵活和向善。”[174]对于德国来说尤其如此，这个国家在战败后亟须复苏经济。以泰勒主义和福特主义为代表的美国化似乎是不错的补救措施。两者都与极其不同的政治方向兼容，这对它们的影响是巨大且必不可少的。自由派和保守派商人、工会主义者、社会民主党人甚至反动的现代主义者都可以拥抱新的生产浪潮。泰勒主义和福特主义提供了一种技术手段，可以达到截然不同的目的。[175]

然而，无论美国化的支持者还是反对者，都具有克服泰勒主义的想法。德国工程师和管理人员一致认为，德国不能大规模采用美国模式；科学管理的“野蛮”对于美国来说或许是可接受的，但不能与德国的社会价值观相结合。[176]经济学家弗里茨·索尔海姆（Fritz Söllheim）在1922年出版的书中提出了“工业人性化”的假设，认为泰勒制度在德国的实施是有局限性的：“在泰勒教会了我们如何进行经济思考之后，我们必须学会人道地节制。”他呼吁“更多的职业满意度和职业幸福感”，全面呼吁一种新型“人性化经济”（Menschenökonomie）。[177]

与美国相比，在德国进行的争论的口号不是“效率”，而是“合理化”。这个术语“同时融合、超越并德国化了各种版本的美国主义”[178]。德国特有的合理化方式在某种程度上是一种欧洲方式，其特点是比美国的例子更具灵活性。造成这种差异的原因不是表面上的技术落后，而是经济因素。较低的销售潜力和制造集 35 中度迫使公司引进较为灵活的流水线生产系统，严格意义上的流水线生产仍然是极少数。[179] 这些情况再次指向了上文提到的德国“多样化优质生产”模式。德国的合理化倡导者追求人性化与效率的融合，后者产生自战争需求，除了促进经济复苏，他们还承诺“解决现代化工厂中的‘人的问题’”[180]。总之，第一次世界大战后，尤其是在“社会合理化”这个新的重要概念之下，作为生产要素的“人”变得更加重要了。[181]

德国应用心理学的新方向“工业心理学应用”也为科学管理提供了另一种方法。这种思维方式更加关注人的全面发展和心理需求。不过，这一创新主要影响的是公共舆论，几乎没有得到过实践。[182] 尽管如此，工业心理学家要求实现“更人性化的科学管理形式”，并产生了长期影响。[183] 1921 年和 1924 年分别成立了德国经济合理化建议委员会（RKW）和德国工作时间决策委员会（REFA），它们是德国工业领域中科学管理和效率思想的最重要的传播者。[184]

总之，尽管已经迈出了第一步，“魏玛时代关于合理化的讨论仍多于实际的措施”[185]。1930 年前后，德国工业中只有 8 万名工人在装配线或流水线上工作，不到员工规模 50 人以上公司的员工总数的 1%。[186] 1931 年，除了电气行业，只有金属加工业大规模地使用流水线生产。除了汽车和自行车生产，装配线很少见。即使在汽车和自行车生产行业，工厂中也只有 11.6% 的部门建立了生产线。[187]

直到 20 世纪 30 年代，德国汽车工业才成为重要的经济部门。1924 年，第一家德国汽车厂引入流水线生产，但直到 1929 年，劳动力仍然主要由熟练工组成。生产一辆汽车，美国福特公司日工作量是 9 人，英国工厂需要 35～44 人，而德国工厂要雇用八九十人来完成同样的任务。[188] 例如，在欧宝的吕塞尔斯海姆（Rüsselheim）工厂，生产线远没有福特先进：总装线建于 1924 年，只有 45 米长，移动缓慢且不稳定——每 30 分钟才移动一次。生产线的速度不是自动设置的，而是取决于第一排工人的工作效率。这些相对低效的制造实践一直持续到 1929 年通用汽车收购了欧宝大部分股份。[189] 相比之下，采矿业的工作合理化进展迅速，鲁尔矿业在 20 世纪 20 年代成功地实现了现代化。到那个十年结束时，纯粹的体力劳动在德国煤矿里几乎消失了。1929 年，德国 91% 的煤炭是用风镐开采的，而当时这一比例在法国和比利时是80%，在英国只是28%。[190]

36

直到第二次世界大战之后，福特主义才开始在德国工业实践中扎根。尽管现代化从第三帝国时期才开始，但它的迟到并不是技术转移的失败。与1870—1914年美国化第一阶段（主要是大型德国公司收购美国机器）相比，小公司在20世纪20年代也参与了“第二波美国化”[191]。然而，德国与美国工业之间存在着显著的生产力差距。对于纺织和初级金属加工等活力较差的行业来说，生产力的差距源于生产技术的差距。从这个意义上说，德国的这些工业部门可能是相对“落后”的。然而，化学、电气工程和机械制造等充满活力的新行业，使用的是与美国相同的先进技术。在这里，生产力的差距源于美国技术被低效地使用，新技术必须适应德国的条件才能发挥作用。例如，美国的流水线生产技术未经特殊改造无法在德国工厂复制，因为这些工厂仍然依赖非标准化量产。德国工业的特殊实力——多样化优质生产——阻碍了福特主义的成功。尽管如此，仍可以说，20世纪20年代和30年代早期，新技术虽然效率低下，但实际上促成了1945年以后德国的工业增长。[192]

纳粹大规模重整武备对德国战后经济产生的影响是矛盾性的。一些历史学家强调，“‘二战’结束前大规模军工投资为联邦德国的经济奇迹打下了基础”。德国工业在数量和质量方面都实现了现代化，因此变得更加高效。纳粹付出了巨大的战争努力，与美国相比，人均资本花费更多。另外，美国工厂往往使用更适合大规模生产的单一用途机械，而德国人只是有限地使用单一用途机械，同时大量投资通用机械。总而言之，在战争期间，德国制造商慢慢地学会了将他们的“灵活专业化”技能与大规模生产的目标相结合。[193]

除此以外，飞机制造对战后联邦德国的汽车工业产生了有趣的副作用。德国空军战斗机的主要供应商梅塞施密特建立了一个“供应商网络”，从而形成了深度的“公司分工”，这对于 20 世纪 50 年代汽车制造的成功至关重要。[194] 从这个角度来看，纳粹军备热潮为联邦德国最终的工业成功提供了基础设施，但也产生了一些问题，并放慢了经济结构调整的步伐。第二次世界大战后，德国经济在很大程度上依赖其制造业实力。尽管进一步的工业合理化随之而来，但传统的劳动密集型生产模式在 20 世纪 50 年代仍然盛行。[195]

与一般人的看法相反，德国工业在“二战”结束时并没有遭到破坏。尽管战争摧毁了德国东部 15% 的工业设施，这一比例在德国西部是 22%，但战争结束时的总资本存量比 1936 年还要高 20%。这是由于纳粹政府在战争结束前实施的巨大规模的军工建设和自主投资。除此之外，数以百万计的德国人放弃了在战争中失去的东部领土，向后来新成立的联邦德国境内迁移。在 1961 年柏林墙建造之前，又有 270 万人逃离东部前往西部。

37

这些政治发展最终导致了可雇用的、有经验的工人数量过剩。因此，拥有大量熟练劳动力的联邦德国工业在战后经济复苏中处于相对有利的起点。[196]

1945 年之后福特主义、自动化与人性化的混合

尽管“二战”后的德国工业史仍具有重要的延续性，但有一点发生了变化：德国工业必须重新获得国际影响力。从那时起，美国的生产技术和工作组织成为其他资本主义国家工业发展的唯一模式。[197] 联邦德国工业借鉴了两次大战间美国化的经验，但战后在盟军推动下进行了进一步的经济变革。占领国解散了旧的工业卡特尔，而美国人则通过“欧洲复兴计划”（通常称为马歇尔计划）赞助的一个项目，带着德国工程师、经理和工会会员考察美国工厂。[198]

德国工业专家再次前往美国研究效率和自动化，而且专家规模比 20 世纪 20 年代大得多。尽管在 1945 年之前，一些德国工厂已经实施了大规模生产，但只局限于少数生产部门，即使是最现代化的工业设施，传统工艺仍然是其重要组成部分。[199] 此外，向大规模生产的过渡进展缓慢，因为许多联邦德国公司在战后不久无力投资新技术。因此，50 年代初期的联邦德国工业生产更

接近于战前的模式，而不是美国式大规模生产。这种情况在经济复苏期间发生了变化，1960 年，美国化生产技术的应用更加普遍，当然并非在所有行业和公司中都是如此。[200]

联邦德国经济奇迹的最著名标志是大众汽车公司，其最受欢迎的产品是“甲壳虫”。该公司最初是在纳粹政权下成立的，在战争结束前产量不高，主要生产少数几种车型。然而，美国对大众汽车的起步产生了影响：福特的胭脂河（River Rouge）工厂是大众第一家“甲壳虫”工厂的榜样，美国专家帮助建立了工厂。[201] 战后，大众汽车在联邦德国成功地运用了美国的大规模生产模式，在 50 年代中期发展出了自己的福特主义版本。一方面，大众汽车的生产模式类似于福特的原始产品——1908—1927 年制造的 T 型车，只生产一种标准车型，即大众“甲壳虫”，直到 60 年代公司才推出新车型。另一方面，大众汽车也依赖于德国多样化优质生产的传统元素，即以管理层与工会之间的密切合作为特点的内部劳资关系。这与全球服务网络共同确保了产品的高品质。[202]

38

尽管取得了成功，但大众汽车的大规模量产之路并非一帆风顺。战后的最初几年，大众汽车开始批量生产汽车，无意转向大规模生产。大众最初收购美国技术是为了质量控制。例如，用于电机平衡的全自动化机械比半自动化机械操纵更可靠。然而，这些对现代福特主义技术的投资是昂贵的，而且只有用于大规模生产时才具有经济意义。因此，竞争压力和不断提高的销量，迫使大众汽车在1954年将其制造工艺从批量生产转向大规模生产。在这些早期阶段，大众汽车通过连接不同加工阶段的生产线，进一步向自动化迈进，并广泛地使用单一用途机器，以提高生产力。[203]然而，大部分技术变革仅限于大众的畅销车型：尽管“甲壳虫”自50年代中期以来就已大量生产，但新型大众面包车的制造仍使用较旧的技术，因为其产量太小，无法回收自动化方面的新投资。总之，美国仍然是战后德国技术发展的榜样。19世纪工业化第一阶段的相同特征再次成为20世纪技术转移的关键：考察旅行、购置机器、时而聘请外国专家。不同的是，英国的专业知识现在已被美国所取代。[204]

战后德国有“两种福特主义”。在联邦德国汽车工业中，大规模生产与共同决定、多样化优质生产以及高度的企业间分工相结合。同时，民主德国同行的工厂流程管理，往往具有高度的垂直整合性，从某种意义上说，这是对传统福特主义组织的更真实的代表。[205]当然，这种福特主义的民主德国变体存在严重不足。从20世纪70年代开始，民主德国工厂和工人不得不使用过时的技术，导致生产力水平低下。[206]此外，大多数民主德国工厂中超过90%的工人是熟练工人，这一比例明显高于联邦德国。[207]

虽然福特主义的大规模生产和价格竞争原则改变了20世纪六七十年代联邦德国的工业实践，但这并不意味着与其多样化优质生产传统的决裂。[208] 大规模生产与自动化在很大程度上依赖使用定制程度更高的机床。在1973年石油危机之后，深思熟虑后重新转向多样化优质生产，帮助德国工业超越了许多国际竞争对手，在大规模生产与多样化优质生产之间的灵活转换尤其是一种成功的策略，特别是与多样化优质生产实施更为普通的法国等国家相比。事实证明，德国公司对质量而非多样化的重视是一个关键优势。[209]

然而，在工业增长和大众消费演变的战后时期，有赢家也有输家。虽然大多数剩余非熟练劳动力是妇女和移民工人，但德国男性非熟练工人的数量占男性工业劳动力总数的比例从1925年的34%下降到1970年的仅为20%。此外，在五六十年代，一半的男性蓝领技术工人成为技术专家。因此，福特主义的生产技术明显导致了技能水平的两极分化。[210] 从宏观经济的角度来看，资本、消费品以及汽车工业在现代经济中表现得特别好，而德国工业化的先驱——采矿、钢铁，则失去了地位。[211]

39

1950年，鲁尔区三分之二的员工从事煤炭和钢铁行业，但2000年，该地区只有25%的员工受雇于这些行业。1960年以后，钢铁工业的生产技术发生了翻天覆地的变化。然而，手工劳动并没有因为自动化而完全消失：现代机械可以完成过去大部分的繁重工作，但炼钢过程中的某些任务无法实现自动化。这些工作仍然需要低技能工人从事体力劳动。尽管自动化产生了革命性影响，但是无产阶级工人仍然是该行业的必要组成部分。[212]

煤炭工业的情况相类似：在 20 世纪 20 年代的“合理化”之后，技术运用上几乎没有什么变化。然而，20 世纪 50 年代，鲁尔区采矿业掀起了第二次机械化浪潮，战后仍然普遍使用的老式蒸汽机被电动机所取代。朝鲜战争导致了煤炭产量激增，加之 1950—1951 年的能源危机，因此德国政府全力支持采矿业的现代化。1960 年，40% 的煤炭生产通过使用液压盾构支架实现了机械化；十年后，这个数字增长为 92%。最终，煤炭开采在 1980 年实现了全面机械化。在战后的长期繁荣结束后，自动化、流程优化和计算机技术在 1990 年之后进一步提高了生产效率。尽管取得了这些进步，但德国煤矿开采的历史还是在 2018 年结束了，那一年，最后两座煤矿停止运营。[213]

另一个 19 世纪的冠军行业——纺织业，在经历了数十年的停滞之后经历了技术转型。纺织业曾是英国和欧洲工业革命的起点，直到 20 世纪仍然是德国经济的重要部门，在 20 世纪 20 年代中期雇用了大约 120 万名工人。两次世界大战之间提高生产效率的潮流对纺织部门的影响非常有限。第二次世界大战结束后，产能过剩阻碍了德国纺织厂大规模收购新生产技术，因为过高的投资没有明显的经济激励。因此，直到 20 世纪六七十年代的自动化彻底改变了这一行业之前，几乎没有发生重大技术变革。后来随着机器人和微电子技术接管生产车间，许多工作岗位立即被裁，作为自动化使用的潮流引领者，纺织厂是最早能够在几乎无人的情况下生产商品和运转的工厂之一。20 世纪 80 年代末，只有 20 万人在德国纺织业工作。除了现代生产技术，合成纤维的引入也为技术改造奠定了基础。直到 20 世纪 60 年代，纺织业还是劳动密集型行业，现在已成为现代资本密集型高科技企业。[214]

40

化工行业在 20 世纪初是德国以科学为基础的工业的典范，"二战"后在全球市场上保持了良好的地位，这主要归功于其竞争优势的持续存在：定制化优质生产，通过"保证低生产成本的复杂工艺技术"进行扎实的研究和先进的自动化改造。[215] 关于原材料的使用，变化发生得更为缓慢。20 世纪 50 年代开始向石化产品转变，但直到 60 年代初，煤化工在德国仍然很普遍。之后，生产过程的技术创新受到了关注，人们已经不再期待 20 世纪早期"划时代的化学创新"。因此，领先的化学公司巴斯夫"将创新原则转移到大规模生产过程中"，除了产品的创新，高度集成化的生产基地确保了全球竞争力。[216]

因此，德国对福特主义大规模生产原则的改造远远超出了流水线制造的概念。尽可能地保持高水平自动化一直是大规模生产的最终目标，"无人工厂"是福特主义时期一个非常重要的愿景。[217] 这个愿景部分地实现了，即便不是在整个工厂，至少在某些部门、某些产品生产中实现了。在数字时代到来之前，食品行业是自动化的早期采用者之一。例如，汉诺威巧克力工厂斯潘卓（Sprengel）于 1967 年推出了由穿孔纸带系统控制的全自动巧克力棒生产线（见图 1.2）。那时，自动化的前景反映了当时崇高的政治抱负。下萨克森州州长为新工厂揭幕时，新的现代化工厂预期将带来经济增长和社会进步。[218]

图 1.2————1967 年，汉诺威斯潘卓巧克力工厂的自动控制中心。原标题为“新工厂的大脑”。莱茵—威斯特法伦经济档案馆 208-F744 号文件。

41　在这种政治环境中，由 1969 年新的联邦政府的改良主义精神加强，“人性化工作”成为一个流行语。一方面，“人性化工作”指的是引入美式“人事管理”方式；另一方面，德国在两次大战之间的传统仍有很强的连续性，美国概念再次经过修改以适应德国的文化和社会条件，最后成为一种混合体。[219]

社会民主党和自由民主党联合政府于1974年制定的“人性化工作”计划，在国家、私营企业与工会之间达成了社团主义式妥协。该方案允许不同的参与者遵循自己的方式，传统工会要求职业安全保障和共同决定权，而管理方称合理化或自动化在本质上会改善工作条件。在这个时代，即使是工会主义者和社会民主党政治家也希望自动化能够结束单调的流水线工作，并创造更多的高技能岗位。[220]一份宣传“人性化工作”的政府海报宣称，人正“处于聚光灯下”，车间机器前巨大的人头轮廓表明了这一点。此外，自动化技术——当时广泛用于数控机器的穿孔纸带——被描绘成人的大脑中的玩具（见图1.3）。尽管人们普遍对“人性化工作”持积极态度，但一些管理人员反对该计划。百乐顺食品公司的执委会委员、效率概念专家库尔特·彭茨林（Kurt Pentzlin）将拒绝流水线生产和团队合作的实践比作卢德主义（“机器破坏”）[221]。

众所周知，计算机技术的进步使自动化实现了质的飞跃。尽管德国物理学家康拉德·楚泽（Konrad Zuse）在1941年发明了第一台计算机，但战后德国计算机行业根本无法与美国竞争——由于盟国管制委员会（Allied Control Council）施加的限制，德国的微电子研究受到严重束缚。此外，航空和核物理这两个重要的计算机应用领域在德国都被禁止。资金有限，对机械的需求也是有限的。1955 年《波恩—巴黎公约》获得批准后，法律限制解除，盟军结束了对联邦德国的占领。此后，联邦德国通往信息社会的一条特殊道路得以开拓：与美国不同，当时联邦德国几乎没有私人计算机市场。因此，德国科学基金会（Deutsche Forschungsgemeinschaft，DFG）支撑了信息技术事业的发展。1960 年，一半的联邦德国大学拥有运行良好、配备了大型计算机的数据中心。[222]

然而，本土计算机产业起步时的规模相当小。1954 年，西门子预见到法律限制即将结束，决定进入计算机市场。在接下

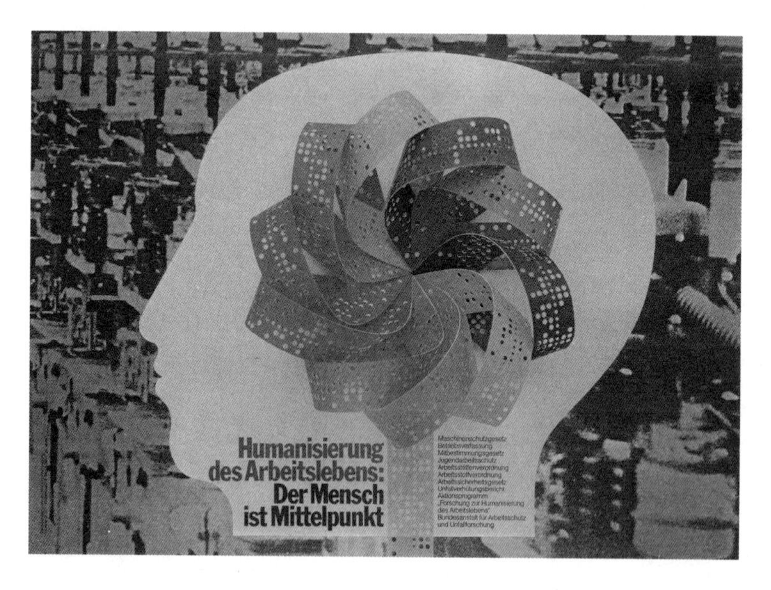

图 1.3————海报《人性化工作：聚光灯下的人》。社会民主党档案 / 弗里德里希·艾伯特（Friedrich Ebert）基金会 C.1976。

来的几年里，其他几家公司也加入了竞争，但到 60 年代末，只有两家德国计算机制造商幸存：通用电力公司和西门子。这两家公司都是 19 世纪末电气化的先驱，长期以来一直对德国的工业现代化具有重要意义。德国在信息技术领域（IT）的起步最初依赖美国科技的转让，这是通过与西屋电气、通用电气等美国公司的合作实现的。[223] 此后不久，联邦德国计算机研发正式开始：政府资助的项目使通用电力公司和西门子能够开发自己的计算机，得以与在德国公共行政部门中无处不在的 IBM 大型机竞争。最终，西门子提高了市场份额，并在 20 世纪 70 年代确立了自己在行业内的地位。[224] 此外，在联邦德国商业的计算机普及中，中型计算机发挥了重要作用。中型计算机是预订机的技术衍生品，类似于电动打字机，但它们在 70 年代发展成为强大的计算机器。中小型企业是这些计算机的典型客户，购买成本低，可以逐步过渡到计算机时代。事实证明，对于这些公司的特定需求来说，中型计算机的适应性比更大、更昂贵的大型机的高性能更为重要。[225]

在社会主义的民主德国，计算机的出现与联邦德国略有不同，但花了更长的时间才确立规模。1954 年，国有企业卡尔·蔡司制造了民主德国的第一台计算机。尽管这个起步时间与西方差不多，但直到 1968 年才开始量产，其间已经过去了很多年。在这个初始阶段，新生的民主德国计算机产业与国际的交流很频

43

繁，不仅有社会主义东欧国家，而且有联邦德国计算机科学家。两德都效仿美国的榜样，特别是IBM和控制数据公司（Control Data Corporation）等公司。20世纪60年代后期，苏联和民主德国的信息技术专家一致认为，社会主义国家必须制造与IBM兼容的大型机才能抢占全球市场份额。[226] 1972年，民主德国领导层的政治变动暂时中止了国家微电子计划。在新任第一书记埃里希·昂纳克（Erich Honecker）的领导下，重点从高科技研究转向大众消费和扩大国家福利。然而，仅仅五年后，计算机技术就成为显而易见的经济必需品。于是民主德国恢复了计算机研究和生产，但它已经远远落后于国际水平。此后，希望民主德国成为向发展中国家提供兼容IBM的大型机的主要出口商，成为一个无法实现的幻想。历史学家多洛雷斯·奥古斯丁（Dolores Augustine）甚至宣称，支撑其计算机行业的巨额成本"导致了民主德国的垮台"[227]。微电子是民主德国与整个东欧集团的一个重要问题，因为他们拼命想跟上西方的经济发展步伐。[228] 值得注意的是，1989年，将近25万名员工在民主德国信息技术行业工作。然而，对于这个令人印象深刻的数字，我们应该持保留态度：民主德国科技公司的许多员工并不具备高科技专业知识。20世纪80年代初期，瑟梅尔达（Sömmerda）办公器材厂约有15%的工人从事简单的体力劳动，如绕线。[229]

尽管起步不起眼，但德国计算机的起源可以追溯到第一次世界大战之前：1910 年以来，德国的公共机构，甚至一些私营企业，一直使用打孔卡片进行行政管理。与美国相比，德国使用打孔卡片的规模不大，这可以用欧洲公共行政的悠久传统来解释，即使没有打孔卡片也能有效运作。[230] 自战后联邦德国的公共行政、军事、科研部门和银行开始运用大型机后，大型工业公司从 20 世纪 60 年代中期开始越来越多地投资购买大型机。从 50 年代后期开始，联邦德国劳动力的短缺进一步刺激了自动化和计算机化的发展。70 年代末，员工人数超过 500 人的联邦德国大型企业全部使用大型计算机。与此同时，就业动态也在发生变化。与大多数西方社会一样，联邦德国开始面临大规模失业问题。此外，70 年代后期，其他行业也开始受到数字化的影响。由于来自东亚的数字钟表的竞争，德国钟表业举步维艰；收银机和办公设备的制造商，正在被越来越小、越来越便宜的计算机所挤压。此外，印刷业因计算机排版的实现而受到干扰。1978 年，印刷工人罢工是联邦德国发生的针对数字化影响的第一次大规模公众抗议。80 年代，微处理器和个人计算机的广泛成功引发了许多行业的全面合理化和自动化。德国进入数字时代，自 90 年代中期以来，随着互联网和移动通信设备的普及，德国进入了一个新的发展阶段。[231] 关于计算机和自动化会消灭数百万个工作岗位的担忧并没有成为现实。最后，数字技术变革被普遍接受。[232]

44

数字化控制（NC）标志着自动化的一个重要阶段，它在数字化变革之前就已经开始，后来被微型计算机所完善。它对联邦德国经济具有重要意义，因为它对核心产业具有关键性作用。在 20 世纪 50 年代初推出第一台数字化控制铣床后不久，尽管其应用主要局限于机械制造以及汽车、电子和航空工业，但传播势头仍然强劲。第二代计算机数控（CNC）在 70 年代末流行起来，并以计算机集成为特色。因此，技术工人有时会直接在车间对计算机数控机器进行编程。从某种意义上说，机器成为熟练工人手中的工具，而不是淘汰这些工人的手段。在许多情况下，管理层遵循“弱自动化”的道路，并积极寻求让员工参与机器编程。这根植于德国在早期“合理化”探索中加入的“人性化工作”传统。甚至有公司对计算机数控工作采用一种源于两次大战间的人事管理方式：让技术工人自我检查工作质量。[233] 此外，职业培训的传统似乎与自动化时代相适应。据说，数控操作和编程职业培训中心首先出现于德国西南部，[234] 在那里，现代职业培训和技术教育机构曾在 19 世纪蓬勃发展。

从广义上讲，计算机在 20 世纪 80 年代初期已经在联邦德国工业中扎根，但最先进的自动化技术需要一段时间之后才开始流行。1983 年，金属行业中 80% 以上的公司使用可视化显示装置，而三分之二的公司拥有数控或计算机数控设备。与此同时，这些公司中只有 12% 拥有机器人。联邦德国工业中工业机器人的使用量大约每两年翻一番，从 1974 年的 133 台增加到 1984 年的 6600 台，不过仍远低于早先的乐观预期。[235] 1983 年，大众汽车公司宣布完成了一条完全自动化的最终装配线，并且使用机器人进行操作，这引起了公众的关注。最初，人们将这个车间视为一项技术奇迹，纷纷庆祝，但很快就出现了各种问题：事后来看，大众汽车公司的管理人员对这一创新持批评态度，他们认为选择了一条过度推行泰勒主义的自动化路径。由于无人参与的自动化愿景失败了，工人们重新大规模进入车间。从 80 年代开始，“人的因素”成为联邦德国自动化辩论中无处不在的口头禅。显然，技术无法完全取代对汽车工人的需求——至少在完成复杂任务方面，当时还做不到。[236] 在 80 年代的技术变革期间，联邦德国汽车管理部门认识到，工会曾经要求的“人性化工作”的意义。由于自动化程度提高，需要整合工作与工人的职责，泰勒主义管理实践的吸引力突然变得有限。取而代之的是，团队合作、减少层级和资格认证成为当时的常态。[237]

如前所述，由于民主德国微电子计划的中断，在开发最先进技术方面失去了优势，生产力受到影响。与联邦德国相比，计算机被引入民主德国工业的时间相对较晚，而且数量也不多。20 世纪 70 年代中期，计算机首次出现在民主德国工厂中，当时只有几千台。接下来是第一批主要用于焊接的工业机器人：1979 年初，民主德国工厂中大约有 50 台机器人。所有这些机器人都是进口的，大部分来自社会主义国家，22 台来自西方资本主义国家。次年，民主德国开工生产了近 2198 台机器人，大大低于 7000 台的既定目标。80 年代，民主德国政治家认为所谓的核心技术——微电子、光纤、计算机辅助设计制造以及机器人技术——都是解决其经济问题的手段。然而，政客们抱有很高的期望，却没有意识到数字化质量方面的问题。[238] 最终，整个计划被证明是一次代价高昂的失败。

相比之下，联邦德国的生产技术则非常先进。尽管如此，联邦德国的核心工业——汽车、机床和电气工业——在 80 年代苦苦挣扎，并在国际竞争中落败。从某种意义上说，80 年代对这些关键领域中的德国领先企业来说是“失去的十年”，因为它们无法跟上全球自动化与信息通信技术的发展，这导致了巨大的生产力差距。[239] 尽管在冷战结束时，美国与联邦德国工业之间存在着重要的差异，但联邦德国工业的美国化程度比英国和法国要高得多。[240] 经济史学家维尔纳·普伦佩（Werner Plumpe）甚至采取了一种有争议的观点，即德国的一切工业特色在 70 年代都已经消失了，因为经济全球化倾向于将不同的企业模式转向共同的自由市场模式。然而，普伦佩确实承认，德国中小企业保持了传统的公司治理模式，这对多样化优质生产具有重要意义。[241]

从宏观经济的角度来看，有很好的证据表明普伦佩的理论是正确的，但他在生产技术方面犯了错误。德国工业仍然保持着一些传统特性。首先也是最重要的，德国还没有成为一个后工业社会。尽管自1973年以来工业劳动力有所下降，但工业生产并没有大幅下降。诚然，增长部门对新技术有很高的亲和力，但并没有创造更多的就业机会，何况不断增长的服务业的一部分与制造业相互交织。[242] 因此，与其他西方国家相比，德国仍然是一个工业占主导地位的经济体。[243]

20世纪90年代德国统一后，以有组织的私营企业和多样化优质生产为特点的德国模式并没有消失；相反，它变得更加灵活，并融合了盎格鲁—撒克逊自由市场经济模式的更多内容。[244] 这种灵活性构成了德国工业将大规模生产与定制生产相结合的特殊力量，同时发展了生产性服务业，这些服务业自冷战结束以来一直需求旺盛。[245] 优质产品的形象甚至已经成为德国工业的标签。如前所述，1887年的《英国商品法》(British Merchandise Marks Act)将大部分劣质的德国产品标记为"德国制造"。121年后，德国机器制造商协会抱怨其他国家的低价竞争和对自己的盗版仿制品。这些德国实业家忽视了这样一个事实——他们在19世纪的前辈也曾"依靠仿冒策略来追赶他们的英美竞争对手"[246]。

46

尽管如此，一些极具革新精神的门类还是消失了。20世纪90年代，电信技术的领军公司——西门子和AEG离开了通信市场：AEG在1996年关闭，西门子失去了手机、半导体和计算机市场，但仍设法在其他门类占有重要的市场份额，并保持住了世界级企业的地位。[247] 在运用最新的生产技术方面，德国工业再次成为全球领先者之一。2017 年，德国售出了 2.1 万多台工业机器人，成为世界第五大机器人市场，仅次于中国、日本、韩国和美国。在机器人密度方面，德国工业仅次于韩国和新加坡，在制造业的每 1 万名员工中拥有 322 台。对所有国家来说，自动化水平最高的是汽车行业。2017 年，德国每 1 万名汽车工人中有 1162 台机器人。[248] 然而，离想象中的下一个自动化阶段，即“没有工人的工厂”的愿景还很远。最新的数字技术——物联网的适配——发展一直相当缓慢：2016 年，只有不到一半的德国制造企业认真考虑了使用数字制造技术的可能性，另有 37% 的公司将其生产进行了数字化，但数字化程度有限。然而，数字技术对于某些行业是至关重要的，如机械和车辆制造，也包括化学和药学。[249] 因此，有很多关于“第三次工业革命”“物联网”的讨论，但这一技术革命具体运用于车间只是刚刚起步。

工业革命的标志性技术为19世纪和20世纪初的快速城市化铺平了道路。大多数早期工厂仍然依赖自然动力，尤其是水力发电，因此通常坐落于靠近河流的农村地区。19世纪中期蒸汽机取得突破后，为城市工厂的建立提供了动力手段。此外，蒸汽机驱动着机车，形成了一个快速发展的铁路网，反过来又为不断发展的工业中心提供了食品、煤炭和原材料。在19世纪的新兴城市中，科技网络整合了供应和排放，而不再是零星处理。这些过程现在以一种能更好地应对工业时代挑战的机械化方式集中进行，最突出的例子是能源中心和污水处理。向网络化城市转型的过程与工业化进程并不相同，但这两种发展却深深地相互交织。在很大程度上，工业化造成了过度拥挤、卫生和交通等问题，之后的城市科技基础设施网络解决了这些问题。城市在不断生长时产生了一些问题，本章讨论了城市科技网络如何在解决问题的同时制造了新的问题这一矛盾的结果。[1] 总体而言，在关于城市发展的争论中，显然对“科技修补”的肯定占据主流：在整个 19 世纪和 20 世纪，政治家和工程师相信有能力以技术手段解决技术带来的问题。

19 世纪早期，被拿破仑军队占领的德国城镇仍然像是中世纪的城镇。[2] 1840 年之后的德国铁路对城市化至关重要：铁路建设加强了工业化进程，鲁尔、萨尔地区以及上西里西亚的重工业由此获利，因为几乎所有地方都需要那里出产的原材料。尽管大规模城市化是在 1850 年之后才开始的，但这些地区的城镇从 1840 年开始迅速发展。早期的城市化也发生在纺织工业中心［埃尔伯菲尔德（Elberfeld）、巴门（Barmen）、克雷费尔德（Krefeld）、门兴格拉德巴赫（Monchen-Gladbach）和普劳恩（Plauen）］、古老的钢铁行业中心［哈根（Hagen）、伊塞隆（Iserlohn）、吕登沙伊德（Ludenscheid）和索林根］以及一些传统的商业城镇，如科隆和纽伦堡。因此，第一批工业企业家为现代城市的崛起奠定了物质基础。一方面，铁路的繁荣对城市的发展至关重要；另一方面，城市化也推动了铁路的发展，因为仅靠周围的农业地区无法满足城市中心的粮食需求。快速增长的铁路网确保了农产品可以从遥远的农村地区运送到大城市。[3]

48

在英国之后，德国在 19 世纪后期经历了城市快速发展。1871 年德国统一时，整个帝国只有 8 个大城市的居民超过 10 万人。1910 年，这一数字为 48 个，人口总数占德国总人口的 21.3%。在这 39 年的时间里，德国的城市化率明显高于其他欧洲国家，这一波城市化浪潮造成的社会影响尤为严重。当时，中产阶级将日益壮大的工人阶级的恶劣生活条件造成的所谓社会问题，以及由此产生的起义的威胁，与城市化进程联系起来。[4]

德国走向现代城市科技的道路大致类似于其工业化开端的历史。首先，德国城市的发展模仿英国的城市，接下来是 19 世纪晚期的美国城市。从 20 世纪初开始，德国城市就成为国际城市发展的榜样。同样，类似于上一章所探讨的基于科学的工业，科学化也是德国城市化道路的关键，至少德国和国际观察家在当时都是这样认为的。虽然来自英国改革家的推动，是 19 世纪英国和欧洲大陆城市发展的重要因素，但 20 世纪初城市规划学科在德国诞生了。[5] 特别是德国城市采用了英国的公共供应商模式，被称为“市政社会主义”（municipal socialism），但在德国的运用中，它更加全面，并成为国际的榜样。[6] 市政社会主义的充分发展，在推动某些技术发展的同时，压制了另一部分技术。然而，合理规划的城市化进程不应被误认为德国的完整城市历史。19 世纪中期，如波鸿和埃森等鲁尔村庄的快速发展往往是无政府状态的，其间没有找到任何城市规划的影子。工厂、交通设施、补给线、废土堆和整个居民区都被随意地混杂在一起。这些混乱的地区引发了对城市的文化悲观主义和敌意，并延续到 20 世纪，对政治文化产生了持久的影响。[7]

总体而言，德国没有一个单一的城市增长模式；相反，通往现代城市化有多条途径，依赖于当地的传统、政治决策和对现代技术的不同的文化借用。汉堡或法兰克福等传统商业中心明显不同于鲁尔区城市，后者在短短几十年内就从小村庄迅速发展为城市群。尽管如此，某些发展反映的是德国城市的总体特点，如 1900 年前后的有轨电车。而另一些技术发展以实施时期对城市进行区分，有的城市很早就采用了，有的城市在几十年后才起步。此外，每项技术都适应了特定的地域条件。例如，从 19 世纪中期开始广泛讨论的供水和下水道系统，19 世纪 40 年代就被引入了汉堡。相比之下，有的城镇一直到 19 世纪末才运用了这些技术。此外，市政当局、工程师、卫生专家和商人都会影响地方决策，导致不同地区有不同的技术解决方案。

49

本章将探讨德国城市是如何发展及改变外貌的，尤其是新技术在这一过程中产生的影响。城市扩建造就了新的中心，这些中心围绕着老城区郊区的火车站发展起来。[8] 此外，独立式住宅很快就成为快速建造的廉价公寓楼阴影下的少数群体，如臭名昭著的柏林的出租房（Mietskaserne），又被称为“出租军营”[9]。然而，城市化的故事也有一个很容易被忽视的部分。城市科技构成了位于地下的“第二个城市”，其中包括地铁轨道、污水处理系统以及水和煤气管道。[10] 因此，城市科技的历史必须强调能源、交通、通信、卫生、垃圾和住房。城市发展的第一个时期以蒸汽和煤气为特征，但早期的主要动力也发挥了至关重要的作用，如马匹。19 世纪晚期，电力的出现标志着城市科技的一个分水岭，因为它为城市的进一步转型提供了手段。只是从 20 世纪中期开始，德国的汽车保有量才开始大幅提高，与其他国家相比，这个时间相对较晚。大约在同一时期，电信开始普及，改变了大众的日常生活。这两种技术都在城市中取得了早期成功。在这一点上，过去的城市科技政策显然给当代的交通和住房政策带来了一些挑战。

早期城市化的挑战

交通问题对于城市历史至关重要。一方面，高效的城市交通使城市保持了经济、社会和文化活力；另一方面，良好的交通连接对于每个城市与其他城市的经济竞争至关重要。虽然通常认为铁路是 19 世纪的主要交通创新，但在此之前，道路建设推动了旧的马车运输技术的发展。在拿破仑的军队占领德国西部的一些地区之前，那里几乎没有任何铺设好的道路，只在西南部有少数例外。在法国的占领结束后，德国各邦从 19 世纪 20 年代开始继续沿着法国的方向进行道路建设。他们借用了法语词汇“chaussée”（马路），并将柏林与东部的普鲁士城镇连接起来。当 1834 年德意志关税同盟成立时，德国北部的道路基础设施已经得到了显著改善。[11] 当时法国仍然处于道路建设的领先地位。1835 年德国引进了压路机，1861 年引进了蒸汽压路机，因此，柏油路直到 19 世纪 70 年代末才开始普及，比法国晚了几十年。[12] 铁路的繁荣并没有结束道路建设，相反，1837—1895 年，
50
普鲁士修建了大量道路基础设施：从 12,888 千米增加到 83,000 千米。[13] 由于铁路和运河的发展，运输越来越繁忙，支线公路也变得越来越重要。

铁路发展背后的驱动力是当地工厂主和商人的利益，他们寻求改善城市之间的交通联系。对于铁路的扩张来说，各个城市的想法远比那些公众人物的模糊愿景更重要，比如著名的经济学家弗里德里希·李斯特（Friedrich List），他设想把德国铁路网作为促进国家团结的一种手段。[14] 事实上，德国建立的第一批铁路是为了把城市一对一地联系起来，当时并没有人关心铺设一张全面的路网。尽管如此，有时铁路枢纽为小村庄发展为城镇铺平了道路。[15]

德国的城镇建设在经过长期停滞后经历了迅速的过渡。虽然在 19 世纪早期，大多数欧洲城市在外观上与中世纪没有什么本质区别，但从 19 世纪中叶开始，情况迅速发生变化：行人和车辆大量增加，新的道路被铺设，现有道路被拓宽，新的科技装备如煤气灯照亮了许多道路。[16] 此外，城市规模也在成倍地扩大，

柏林的例子最为突出。19 世纪初，可以步行到达柏林的任何一个地方，人们通常住在工作场所附近，即便前往城郊也并不遥远，因为这个城市南北长 4 千米、东西宽 3 千米。从 19 世纪 80 年代开始，这种情况发生了改变，当时在城郊建立了新的工厂，通勤也变得越来越普遍，平时和周末去城郊旅行的广泛需求刺激了公共交通的发展。[17]

然而，路面必须首先得到改善。19 世纪中叶，土路在德国的城市中仍然很普遍。恶劣的天气使这些道路变成沼泽，因为现有的排水沟不足以排水。这不仅使城市交通变得困难，而且造成了严重的卫生问题（本章将进一步讨论）。[18] 与此同时，改善的条件也已经具备，铁路提供了从矿山到城市的廉价沥青运输。[19] 在中央污水处理系统建成后，柏林的道路从 1876 年开始铺设。

蒸汽机车最初并没有取代马匹，反而是铁路运输带来的道路建设资源，促进了马匹运输规模的扩大。正如历史学家克莱·麦克肖恩（Clay McShane）、乔尔·塔尔（Joel Tarr）所指出的那样，蒸汽机和马——“一种灵活的、不断发展的技术”——都是“对这座现代城市的发展至关重要的技术”。[20] 1846 年，马车开始在柏林运营，比伦敦晚了四分之一个世纪。此后，公共交通发展并不平衡。1864 年，柏林有 393 辆公共马车在运营，而在 1876 年，尽管城市继续快速发展，但是这一数字已降至 373 辆。私人马车业务基本上依赖于经济状况：经历了 19 世

51

纪 60 年代初期的繁荣之后，由于激烈的竞争，经济出现了严重的问题。[21]

从很多方面来说，马车可以被看作一种“交通技术”，这种技术导致了现代公共交通的变革。虽然它实际上只是一辆经过改装的驿马车，但已经有了预定路线和固定的时间表。[22] 然而，19 世纪 60 年代后期之后，一种与之竞争的交通方式更加成功：私营企业引入了在铁轨上行驶的马车，第一批有轨马车是在柏林、汉堡和斯图加特出现的。1835 年，新奥尔良首先使用了有轨马车，直到 1853 年才被引入欧洲（巴黎）。1880 年，有轨马车在德国 30 多个城市运营。它们比马车更能满足现代城市生活的要求：速度更快——最高时速可达 8 千米——而且更便宜。[23] 不过，在有轨马车刚出现的时代，票价对于工人来说仍然过高。尽管存在一些问题，但是有轨马车已经启动了向郊区延伸的进程：当时一些中产阶级居民搬到了郊区，因为城市边缘已经变得触手可及。1865—1890 年，也就是在有轨车电气化开始之前，有轨马车是德国城市中普遍使用的公共交通工具。有轨车连接主要通道，即火车站、热门地点、高档住宅区与市中心。即使在 20 世纪初有轨电车取代马车之后，马车在柏林仍然存在，直到第一次世界大战爆发。1914 年，大多数柏林人更喜欢马车，而非新的公共汽车。[24]

城市现代化的这一时期经常被忽视，它意味着城市中马匹数量的增加：1881 年，每 37 名柏林市民拥有 1 匹马（纽约和巴黎的比例更高，分别是 1∶26 和 1∶31）。1890 年前后，有轨马车在德国 62 个城市运营，每年运送乘客 3.53 亿人次。不幸的是，大量马粪可能会恶化刚刚得到改善的城市卫生（稍后会讨论）。[25]

总体而言，麦克肖恩和塔尔关于有轨马车是“一项开创性技术”的论断是正确的，因为城市和郊区现在都可以通过这种新的公共交通工具到达。有轨马车引入了一种新型半公共空间，为此需要实行一种有关“运输行为”的适宜的新制度。车厢内部的公告要求乘客保持礼貌。事实上，马车的速度还是比较慢的，而且由于票价相对较高，乘客主要是中产阶级。[26] 严格来说，它还不是现代大众运输工具。尽管如此，向现代交通的转型始于有轨马车。甚至在电气化之前，马车就发生了技术变革。一方面，马具、车辆以及路面都做了改进；另一方面，马在某种程度上不得不“成为一台机器”，由于“更好的繁殖和喂养”而具有更强的能力。[27] 新颖的有轨马车在德国城市引起了一些抗议。1880 年之前，公民、市议会和警察曾联合推迟了德累斯顿和慕尼黑城内有轨马车线路的建设。尽管如此，它还是很快地被广泛接受了。[28]

新兴的城市交通既是对城市居民数量不断增加的反应，也是城市吸引力不断提高的原因。柏林的情况最为引人注目，这座城市的居民从 1800 年的 17 万人增加到 1850 年的 42 万人，1900

52

年达到 190 万人，此时柏林已经成为欧洲第三大城市。[29] 随着曾经的郊区和村庄汇入柏林市，其人口密度和城市规模都在增加。19 世纪下半叶，柏林和其他德国城市开始大规模建造住房。早在 19 世纪 20 年代，第一个住宅建筑项目就在柏林或埃尔伯菲尔德（今属伍珀塔尔市）等城市的郊区落成。当时在柏林还建造了 5 座多层建筑，有 400 个房间，可容纳多达 2500 人，甚至还配有织布机。[30]

然而，这些建筑都是少数，独立式住宅仍然在德国城市中占据主导地位。在 19 世纪中叶掀起建筑热潮之后的 50 年间，这种情况发生了巨大变化。1910 年，不来梅是荷兰、比利时或英国城市住宅风格在德国的最后避难所，那里仍盛行独立式住宅，而公寓在其他所有德国城市无处不在。[31] 自 19 世纪中叶以来，楼宇建筑也发生了变化。根据城市化趋势，在不断发展的城市中，廉租公寓数量增多。尽管有前述的少数情况，但在 19 世纪 40 年代，三层楼房几乎无人知晓。然而在 19 世纪末，许多城市居民住在三楼。新的公寓从一开始就遭到了批评，高人口密度引发了卫生和道德方面的担忧。[32] 早在 19 世纪 60 年代，改革者就批评柏林工人聚居地区的状况，并要求住房拥有更充足的光线、更好的空气和暖气。[33] 在这种情况下，同时代人用贬义词“出租军营”来形容这些房子。[34]

这些建筑在 20 世纪一直声名狼藉，但这个标签是否合适呢？首先，临街的主屋通常还算体面，只有后面几栋屋子里住着穷人，房间很暗，也不卫生。[35]最初，公寓建筑基本上不受限制，柏林、汉堡、但泽①、布雷斯劳②、德累斯顿和慕尼黑等德国大城市建造了高达六层的公寓楼。19 世纪 70 年代，大多数城市将房屋建筑限制在四层。1862 年，柏林的发展规划决定在新城区建设公寓。与许多欧洲大都市一样，柏林以乔治 – 欧仁・豪斯曼（Georges-Eugene Haussmann）对巴黎的改造为榜样。[36] 1910 年，统计数据证明，柏林每栋建筑的平均居民人数是迄今为止西方世界最高的。然而，这个比例并不意味着特别高的人口密度。相反，柏林的"出租军营"仅是非常大的建筑物。城市历史学家布赖恩・拉德（Brian Ladd）称，这些公寓甚至"质量相当好"，因为它们"坚固，房间大，天花板高"。[37]（此处解释了 1990 年德国统一后这些公寓出人意料地卷土重来，当时对翻新公寓的需求量很大。）[38]

负责柏林城市发展的官员非常了解规划理论和政策。后来成为市长的柏林城市规划师詹姆斯・霍布雷希特（James Hobrecht）是公寓的坚定支持者，并反对英国的独立式住宅模式，因为他认为这会造成社会分裂，并导致出现"危险阶层"居住和控制的地

53

① 今波兰城市格但斯克。——译者注

② 今波兰城市弗罗茨瓦夫。——译者注

区。与单户住宅不同，公寓是促进阶级之间社会交流的一种方式。因此，霍布雷希特将“出租军营”设想为一种社会包容的技术，或者说是一座熔炉。然而，霍布雷希特属于低级官员，遭到了众多对“出租军营”持批评态度的人士的强烈反对。[39] 总而言之，正是德国城市公寓的技术设施落后，导致了它们的坏名声。通常公寓里甚至没有单独的浴室。

不断发展的城市中的生活当然不会太健康，尤其是在工薪阶层的住宅中。19 世纪 50 年代后期至 1890 年，工业的进一步扩张和更多地使用煤炭取暖，导致汉堡等城市“环境普遍恶化”[40]。1871 年，德国城市的死亡率明显高于农村地区。然而，这种情况在 1901 年发生了变化，当时城市和农村地区的发病率都下降了，但由于卫生方面的进步，城市的发病率下降得更快，死亡率从 1870 年的 40‰下降到 1900 年的 24‰。[41] 虽然城市基础设施有所改善，但并非每个地方、每个人都是平等的，是否拥有健康的生活取决于个人的阶级状况。此外，与中等城镇相比，大城市居民受益于更快的现代化步伐。供气、供水和污水处理等城市技术只是慢慢产生影响，最终于 19 世纪末在德国取得突破性进展。大城市更快地建立了新的便利设施，尤其是在中产阶级居住区。[42]

铁路和煤气灯可能是源自工业的城市技术的最好例子。与铁路一样，煤气照明起源于工业，依赖于煤炭。煤气是炼焦的副产品，英国工厂自 1805 年开始提取煤气，起初它被用于工业照明，这是一个显而易见的选择。[43] 公共煤气供应复制了自 18 世纪初就存在的伦敦室内供水概念。19 世纪初煤气工业腾飞时，许多英国中产阶级家庭已经在房间内安装了带管道的室内中央供水系统。然而，这对于德国人来说仍然是未知的，一篇关于煤气供应工作原理的英文论文用英文读者常见的供水来做类比，解释了这项新技术，并在 1815 年被翻译成德语。[44]

与当时的英国同行相比，德国煤气工业落后。因此，19 世纪 20 年代中期，英国公司“帝国大陆煤气协会”（Imperial Continental Gas-Association）在德国城市汉诺威和柏林建立了第一批煤气厂。当时，煤气最普遍的用途是路灯照明。此后不久，亚琛、科隆、德累斯顿和莱比锡等城市效仿了这些先驱。然而，真正的煤气厂建设热潮发生在 19 世纪 50 年代，当时德国煤气厂的数量增加到大约 200 家。然而，对于英国专业知识的依赖仍在继续，直到 19 世纪下半叶，德国煤气厂仍然依赖英国技术人员。然而，后来者有其优势。德国市政当局从英国吸取了教训：在英国，煤气公司之间的过度竞争减缓了整体发展速度。因此，每座德国城市的市政府只向一家煤气公司颁发许可证。这一政策使德国成功地追赶上来。19 世纪 60 年代初，任何人口超过 2 万人的德国城镇都提供了煤气供应。[45] 尽管如此，德国的煤气总消费量仅为伦敦的一半，而德国用于煤气生产的煤炭的 40% 仍从英

54

国进口。[46]

在此期间，所谓的市政社会主义开始在德国站稳脚跟。从19世纪60年代开始，德国市政当局开设新的煤气厂或接管私营企业。1862年，市政当局拥有全部煤气厂的四分之一。这个数字在1908年增加到三分之二，1920年增加到四分之三，1930年增加到五分之四，其余则是被私营企业拥有。[47]在市政化进程中，市政服务部门聘请了工程师，从而获得了专业知识。[48]通常，市政接管的过程如下：大多数私营煤气厂在19世纪中叶开始运营，获得的许可期长达25年或30年，许可期结束后被市政化，当时市政当局对煤气厂和管道进行了现代化改造并降低了价格。自来水厂的情况也大致相同。[49]

虽然煤气工厂的数量在19世纪下半叶激增，但在20世纪初它的吸引力终于开始下降，尤其是新的、清洁的竞争对手出现了：电力。虽然在19世纪初煤气照明以清洁而闻名，但到19世纪末，它已经被认为是不卫生和肮脏的。[50]19世纪末，煤气照明还是一种相当简单的技术，并不比本生灯（Bunsen burner）复杂：煤气会降低空气质量并弄脏房屋。煤气灯的显著缺点是耗氧量高，因此不适用于室内。此外，城市煤气厂又吵又臭，造成环境问题。[51]即使在19、20世纪之交，大多数工人仍然负担不起煤气供应费用。因此，油灯以及用于取暖和烹饪的煤炭、木材等古老的技术——但不是更清洁的——继续存在。[52]

在许多方面，供水和供气的历史有着密切的联系。如前所述，公共煤气供应借鉴了早期室内供水管道的主要原理。30 年后，情况发生了转变。现在，供水商受益于同时期繁荣的煤气工业在管道建设方面取得的进步。因此，水和煤气专家密切合作，并于 1859 年成立了“德国煤气和水科技协会”（German Technical and Scientific Association of Gas and Water）[53]。然而，中央供水比煤气供应落后两三年。大多数德国城市在 19 世纪七八十年代建造了自来水厂，只有汉堡、法兰克福和莱比锡是在 1870 年前就建立了中央供水系统。1907 年之前，德国所有的大城市维护自来水厂的方式都与 93% 的拥有 20,000～100,000 名居民的中等城镇一样。只有 57% 的小城镇拥有固定的中央供水系统。那时，几乎一半的德国人还住在农村。因此，直到 19、20 世纪之交，水井仍然是普遍的供水方式。城市居民大多使用中央供水，但存在着很大的地区差异。西部工业区大部分有中央供水系统，但东普鲁士落后的农村地区仍然依赖传统水井。[54]

55

19 世纪初，完善的水井基础设施使得中央供水系统的建设相当缓慢。例如，在 19 世纪中叶的柏林，水井还能满足城市供水的需求。从 1800 年到 19 世纪 50 年代，水井的数量从 5500 口增加到 9900 口。然而，在快速发展的大都市中，水井的人均占有比例有所下降：1800 年，每 30 名市民拥有一口井，1856 年，这一比例下降到 1 : 45。[55] 他们的饮用水要么来自水井、河流和运河，要么从输水公司购买。从 19 世纪 30 年代开始，几家私营自来水公司将未经过滤的河水输送到汉堡中产阶级客户的家中。[56] 在中央供水系统建立之前，德国的几个城市都有类似的公司在运营；1819 年，德国第一家采用蒸汽动力的供水商在马格德堡（Magdeburg）开始运营。[57]

与井水相比，中央供水系统最初并未对水进行净化。汉堡是 19 世纪 40 年代后期第一个安装中央供水系统的德国城市，流入系统的是未经过滤的河水。在这个向中央供水系统过渡的时期，还没有顾及卫生问题。伦敦首先发明了过滤水，最早于 1804 年在苏格兰小镇佩斯利（Paisley）使用，其积极经验在德国广为人知。[58] 尽管可以使用过滤系统，但由于成本较高，所以常常被拒绝安装。1852 年英资柏林自来水公司建立的柏林供水系统使用了砂滤，负责汉堡供水和排污系统的英国工程师威廉·林德利（William Lindley）也极力推荐这种技术。然而，这一请求被以成本过高为由拒绝，市政当局取消了与林德利的合同。这一决定导致的悲惨结果是众所周知的：1892 年，最后一次欧洲霍乱疫情导致数千名汉堡市民死亡，而邻近的阿尔托纳镇（Altona）的死亡人数要少得多，该镇自 1859 年以来一直使用砂滤。尽管汉堡市议会已于 1890 年决定动工兴建过滤厂，但在疫情暴发时远未完工。[59]

正如汉堡对卫生需求的反应所表明的那样，无法用缺乏科学洞察力来解释过滤水系统的迟缓发展。在这种情况下，科技稳步进步的经典叙事是不充分的。城市发展专家和市议会成员完全明白过滤厂的必要性。然而，他们面临巨大的挑战，因为不断掀起的城市发展浪潮导致了设施的计划成本快速增长。过滤厂的初始资金在落地之时就已经不够用了，更高的供水率又成为迫切需要。[60] 在某些方面，19 世纪晚期城市的卫生状况与当今全球变暖的挑战之间存在着某种相似之处：人们一致认为变革必不可少，但由于成本高昂，既得利益者减缓了技术变革的速度。

56

乍一看，集中供水似乎只是 19 世纪英国向德国进行技术转移的又一个例子。在许多方面，这个假设是正确的。由于德国人缺乏技术诀窍，第一批供水系统大多是由英国工程师和公司受雇安装的。[61] 总而言之，英国的卫生改革理念似乎一直是此后德国城市发展的榜样。1831 年伦敦霍乱疫情导致 5 万人死亡，之后不久，英国公共卫生运动就确立了自己的地位。英国济贫法委员会秘书长埃德温·查德威克（Edwin Chadwick）尤其批评了城市工人阶级的卫生条件。他的报告导致了 1848 年英国颁布了《公共卫生法》。查德威克的卫生改革概念将工人阶级恶劣的生活条件这一社会问题置于技术官僚背景下，他和他的追随者认为，市政工程就是通过供水和排污来解决大多数社会问题的一种手段。[62] 因此，查德威克的弟子威廉·林德利在汉堡建造了德国第一个供水系统并非偶然。之后，林德利就供水和排污系统向德国多个城市提出了建议。[63]

然而，仔细观察就会发现，采用这一新技术的原因与英国的模板有所不同。在大多数德国城市中，促使城市管理者进行供排水系统建设的主要原因并不是对流行病或工人阶级恶劣生活条件的恐惧，相反，汉堡市采用中央供水系统是出于防火的需要。1842 年，一场大火烧毁了 2 万人的房屋，占该市居民人口的 10%，之后，汉堡成为最早效仿英国卫生基础设施榜样的欧洲大陆城市之一。当时林德利因为修建一条铁路线正巧住在汉堡，他被任命负责城市基础设施的重建和现代化。他咨询了伦敦新河自来水厂的总工程师，并主张在汉堡建立一个“国家控制的中央供水系统”[64]。

相比之下，柏林建立中央供水系统的主要动机是净化城市。它的城市排水沟因污垢和气味而臭名昭著。因此，冲洗排水沟是建设自来水厂的主要驱动力，而非供应饮用水，水井仍然可以充分发挥供应饮用水的作用。该市把中央供水系统作为清洗排水沟并将污水冲入河流以消除臭味的一个办法。市政当局也希望柏林成为一个现代化大都市，而中央供水系统是这一地位的重要标志，自来水厂代表着技术进步。19 世纪 30 年代有关这项新技术的计划已经制定，但 1852 年自来水厂才落成。虽然饮用水供应问题在接下来的几年里受到了自来水厂的影响，但冲洗排水沟和消除异味仍然是建立自来水厂的主要出发点。重要的是，新的供水系统并没有真正解决这个问题，因为自来水为水冲式厕所奠定了基础，这极大地增加了冲入排水沟的污水量。[65]

因此，激发德国城市管理者建设供水和污水处理系统的主要因素并不是对流行病的恐惧。当时，医学专家对城市卫生的具体决策影响有限，主要原因是在19世纪初不断发展的城市中，人们对臭味产生了新的敏感性，这为卫生改革者的工作铺平了道路。以房主和商人为主要成员的中产阶级集团施加的压力，对供水和污水处理系统的建设产生了巨大影响。只有但泽市是个例外，很明显，那里过高的死亡率推动了城市卫生倡议的实施。然而，在所有情况下，只有在总体决策获得批准并且需要混凝土施工专家时，工程师才会成为重要角色。因此，英国的城市卫生是行政改革的产物，而德国的情况则不同，城市中产阶级是建设供水和污水处理系统的推动力，医学专家对城市卫生的影响不可高估。事实上，在大众看来，不需要医学证据，污垢与疾病已经联系在一起了。只有符合中产阶级已有经验和价值观的医学理论才会被听取。直到19世纪后期细菌学说确立之后，医学专家才开始在城市发展的实际辩论中站稳脚跟。[66]

57

尽管那时中央供水系统的建设越来越容易，但严重的卫生问题仍未解决。1880年，在大多数德国城市中，只有不到5%的住宅设有私人浴室。19世纪末，几乎每个城市都普及了公共浴室。[67]问题的一个方面是，私营自来水公司在被市政化之前，经过25年的初始经营阶段，水价相当高，这限制了大众的使用。例如，柏林的私人自来水公司出于利润原因，只向富裕地区提供特权，因为水价取决于当地的平均租金。相应地，工人阶级生活区最初没有接入供水网。只是在19世纪80年代开始实施市政化，并根据用水量确定固定水价后，这些地区才得到服务。[68]鉴于自来水厂集中在城市的富裕地区，它们赚取丰厚的利润也就不足为奇了。在成立后的最初几年中，自来水厂的亏损在意料之中，但几年后随着客户群的扩大，企业获得了丰厚的回报。水系统随后变得普及，新的供水技术系统改变了城市景观：泵站和水塔是随之而运用的新技术之一。[69]水除铁设施建成后，水质得到明显改善，为1890年后以地下水井为基础的中央供水系统提供了除铁手段。[70]当时，汉堡是德国唯一一座完全依赖河水作为中央水源的大城市。此外，1903年，在普鲁士超过1.5万人的中等城市中，30%的城市仍然依赖河流获取饮用水。[71]第一次世界大战爆发前夕，德国每个主要城市都建立了供水和污水处理设施，每日人均用水量达到110升～229升。2012年，德国人平均每天才消耗122升水，可见“一战”之前的这个数字已是非常之高。[72]

从根本上说，城市卫生政策是阶级政治的问题。一方面，新技术为城市贫民提供了卫生的生活方式；另一方面，正是这些技

58 术对中产阶级的社会政策起到了重要作用。19世纪的中产阶级

改革者和技术官僚明确了他们的方法：为工人阶级提供供水和污水处理系统不仅是一种卫生行为，而且体现了普遍的中产阶级价值观。因此，为卫生而进行的奋斗是市政当局对工人阶级进行的“仁慈的围困”[73]。

从技术角度来看，供水和污水处理是相互交织的。集中供水是建设下水道系统的先决条件，下水道在技术上与传统的水井供水不兼容，因为下水道系统需要大量的水，会降低地下水水位。当然，市政当局通常会优先考虑供水。因此，在几年后引入下水道系统时，大多数德国城市已经建立了供水管道。集中供水广泛建立后，大量的废水显然需要配套的下水道系统。从 19 世纪 70 年代开始，公寓中的浴室和厕所虽然普及速度不快，但仍然越来越普遍，于是建立排污系统成为当务之急。大多数德国城市在 20 世纪初安装了污水处理设施。一些城市在 1870 年之前就建立了污水处理系统，如法兰克福，但在使用了仅 20 年后就必须对其进行现代化改造。1907 年，德国所有大城市都建设了综合性通用下水道污水处理系统，同时排放废水和雨水。但是，中小城市落后了。1900 年，普鲁士的 1800 多个城镇建立了中央供水系统，但只有不到 200 个城市有下水道系统。[74]

除了城市规模，另一个对污水处理系统至关重要的因素是一个城市是否可以依靠既定的官僚体系来建造和维护它们。19 世纪中叶，大多数德国大城市——汉堡、慕尼黑、德累斯顿、莱比锡和科隆——都以多元化经济结构为特征，采用成熟的城市管理，这促进了它们在 19 世纪下半叶建立城市卫生基础设施。相比之下，盖尔森基兴是鲁尔区新兴工业城市之一，没有这些传统体系，这些城市在建设卫生基础设施方面较为延迟，直到第一次世界大战爆发前夕才开始。[75]

在下水道系统普及之前的 19 世纪中叶，城市街道排水的做法仍然停留在中世纪。据拉德的说法，这种传统基础设施“负担过重，无可救药”。敞开的排水沟将街道上被粪便和生活垃圾污染的雨水排入通常状况不佳的“几条地下下水道”。在其他情况下，街道都是通过明沟排水的。在这两种情况下，废水要么被排入地下水，要么被排入河流和运河，这样额外的排泄物就被间接地排放了。这种传统且不完善的基础设施依赖于妇女在当地河里洗马桶的社会职业。[76] 然而重要的是，当 19 世纪 70 年代第一批德国城市建立现代下水道系统时，污水处理的最终目的地并没有改变，大多数城市仍然通过管道将废水不经过滤排入当地河流，只是技术手段发生了变化，下水道系统取代了马桶。持续的快速城市化趋势进一步影响了污水系统的建设，因为中产阶级居民搬到了新的郊区，那里甚至没有原来内城不完善的旧运河水系。因此，郊区街道上的恶臭甚至比市中心还要糟糕。由于市民的强烈抱怨，如慕尼黑，市政当局甚至在中央供水系统建立之前就在郊区安装了污水处理系统。然而，气味还在恶化，污水处理问题仍

59

未解决。[77]

技术诀窍又一次从英国转移过来。19世纪中期，大多数德国城市依赖英国专家的专业知识，如林德利或詹姆斯·戈登（James Gordon），他们成为慕尼黑的顾问。[78] 1860年后，几个德国城市派遣专员前往英国研究排水系统。[79] 直到19世纪70年代，技术知识的缺乏一直是污水处理规划面临的一个严重问题，最先进的技术总是要拖上一段时间才能被采用。1900年前后，德国城市还在应用英国于19世纪70年代创新的技术。[80] 整个19世纪，德国都没有污水处理专家，因为当时还没有以污水处理为内容的大学教育或技工培训方案。在19世纪末的英国和美国，大学就可以培养公共健康和卫生工程专家。相比之下，德国在城市技术方面只有土木工程师。第一次世界大战爆发前夕，德国土木工程师开始学习公共卫生知识，并缩小了与专业的美国同行的差距，德国城市接近了美国的公共标准。[81]

污水问题的解决方式是自相矛盾的。19世纪70年代，普鲁士政府反对建立没有过滤设施的污水处理系统，因此法兰克福等城市的排污系统的建立被推迟。柏林当地由于没有大河来排水，因此从19世纪70年代初开始采用了“渗滤田”或“污水农场”的概念，30年前这一概念在英国得到应用。因此，市政府购买了农业用地进行污水处理。如查德威克建议的那样，污水被回收用作肥料。然而，被污染的土壤将细菌转移到了蔬菜上。此外，在进一步工业化的过程中，污水的成分发生了变化，逐渐含有越来越多的有害物质。[82] 在100年后的柏林，当社会主义东柏林郊区的大型住宅项目马扎恩（Marzahn）开始建设时，人们才明白了后果：“被掀起的土壤暴露了一直向居民隐瞒的污染。”[83]

然而在短期内，柏林的污水处理系统是成功的，并成为其他城市的典范。19世纪80年代初，150万名居民使用了该系统。[84] 但泽、布雷斯劳、多特蒙德、哥尼斯堡①、明斯特和达姆施塔特等城市效仿了柏林模式，而大多数德国城市由于成本过高而不愿效仿。[85] 法兰克福也是讨论建立“污水农场”的城市之一，但由于成本原因而拒绝了这一想法。相反，法兰克福选择了一种替代技术，并于1887年建立了德国第一座污水处理厂。[86] 尽管如此，批评家仍然抱怨这项技术的高成本。1912年，杰出的化学家、实业家卡尔·杜伊斯伯格（Carl Duisberg）还在谴责污水处理是“浪费国家资本”。在他看来，将工业污水排放到河流里就足够了，在那里它将得到充分、简单和廉价的处理。[87]

60

每个城市都要适应当地的生活条件。因此，相对于现代下水道系统的主导地位，也有一些例外。一些城市的污水处理系统——如海德堡的垃圾处理系统——将废水与粪便分离，这个系统具有为农业提供肥料的优势。萨克森州的莱比锡和德累斯顿

① 今俄罗斯加里宁格勒市。——译者注

是当时仅有的两座没有选择综合性污水处理系统的德国大城市，这两座城市都委托了一家化肥出口公司来处理下水道垃圾。[88]

事后看来，本章迄今为止所讨论的19世纪的城市技术，共同形成了一个庞大的技术系统。路面封土为城市清洁奠定了基础。再结合中央供水和污水处理系统，这一大型技术系统取代了自然水文地理。[89]现代城市一旦建立起来，就会依赖于这些技术环境。然而，这条通往现代化的道路是曲折的，至少在三个方面出现了矛盾。第一，并不是所有人都相信这些新技术。例如，1873年柏林在建设污水处理系统时遭到强烈的反对，反对者在几家报纸上登广告，警告人们不要使用这些“瘟疫管道”[90]。第二，尽管19世纪末科学在卫生措施上获得了更大的影响力，但是技术的变化比应用科学对技术的某种误导性理解更复杂。事实上，德国科学对城市卫生最重要的影响建立在一个根本性错误上：著名卫生专家马克斯·冯·佩滕科费尔（Max von Pettenkoffer）将德国人的注意力引向受污染的土壤，他认为这是流行病的原因。19世纪80年代，细菌学家才证明，受污染的水才会导致斑疹伤寒和霍乱。尽管佩滕科费尔犯了错误，但他也为改善城市卫生条件提供了正确的推动力。[91]第三，中央供水和排污系统并非一劳永逸，许多人认为利用这个系统已经解决的卫生问题，在20世纪初通过河水又回来了，这一情况几乎存在于整个20世纪，直到污水处理得到广泛的应用。[92]

尽管如此，19 世纪晚期的技术进步还是给同时代的人留下了深刻的印象。对于他们来说，造成现代城市问题的工业化和现代技术，似乎也是解决这个问题的关键。污水排放系统、自来水厂和供水系统等城市技术为城区的运转铺平了道路。专家们欣喜地赞扬了技术进步，相信几乎任何社会问题都有技术上的解决办法。[93] 特别是认为可以通过技术解决水污染问题的信念，取代了任何中期预防措施。[94]

这种技术进步的意识在殖民政治中尤为生动。在德国从英国学来城市技术仅仅数十年之后，这些技术已经在“帝国的工具”中发挥了至关重要的作用。[95] 青岛就是一个很好的例子。在 1898 年建立这个殖民地后，德国的管理机构非常注重卫生问题，并将德国的基础设施转移到中国城镇。新建设的城市青岛“被设计为展示德意志帝国的技术优势，最终将其基础设施变成一种面向中国市场的出口商品”。因此，一个包括供水和污水处理、天然气、电力供应以及公路、铁路的技术网络建立起来。[96] 然而，这座城市显然是按照种族和阶级划分的：欧洲人的城镇设施精良，而中国中产阶级居住区的基础设施技术就不那么复杂，但仍然是引人注目的。相比之下，中国劳工的村庄要等到几年之后才与中央供水系统相连接。此外，殖民者对这座现代城市的愿景存在严重的自然限制：由于该地区所处的地理位置，很难实现污水处理。[97]

61

电力时代

大约在1880年，电灯第一次照亮了市中心的街道，在此之前，从19世纪中叶开始，电报已经成为电力的商业用途之一。更早的时候，柏林与德国西部城镇科隆和科布伦茨（Koblenz）之间建立了臂板信号机（semaphore telegraph）。这项技术最初是18世纪晚期在法国发展起来的。受英国对法国信号系统改进的启发，1832年，普鲁士国王下令建设一个这样的系统，它极大地加速了铁路时代前的信息传播：视觉信息可以通过信号塔上的机械设备发送，可以在几个小时而不是几天之内收到信息。然而，即使在完美的天气条件下，一个信号从柏林传递到科布伦茨也花了七分半钟。1848年，传送一封30个字的电报就要花一个半小时。[98]

然而，普鲁士信号系统为向电报转变奠定了基础。普鲁士政府为了应对1848年冬天的革命，试图安装一条电报线路。尽管这个计划由于时间太紧而未能成功，但一个新的主角登上了舞台——维尔纳·西门子，他是普鲁士军官、发明家和1847年“西门子—哈尔斯克电报公司”的联合创始人。[99]在西门子负责这个项目后，1852年成功地完成了向电报的过渡。与此同时，这个网络也扩大了规模。尽管取得了这些成功，但值得说明的是，早在五年之前英国就建成了电报网络。[100]

可以说，电报对城市化至关重要，因为铁路是城市发展的基础之一，它的进一步发展依赖于通信网络的建立。这是一个安全问题：电报为单轨铁路提供了可以进行双向交通的安全手段。[101] 在接下来的 30 年里，该体系不断扩展，并将几乎每一座德国城市都与其他城市连接起来。此外，19 世纪 60 年代越洋电报取得突破后，一种“基于电流速度的全球通信系统”出现了。然而，19 世纪晚期的海底电报“绝不是维多利亚时代的互联网”。 62 尽管电报业迅速发展，但它仍然具有很大的排他性，只连接了世界上的商业中心，忽略了不那么繁荣的农村地区。[102] 尽管如此，19 世纪下半叶，电报使用量大为增加。1850 年，每千名公民每年只发送一封电报；而 1890 年，德国人每秒钟就要发出一封电报。即便如此，旧的通信技术仍然很流行。1850 年，每个公民寄出了 2.5 封信件；但在 1890 年，这个数字上升到了令人吃惊的 33 封。[103]

然而，西门子公司继续引领潮流，并对德国的电气化历史产生了至关重要的影响。各地同时研制发电机，其中维尔纳·西门子在 1867 年定义了发电机的概念，使用蒸汽机来产生强大的电力。最初它只适合用于明亮的弧光灯，但不适用于家庭照明。1868 年，电灯被用于慕尼黑的桥梁建设。大约在 1880 年，宏伟的林荫大道开始采用电灯照明，如柏林著名的菩提树大街。然而，只有托马斯·爱迪生在 1881 年的巴黎世界博览会上展示了他的电灯泡、发电机和配电系统，即一个集成系统可以实现的功能。他在第二年建立了纽约电力中心站，把电力变成煤气照明的一个有力的竞争对手。[104] 爱迪生的重要性与其说是因为一项发明，不如说是他对现有部件的改进，以及将这些技术整合成一个综合系统。最后，他是一个新技术的杰出宣传者，这不是无关紧要的。[105] 爱迪生公司的专利许可很快将这项新技术传播到全球。

1884 年，德国第一家公共发电厂在柏林运行。它是由埃米尔·拉特瑙（Emil Rathenau）创立的德国爱迪生电力应用协会建设的，该协会很快于 1887 年成为世界著名的通用电力公司。这个发电厂只是一家提供照明用电的小型工厂，为一家咖啡馆及其周围街区提供电力。1885 年，第一个中央发电厂开始运营，提供的电压为较低的 100 伏，供电区域也仅限于工厂周边。尽管如此，德国很快成为电力潮流的引领者，通用电力公司的柏林公用电力公司研发了一种由大型蒸汽机驱动“前所未有的大型发电机”的特殊技术规格。1890 年，柏林公用电力公司已经成为纽约爱迪生照明公司的效率典范。在用电的最初阶段，客户大多是市中心的高级商店、餐馆和剧院，因为电力比煤气照明要贵得多；然而它是安全的，而且代表了一种现代生活方式。[106] 总而言之，出于安全和其他实用性考虑，用电灯取代市政设施中的煤气照明是 19 世纪八九十年代德国城市电气化的一个共同特征。

在这一时期，剧院和仓库也开始采用电力。然而，个人生活尚未对这项新技术提出强烈的需求。[107]

总而言之，早期的电气化主要用于豪华照明。1888 年，整个柏林市只有两部电梯、几台风扇和几台缝纫机。与此同时，通用电力公司的灯泡产量也有所增加。1885 年，即通用电力公司生产灯泡的第一年，公司生产了 6 万个灯泡，年产量在两年内提高了 5 倍。[108] 除了柏林，建立现代形象的愿望也促使一些中型城市接受了电气化。达姆施塔特是电气化的先锋，它的技术大学在 1882 年产生了德国第一位电气工程系主任。此后不久，该市建立了一个发电站。[109] 然而，与德国其他城市相比，达姆施塔特早期的电气化并没有导致用电范围的扩大，和其他地方一样，达姆施塔特的电力供应主要用于豪华照明。[110] 在组织方面，柏林是其他大多数德国城市的典范。通用电力公司和柏林市议会合作建立了柏林电力公司（BEW），这被视为一条成功之路。[111] 最初，只有私营公司主营德国的电力市场，19 世纪 90 年代中期之后，公用事业公司成立了。在第一次世界大战爆发前夕，三分之二的电力公司已经部分归市政所有。与此同时，英国的情形也相类似。[112]

早期，直流电是无与伦比的。从 19 世纪 80 年代末开始，两种新的系统与直流电竞争，即单相交流电和三相交流电。与直流电相比，这两个新来者享有竞争优势，因为交流发电站可以设置在郊区，而直流发电站必须位于消耗电力的市中心，这样就会造成噪声、交通、烟雾和震动等环境问题，从长远来看这是无法容忍的，即便是在早期，也出现了抗议者。例如，斯图加特的居民抱怨，新的发电站已经把他们的中产阶级城镇变为一个工业城市。然而，单相、三相交流电都有不可储存的缺点；它们必须满足需求高峰，这样就必须追求更大规模的发电机。此外，与直流电相比，变电站和长途输电提高了用电价格。[113]

1891 年，电流的竞争似乎已经结束了。同年的法兰克福电气展标志着交流电完全战胜了直流电。直流电只适用于几百米的范围，而交流电和三相电有决定性优势——正如在展览上所展示的那样，它们可以在非常远的距离上传输。劳芬（Lauffen）的一个发电站通过一条连接法兰克福的架空输电线向 170 多千米外输送了三相电流。这座大型水力发电站和输电线技术引起了重要的变化，这些发电站位于城区之外的自然能源附近（主要是河流或矿区）。大型发电站不仅为一个城市提供能源，而且可以为整个地区提供能源。然而，这种能源的集中化也意味着整个地区都将面临停电的危险。[114]

由于通过交流和三相电流实现长途输电，农村的水力发电站或火力发电站可用于城市供电。1898 年，德国在莱茵费尔登（Rheinfelden）建设了第一座水力发电站。它为未来几年内建立类似发电站提供了一个榜样，选择哪种系统——单相或三相交流 64

电——取决于一个城市的需求：一些工业城市更喜欢高压三相交流电，以满足其工业大生产的需求。相比之下，法兰克福等几个贸易城市选择了低压单相交流电，以避免新工厂来这里落户。[115] 尽管直流电有明显的缺点，但它并没有立即消失。直流电的持续存在是历史学家托马斯·P. 休斯（Thomas P.Hughes）用“动量”描述的一个例子：“一种对发展路线中的突然变化做出反应的保守力量。”[116] 直流电在包括达姆施塔特在内的几个城市持续存在，因为它在当地市中心照明和有轨电车等主要用途上运行良好，高昂的成本阻止了向交流电的转变。直到在达姆施塔特市郊区建成了一座新的火车站，加之城市外围的新工业区兴起后，才建设了一座新的三相交流发电站。尽管如此，旧的直流发电站还在为市中心提供电力，直至 20 世纪 30 年代。[117]

总而言之，城市电气化是一个复杂的过程，远远超出了已有技术的简单扩散。与早期建立的供水和污水处理设施类似，市政当局依靠顾问提供专业知识。这些专家——主要是工程师或工程学教授——在 19 世纪末用电范围扩大到照明以外的领域的过程中发挥了重要作用。相比之下，市政当局最初忽略了任何其他应用。此外，每个城市根据当地情况形成了自己的技术风格，顾问也发挥了影响力。[118]

在 19 世纪的最后几年里，德国见证了电气化的繁荣。这在很大程度上要归功于有轨电车的建设。19 世纪 90 年代初，每年只有35座发电站投入运行，1898年，这个数字是90年代初的4倍，达到150多个。1901—1902年的电力危机是这次用电量大幅增长的直接后果。然而，此次危机导致了德国电力行业的两大主要参与者——西门子和通用电力公司——的整合。[119] 1910年，任何一座居民超过2000人的德国城镇都建立了一座发电站。当时，电力的使用模式已经发生了变化：它不再局限于豪华场所的照明，相反，它已经成为城镇招揽工业的重要的基础设施。统计数据证明了这种转变。1891—1913年，德国的弱电电量消耗增长了37倍，而强电电量消耗则显著地增加了676倍。[120] 最初，公用事业公司对除夜间照明以外的新应用的兴趣来自需要在非高峰时段销售电力。从1888年到第一次世界大战结束，柏林电力公司为小型发电机设置了特别的价格，旨在让工人们增加白天的用电量。[121]

早期供电历史的主要特征是持续增长。第一次世界大战爆发前夕，大多数大型发电站位于莱茵兰、德国东部的褐煤田或者德国南部。直到21世纪初，上述地区对德国的能源供应始终是至关重要的。直到可再生能源的出现，改变了德国能源供应的图景，如北海的海上风力发电站。[122] 20世纪的电力供应是被一个从19世纪晚期发展起来的观念所塑造的：规模。“扩大并提高电力系统的规模和等级是电气工程哲学的固有组成部分。”[123] 事实上，工程师和企业都认为国际合作是提高效率的一种手段。第一

65

批国际合作项目就包括一条从奥地利福拉尔贝格州（Voralberg）水电站到德国西部的800千米长的架空线路。[124]欧洲电网计划的悠久历史开始于20世纪上半叶，来自几个欧洲国家的自由主义者在20世纪20年代发起了第一个电网计划，纳粹在20世纪30年代和大战期间继续实施了这一计划。战后欧洲电力一体化政策，可能在一定程度上依赖于那些战争期间在纳粹占领国负责过类似计划的欧洲专家。马歇尔计划在1949年招募欧洲电力专家到美国学习旅行，提供了更多的专业知识。最终，国家能源主权与“影响深远的境外技术合作”[125]结合在一起。

事实上，20世纪早期，在不同方向上进行的国际技术转移塑造了欧洲电力供应的发展形态。德国的城市在学习爱迪生的技术之后不久就成为模范，很快德国的技术大学成为世界上学习电气工程的首选地点之一。20世纪早期，曾在德国大学学习过的科学家和工程师构成了通用电气公司实验室的核心。[126]第一次世界大战爆发前夕，柏林电力公司是世界上同类电力公司中的规模最大的之一。因此，城市工程师从澳大利亚墨尔本等遥远的地方前来学习研究。据休斯说，柏林已经发展出“一种大规模资本密集型科技企业”的技术风格。柏林市政当局与公司之间的密切关系是显而易见的，这为1915年的市政化铺平了道路。德国被认为是公私伙伴关系的一个成功例子；与英国相比，德国的电力公司并没有受到政治优先因素的阻碍，[127]相反，德国市政当局更倾向于经济考量。20 世纪初，天然气和电力市政工程是大多数德国城市的重要财政收入来源，自来水厂、有轨电车和屠宰场也是如此。[128] 城市技术的改善既能达到卫生目的，又具有社会效益；此外，它的收入只用于市政当局的项目。

虽然取得了上述令人印象深刻的发展，但美国仍然是德国电气化和私人能源消费的榜样。1910 年，德国的小城镇都有了自己的发电站，但仍然只有 10% 的家庭用上了电。[129] 不过在 19 世纪晚期，城市的外观就已经被弧光灯和照明广告改变了，比如 1898 年著名的柏林马诺利（Manoli）烟草旋转轮。此外，变电站、塔、电钟、有轨电车和地铁塑造了现代城市的外观。[130] 无论如何，对于许多德国人来说，美国已经预示了未来。特别是 19 世纪 80 年代初美国开始使用有轨电车，为德国支持马车电气化的人提供了强有力的理由。[131]

如果没有像有轨电车这样的大量需求，德国的城镇就不会在 1900 年前后迅速建立起发电站。[132] 因此，拥有发电站并且生产发电机和电力设备的公司就转向投资开发有轨电车：西门子和通用电力公司。早在 19 世纪 80 年代，西门子就尝试过运行有轨电车。然而，1881 年的柏林—利希特费尔德（Lichterfelde）和 1883 年的法兰克福—奥芬巴赫之间的有轨电车都没能经受考验。柏林的电车需要第三根轨道来提供电力，在用电上不安全；而法兰克福的电车由两条架空线路供电，很容易发生故障。撇开

66

这些失败的试验不谈，美国城市是真正的电车先驱，1888 年建立了 21 个系统。同年，通用电力公司开始收购德国的马车公司，并计划向有轨电车过渡。三年后，哈勒市（Halle）引进了第一条实际运行的有轨电车线路，由通用电力公司经营。与此同时，该公司与美国有轨电车先驱弗兰克·斯普拉格（Frank Sprague）签署了专利许可协议。1891 年底，又有两个德国城市开行了有轨电车，在 19、20 世纪之交，这个数字迅速增加到 104 个城镇。有轨电车的普及是欧洲的一个大趋势：1910 年，大多数欧洲城市拥有了有轨电车。[133]

最初，这项新技术遇到了一些阻力。19 世纪 90 年代，柏林和汉诺威的地方法官反对在地标附近区域架设有轨电车的架空电线，理由是“审美考虑”。在这些城市，短命的蓄电池汽车没有成功，几年后就被取代了。然而，“公众对有轨电车的明确需求”[134] 压倒了这些最初的抱怨。对于当时的大多数人来说，电车象征着一个小镇变身为重要城市。[135] 1890—1920 年，有轨电车成为德国城市交通的主要工具，尽管有轨马车在许多城镇仍然存在。市政当局逐步接管了有轨电车，但城市公交中的私营公司仍然很多。在此期间，对旅游休闲交通出行的需求增长很快。[136] 此外，有轨电车还促成了电气化的大趋势。例如，慕尼黑在 1894 年开始使用电力路灯，尽管电力照明比煤气灯贵得多，然而当交通快速繁忙时，人们认为电灯亮度的提高是至关重要的。[137]

起初，有轨电车的票价相当高。根据 1901 年的一项工会调查，由于费用高昂，法兰克福有一半的工人从来没有乘坐过有轨电车。当现代交通工具兴起时，还有很多人一直步行很长时间去上班。[138] 市政当局做出了反应，从 1903 年起为工人提供折扣票价，别的城市很快也效仿。通勤票价的概念来自英国，被普鲁士的铁路采用。这项政策最初实施时并不成功，因为大多数德国城区与郊区之间缺乏联系。有轨电车的开行对联系城区与郊区的轻轨线路建设产生影响。[139] 城市决定实行有轨电车通勤票价显然与当地阶级结构有关。以曼海姆为代表的工业城市从一开始就为工人提供票价补贴，但作为中产阶级城市代表的达姆施塔特在第一次世界大战爆发前夕才推出通勤票价。即便如此，达姆施塔特的有轨电车在很大程度上还是无视工人的需求，运营商不愿把线路连接到工人阶级的宿舍和工业区。[140]

67

总而言之，随着工人数量越来越多，新的交通工具为大规模通勤铺平了道路。其中许多人从农村地区迁徙到规模不断扩大的工业城市，但由于城市中心的住房短缺，他们只能住在郊区。因此，在 19、20 世纪之交，很大一部分城市人口和新移民定居在郊区，而城市中心则逐渐转变为商业区。当时的德国人意识到了这种转变，以英国式口吻称之为“城市黏合剂”。19 世纪末，通勤成为一种广泛存在的现象，而火车票价下跌，时刻表考虑了工人的上下班时间，铁路第一次成为通勤工人的一种选择。大约在 1875 年，萨尔地区的许多矿工每周还只通勤一次。1900 年前后，德国许多地区开行了通勤列车，每日通勤才成为一种选择。此外，交通运输通常决定了工作时间。例如，汉堡的一座纺纱厂在早班火车到达时开始上班。[141] 在某些情况下，政治与商业之间的合作减轻了通勤压力。例如，一座火炮工厂从柏林搬迁到邻近的施潘道镇（Spandau，后来合并），铁路公司提供专列，市政当局为其提供补贴，这些专列的运行时刻与工人的上下班时间相对应。[142]

现代交通工具改变了城市生活。第一次世界大战爆发前夕，有轨电车已经成为工作、休闲等城市日常生活的重要组成部分。当越来越多的工人在去工厂的路上乘坐有轨电车时，越来越多的中产阶级城市居民选择住在郊区。每当有轨电车开行新线路时，就会出现一些高档住宅区。郊区更容易到达，同时，之前较低的地价迅速上涨。因此，新技术在某些情况下导致了城市人群的区分隔离。中产阶级和工人阶级都在周末乘坐有轨电车去乡村旅行。对于许多中产阶级妇女来说，有轨电车为独自出行创造了新的可能性。[143] 在第一次世界大战期间，有轨电车甚至为女性提供了新的工作机会：1915 年，第一位有轨电车女司机开始在柏林工作（见图 2.1）。几年之内，这座城市就改变了面貌。除了架空线路、电车轨道、车站和铁路高架桥，还有其他公共交通附属

图 2.1————1915 年，在柏林工作的第一位有轨电车女司机。德国联邦档案馆。

物，如报亭、公共时钟、交通标志和警察。1924 年，柏林安装了自动交通灯，这在欧洲没有先例。[144]

有轨电车既加快了城市生活节奏，又约束了市民，他们必须遵守新的交通规则。城市生活变得更加危险，有轨电车发生严重事故，导致许多人死亡。解决这个问题的办法是有轨电车司机经常打铃，这使得城市生活更加嘈杂。[145] 有轨电车不仅要求路人遵守纪律，而且要求乘客遵守纪律。他们不得不快速上下车，并且放弃之前在马车上跳上跳下的传统。[146]

20 世纪初的城市交通革命为出行开辟了新的可能性，与此同时，创造了对技术的新的依赖，城市居民"越来越容易受到技

68

术故障的影响”[147]。1920 年，年轻的奥地利记者、日后的著名小说家约瑟夫・罗特（Joseph Roth）正为《新柏林报》工作。他写了一篇专题文章，讲述自己从柏林的公寓去编辑部的故事。那时，有轨电车已经融入了柏林居民的日常生活，以至于罗特连“有轨电车”这个词都没用，只是简洁地列出了他将要乘坐的线路数字。罗特的文章还指出了标准化通勤习惯的负面影响：通勤者已经完全依赖于电车的时刻表，否则，他们就得花半个小时等待想要乘坐的线路，那天罗特正是这样做的。[148]

那时，公共交通已经多样化了。19 世纪 80 年代以来（马拉和电力）有轨车辆兴起的同时，柏林已经建立了轻轨系统。[149] 在接下来的十年里，本地和地区性轻轨列车数量在德国各地激增。[150] 1902 年，柏林第一条高架铁路和地铁线开通。柏林中产阶级住宅区的居民抗议高架铁路获得成功，促使运营商改变了计划。尽管成本上升，建设延误，这条线路的一部分还是转入了地下。然而，随着这种新型大都市基础设施被接受并成为城市生活中不可缺少的一部分，抗议的声音就消失了。城市中刚刚兴起的大众消费和公共交通是相互交织的。1901 年，韦尔特海姆（Wertheim）百货公司干预了地铁线路的规划，把一座中央车站设立在商店旁。显然，这惹恼了零售业竞争对手。然而，1923 年，一家新的韦尔特海姆商店再次与地铁直接连接，因为韦尔特海姆提供了部分地铁建设资金。更壮观的是，1929 年卡尔施泰

69

特（Karstadt）大百货公司开业，它通过自动扶梯直接与地铁站相连。[151]

1905年，随着公共汽车开始运营，公共交通方式更加多样化。[152]早在1895年，第一辆公共汽车就在德国西部的锡根（Siegen）开行。然而，由于技术问题，它运行的时间很短。国家邮政局在第一次世界大战之前建立了几条公交线路，但直到1919年，德国大多数城市的公共汽车才在公共交通中发挥重要作用。这时巴登州才建立了公交网络，十年后形成了拥有300辆公交车的车队。同样在20世纪20年代，车辆制造人员开始通过降低底盘、安装充气轮胎和增强悬挂系统来提高行驶的舒适性。[153]那时，卡车也成为城市交通工具。虽然它们不能与铁路运输相竞争，但对于市中心的短途运输来说很重要。1913年，德国只有8000辆注册的卡车；1933年，这一数字上升为15.5万辆，但这个数字仍明显低于英国。[154]

19、20世纪之交，城市交通已经非常繁忙。在20世纪的第一个十年，柏林波茨坦广场是“欧洲最繁忙的十字路口，每天有多达1.8万辆车经过”。这个广场周围有2座火车站、35条电车线路。当时，新、旧运输技术仍在竞争（见图2.2）。[155]通往那个广场的非常繁忙的莱比锡大街，是20世纪20年代中期交通多样性的一个例子。据统计，在某个高峰时段，有599辆机动车和273辆自行车通过。观察到的机动车包括265辆汽车、177辆有轨电车、71 辆公共汽车、36 辆卡车和 17 辆摩托车，以及 33 辆马车。[156]

城市交通运输技术也造成了噪声污染。首先是马蹄声，接下来是有轨电车的铃声、电线的电击声，以及机动车的嗡嗡声。[157] 在魏玛共和国末期，城市噪声变得具有政治性：纳粹利用机动车辆的新技术为他们的竞选活动放大音量。1932 年，纳粹租用了西门子—哈尔斯克公司的装有扬声器的货车，其口号响彻了城市的大街小巷。[158]

1920—1950 年，城市交通更加多样化：包括私家车和公共汽车在内的汽车出行变得更受欢迎。大城市建成了地铁系统，它

图 2.2————柏林波茨坦广场，约 1907 年。德国联邦档案馆。

们成为最有效的交通工具。事后来看，这一时期汽车数量的逐渐增长对于人们的接受度至关重要，导致 20 世纪 50 年代后汽车大量涌现。[159] 随着汽车的缓慢崛起，有轨电车逐渐失去了在城市交通中的主导地位。特别是在 20 世纪 30 年代，纳粹大力发展汽车，对有轨电车投资很少，使其公共形象受到了损害。然而，在 1945 年之前，有轨电车和自行车仍然是德国常见的城市交通工具。[160]

70

卫生问题在 19 世纪的城市辩论中占主导地位，而 20 世纪城市规划中的最突出话题是住房问题，包括住房的质量和数量：首要的就是阴暗的住房导致的卫生问题。此外，第一次世界大战期间住房建设的完全停顿导致了 20 世纪 20 年代的住房短缺问题。[161] 因此，尽管德国城市已经普及了中央供水和排污系统，但城市住房仍然存在严重问题。对于当时抨击城市贫民生活条件太差的人来说，现代技术带来了很多希望。例如，1899 年精神病学家汉斯 · 库雷拉（Hans Kurella）抗议工人阶级住在“没有清洁空气、没有阳光、没有舒适感、没有任何现代技术辅助设备”[162] 的房子里，此后全面的住房改革努力从建筑和城市规划开始，延伸至楼层平面设计、家具、技术应用，范围不断扩大。[163] 然而，20 世纪初期，电气化还是导致了进一步的社会分化，那时只有富裕家庭和商店才能负担得起用电开销。[164]

经历了 19 世纪采用英国城市卫生技术的时期之后，德国城市在 20 世纪初成为国际城市规划领域的领导者。英美改革派将德国城市作为自己改革努力的榜样。[165] 这种知识的转移是相互的，德国建筑师也受到了美国效率运动的强烈影响。第一次世界大战爆发前夕，马丁・瓦格纳（Martin Wagner）曾经担任柏林市规划和建筑监督办公室负责人，采用了弗兰克・邦克・吉尔布雷斯（Frank Bunker Gilbreth）基于时间和动作研究的最新建筑方法。运用这一理性施工的概念，瓦格纳在德国西北部城镇威廉港（Wilhelmshaven）的郊区建起了一个由标准化小型公寓组成的住宅区。

71

甚至在第一次世界大战之前，改革者就已经具备了全面城市规划的概念。这一概念寻求对城市和公寓空间进行理性的细分。[166] 20 世纪 20 年代，德国现代建筑师的著作中普遍提到美国科学管理学派的优势。[167] 然而，进入现代以来，德国就开始采用各种住房标准，并且在一定程度上，“理性城市发展原则”先于现代主义建筑出现。[168] 德国改革者特别喜欢效率运动和标准化，因为这些新的美国思想与他们自己的传统相吻合。

1924—1931 年是住房改革的鼎盛时期，仅在这相当短的时间内，公共住房得到了最大程度的发展和应用。当时，城市改革者有很多机会根据现代建筑标准来修建住房。[169] 1924 年货币稳定后，政府征收不动产利润税（Hauszinssteuer），为公共住房计划提供资金。然而，1932 年，在大萧条的背景下，保守派政府削减了税收，转向扶持独立房屋，该计划被暂停。1933 年，纳粹在“夺权”之后延续了这一政策。[170] 因此，在这方面，历史的转折点不是出现在 1933 年，而是 1932 年，由于政治变革和经济压力，理性化建筑短暂的兴盛时期结束了。然而，即使在改革时期的最后几年中，由于经济危机，住房标准也迅速降低。戈尔德施泰因（Goldstein）是一个位于法兰克福郊区的失业人员住房群落，建在一条土路上，没有煤气、自来水，也没有接入排污系统；相反，自给自足再次成为标准。因此，技术推动的改革热潮结束了，住房标准暂时回到了现代早期。[171]

20 世纪 20 年代的住房改革是对 19 世纪城市发展中名声最差的遗产“出租军营”的直接反应。改革者试图避免高层公寓大楼包围内部庭院的结构形式。他们追求获得最多的空气和阳光，设计较低的建筑，并形成不同于传统街道形状的角度和方向。除了各地改革的具体目标不同，现代技术具有共同的特征：“中央供暖、现代管道、内置厨房和紧凑的平面图。”这些大型住宅区位于市外，因此项目提供了交通设施和必要的学校、商店和其他设施。[172] 例如，法兰克福的住房计划是该市基础设施政策的一部分，其他政策还有汉堡、法兰克福与柏林之间的高速公路、通往瑞士巴塞尔的电气化铁路以及新机场的建设。[173]

著名现代主义建筑师瓦尔特·格罗皮乌斯（Walter Gropius）是改革运动中最受欢迎的主角之一，他指出建筑标准化并不意味着个体生活的标准化，相反，建筑组件的标准化是为了让更多的人在适宜的住房环境中过上自己独特的生活。20 世纪 20 年代末，改革者在柏林、卡尔斯鲁厄、斯图加特、德绍（Dessau）、法兰克福和慕尼黑等城市建造了住宅区。提高住房效率是一个关键问题，因此格罗皮乌斯将预制建筑方法应用于自己在斯图加特 – 魏森霍夫（WeiBenhof）住宅展中的建筑项目。[174] 然而，由于需要大量投资，建筑施工机械化仅仅迈出了第一步。法兰克福计划扩大预制建筑规模，为此市政公司从 1926 年开始生产浮石混凝土板。然而，在建造的全部 1.5 万座房屋中，只有 832 座采用了预制结构方法。[175] 在住房产业中引入工业系列生产的概念起源于美国。前文提到的马丁・瓦格纳是一位社会民主主义者和工会支持者，他在 20 世纪 20 年代前往美国学习。当时，美国和荷兰已成为预制建筑的国际领导者。瓦格纳旅行回来后，成为这种高效建筑方法的最重要的德国代言人之一，并开始推动未来"新城"的建设。瓦格纳构思的"新城"被视为一部"完美的机器"[176]。

72

英国建筑改革也对德国城市改革产生了重要影响。瓦格纳在法兰克福的同行，建筑师恩斯特・梅（Ernst May）曾在英国工作过一段时间。回到德国后，他将英国花园城市运动的理念与德国包豪斯建筑的概念相结合。[177] 在 1926 年之后的六年内，法兰克福市政当局组织修建了 1.5 万套公寓。几乎每 11 户家庭中就有 1 户搬进了新公寓。平面设计、内部装修和家具都做到了标准化。起源于飞机制造的新材料胶合板被应用于新家具制造。在法兰克福住房计划中，公寓的平均面积减小了，住房变得标准化且具备功能性（餐厅、卧室、儿童房），而展示性房间——如资产阶级的客厅——消失了。[178]

住房改革者依靠国家和市政当局的支持。因此，实际的改革仅限于这些著名项目。大多数德国建筑并不符合包豪斯或其他现代主义建筑的规范。然而，效率的概念占了上风，并为战后的建设铺平了道路。[179] 尽管 20 世纪 20 年代的改革项目“没有重新塑造现有的城市……但它们成为区别于旧式群租公寓的更替范本，至少风靡到 70 年代”[180]。

正如上文提到的，在纳粹夺取政权之前，保守政府就已经终止了进步改革。最初，纳粹也延续了这一政策，并支持在郊区建设小型住宅区。[181] 然而，自 20 世纪 30 年代末起，早期被拒绝的现代主义住房概念出人意料地卷土重来，当时，纳粹的住房官员对瑞典的房产模式产生了兴趣。而在 20 世纪 20 年代，德国的现代主义建筑师就曾经深深地影响了受到纳粹钦佩的瑞典建筑师。在某种程度上，魏玛现代主义通过瑞典重新进口到了纳粹德国。[182] 1940 年，纳粹宣布了“元首社会住房”计划，摒弃了之前推广的私人住房政策。这是一个主要为战后大规模社会住房建设而制定的广泛计划。一些历史学家认为，希特勒的命令“是德

73 国大规模住房建设的开始”。首先，这个转变意味着20世纪20年代的某些想法复兴了，尽管最著名的改革者已经被驱逐或逃离了纳粹德国。[183] 其次，技术进步、工业合理化、泰勒主义和福特主义的概念也影响了纳粹住房模式的倡导者，他们自认为是社会工程师或技术官僚。最后，标准化和效率是这一项目的关键概念，包括面积从62平方米至82平方米的6种公寓类型，组件也是标准化的。1941—1943年，德国大约建造了符合这一标准的10万套公寓。尽管数量很大，但仍然算不上大规模系统性建设。[184]

1899年库雷拉对未来公寓乐观愿景中的“现代技术的辅助”，将成为20世纪全部住房改革项目的核心。然而，这一前景有些模糊：一方面，城市技术是不断发展的城市进行社会融合的手段；另一方面，它也促进了社会分化。20世纪初的工人阶级生活在阴暗的楼中，比如柏林臭名昭著的“出租军营”，但中产阶级则享受着电气化带来的好处。自来水和电灯很快成为中产阶级公寓的标准，而工人起初还无法支付日常电车票价。[185] 技术器具的发明只是技术史的一个方面。更重要的问题是，它们的广泛使用始于何时。

现在常见的大多数电器在1911年之前就已经发明了。例如，通用电力公司列举了电炉、吹风机、咖啡机、吸尘器、熨斗、食品加工器具、洗衣机、缝纫机和搅拌器等家用电器。尽管这些电器早在20世纪30年代就开始传播，但在第二次世界大战后才真正开始在德国全面推广。[186] 第一次世界大战前，家庭电气化才刚刚开始，虽然大多数家庭已经接通了自来水和排污系统，但天然气供应仅覆盖了德国一半的家庭。供电情况更糟糕：在 1914 年之前，只有 10% 的家庭使用电力，煤油灯和煤气照明仍然占主导地位，传统的炉子在餐厅里有多种功能——取暖、烧水、烹饪和焚烧垃圾。当时，高昂的安装成本是电气化推广缓慢的最重要原因之一。[187] 在某种程度上，第一次世界大战促使电力小规模应用，因为石油被用于军事目的，无论是工匠还是私人家庭，都难以获得油料。[188] 最初阻碍电力普及的乃是高度的社会不平等，与此同时，德国国家最高代表威廉二世是一位早期的适应者，推动了新技术的接受：他的宫殿是德国最早的电气化建筑之一。[189]

低价格并不是旧技术持续存在的唯一原因。新的竞争者——电力——为燃气技术的创新提供了关键动力。其中一项创新——燃气锅炉——的出现，使得标准公寓拥有了浴室。因此，在 19 世纪 90 年代，个人的燃气消费几乎翻了一番。德国煤气厂宣传煤气的新用途，如热水器、炉灶和中央供暖。因此，尽管煤气灯逐渐让位于电灯，但在 20 世纪初期，在许多德国城市的郊区建起了新的煤气厂。煤气和电力是互补的，每种技术都找到了自己的市场。[190]

74

此外，19 世纪末，由奥地利科学家卡尔·奥尔·冯·韦尔斯巴赫（Carl Auer von Welsbach）于 1886 年发明的白炽灯罩让煤气照明变得更加高效。这种白炽灯罩使用稀土金属合金制造，模仿电灯，使用煤气的热能而非明火，产生更明亮、更稳定、更廉价的光线。这个例子反映了技术进步中经常被忽视的另一个方面：虽然新技术蓬勃发展，但旧技术经常以这样的方式得到改进，而与新技术共存一段时间。与电力出现时一样，煤气照明出现时也是如此。早年煤气照明出现后，蜡烛仍然存在，因为蜡烛的蜡芯做了改进，以更清洁的方式燃烧。旧技术与新技术的发展经常相互交织：奥尔·冯·韦尔斯巴赫发明煤气灯罩 12 年后，又发明了锇灯丝，这是第一种可工作的金属灯丝。电力用于照明的创新首先帮助改善了煤气照明，后来奥尔·冯·韦尔斯巴赫获得的材料知识使其能够提高电灯的照明水平。只有这样的改进才赋予了电灯照明竞争优势。爱迪生的碳丝灯并不比煤气照明更明亮，相比之下，钨丝灯是在第一次世界大战爆发前夕发明的，可以覆盖从微弱的光线到高亮度的全部照明水平。这时电灯照明才完全实现了“现代化”[191]。

除了照明，电梯标志着公寓电气化的开始。西门子在 1880 年推出了第一部电梯。在安全问题得到解决之后，这项新技术从 19 世纪 90 年代开始普及。旧的蒸汽或液压电梯由于噪声大且需要大空间而产生许多问题。相比之下，电梯技术是无形且无声的，很容易融入公寓。一般来说，这通常是现代技术的典型特征：它们悄然进入日常生活而不会让用户觉察出生活中的技术变革。19世纪80年代，电梯已成为美国新公寓楼的标准设施，而巴黎和柏林直到20世纪第一个十年才跟进。电梯的安装使得公众更容易接受公寓，并停止了对高层建筑的普遍批评，尽管还有一些问题存在，比如炎热或通风不畅，但由于新技术的出现，多层建筑的潜力得到了挖掘。[192]

全面的家庭电气化在德国进行得非常缓慢。芝加哥世界博览会在1893年推出了电炉，但直到1911年，位于汉堡郊外的一个厨房展厅才首次展示了电炉烹饪。[193] 电力公司很快意识到必须提高家庭用电的需求。1907年，通用电力公司继承人沃尔特·拉特瑙告诉他的父亲，制造商必须推广电器应用，甚至可以说必须“强加给消费者”[194]。尽管有这些意图，但是低质量和高成本使电炉在20世纪30年代之前无法取得成功。1931年，只有5万个德国家庭拥有电炉。然而，从20世纪20年代中期开始，电力开始普及。1928年，55%的柏林家庭接入了电网，实际上这是1925年的数字的一倍，相比于1914年的6.6%更是大幅提高。这主要是由于照明和广泛使用熨斗，而昂贵得多的冰箱和电炉仍然罕见。1932年，80%的德国家庭接入了电网。此时，德国的电网比英国的电网规模要大得多，这主要是因为煤气在英国仍然占主导地位。同时，电炉的价格在德国开始下降。尽管取得了这些进展，拥有电炉的家庭在20世纪50年代之前仍然极少。此外，德国城市之间存在着巨大的差异。1936年，开姆尼茨的

75

电炉拥有率最高，拥有电炉的家庭比例为 4.2%，而明斯特最低，每 1000 户人家中只有 1 户。[195]

因此，当 20 世纪 20 年代短暂的住房改革时代开始时，“现代技术的辅助”几乎没有惠及普通德国家庭。法兰克福的住宅区罗马城成为德国第一个“完全电气化”居民点。其意义是非同寻常的，因为 1929 年，德国全国范围内只有 3 万个电气化厨房。在德国落后的背景下，罗马城居民点被看作美国化的结果。如前所述，该居民点的建设是标准化和机械化的，公寓按高技术标准装修。所有公寓都连接收音机，每个居民只需要在自己的公寓里打开扬声器，因为大楼有一个中央接收器。那时，这是一种低成本享受收音机的方式，因为收音机通常价格高昂。此外，每套公寓都有一个独立浴室和一个配备了电器的厨房，即所谓的法兰克福厨房。特别是用电设备是完善的：炉子、灯、供水、房间取暖以及整个公寓的电插座。当时，这种电力应用的无处不在是罕见的。不过，在施韦因富特（Schweinfurt）和其他一些德国城镇也有类似项目，但没有这样完备的设备。[196]

相比之下，柏林市政能源公司一直拒绝推广电炉，直到 1931 年才有所改变。因此，柏林的大型住宅区没有像法兰克福的罗马城住宅区一样实现全面的电气化。实际上，法兰克福能源公司推广家庭电气化还有一个被柏林同行所忽视的经济原因：在绝大多数情况下，电力仍然只用于照明，因此，在晚上工厂不消耗能源时，市政供应商就会面临严重的销售问题。因此，市政办公室决定在大型住宅区提供锅炉。然而，每天的热水量仅够洗一次澡。因此，很多家庭不得不改变每周家庭沐浴日的传统。于是，这种过度电气化的结果之一是，法兰克福社会民主党批评罗马城的电气化对于工人阶级来说成本太高。[197]

住房改革者特别关注厨房问题，并将科学管理原则应用于家庭主妇的工作。厨房空间必须合理设计。[198] 总而言之，家政合理化是 20 世纪 20 年代末期一个突出的政治问题，市政府朝着这个方向作出努力。此外，1929 年 10 月，国家经济部召开专家会议讨论了这个话题。德国各地的许多机构都在探讨高效的家政技术和实践。这些努力比法兰克福、德绍和柏林的重点市政改革项目所表现的更为广泛且多样化。[199]

76

然而，法兰克福厨房引起了同时代人以及日后的建筑师和历史学家最大的关注。这个厨房是由奥地利建筑师玛格丽特·舒特 – 利霍茨基（Margarete Schutte-Lihotzky）于 1926 年设计的，是恩斯特·梅主导的法兰克福住房改革的重要组成部分，尽管厨房面积只有 5.6 平方米，非常小巧，但是利用空间非常高效。厨房包括炉灶、壁橱、工作台、水槽以及安装在墙上的熨烫板，连小细节也经过精心设计。厨房家具的颜色为蓝色，以驱赶苍蝇。虽然这并非首创，但它成为大规模生产的标准化配套厨房的原型，共生产了 1 万个。[200] 法兰克福厨房是福特主义原则应用于建筑问题的典型例子，也产生了福特主义工业生产的主要问题，即缺乏灵活性。法兰克福厨房适合为其设计的法兰克福住房改革的平面方案，但它不适用于其他方案。缺乏灵活性阻碍了大规模生产的实现。尽管存在这些不足，但其基本概念在战后的配套厨房建设中取得了巨大成功。[201]

回顾历史，法兰克福厨房的设计师玛格丽特·舒特–利霍茨基曾说过，她关于高效厨房设计的想法最初来源于1922年第一次听到泰勒的科学管理学说。同时，她读到了美国效率专家克里斯汀·弗雷德里克（Christine Frederick）于1914年出版的《新家政：家庭管理的效率研究》的德文版。此外，美国普尔曼式（Pullman）客车车厢和密西西比河蒸汽船的厨房也启发了德国的家政效率运动。然而，舒特–利霍茨基将这种方法提升到了一个新的水平，将科学管理的原则始终贯彻于住房设计：法兰克福厨房与起居室餐桌之间的距离不得超过3.2米。同时，旧技术也是现代主义建筑师灵感的来源。舒特–利霍茨基的一个简单但高效的设备是碗碟架，可以帮助家庭主妇省去晾干碗碟的时间。这位奥地利建筑师并没有发明这种省力的现代技术，而是在意大利农舍中发现了这一传统工具。[202]然而，舒特–利霍茨基和其他德国城市改革者，与美国高效家政学派存在一个重要的区别：弗雷德里克试图将厨房转变成一个充满电器的消费空间（消费资本主义很快改变了美国日常生活，因此她取得了成功），德国建筑师则着迷于高效生产，而忽视了消费方面的问题。实际上，德国的生活水平还远远不足以建立一个全面的消费社会。[203]

20 世纪 20 年代，舒特 – 利霍茨基并不是德国唯一一个致力于合理化厨房设计的建筑师。1923 年，著名的魏玛包豪斯学派的建筑师设计了一个类似的厨房。他们称这种高效的厨房为“家庭主妇的实验室”。家庭用餐桌被一个更小的厨房工作台取代，墙壁上的装饰柜也取代了传统的餐具柜。为了方便批量生产，工作台、炉灶和橱柜高度的设计也采用标准化原则。此外，1924 年，著名建筑师布鲁诺 · 陶特（Bruno Taut）设计了一个“新型公寓”，其中的厨房也是一个重要部分。陶特被同行类似的高效理念所驱动，甚至更明确地把自己对合理化家务劳动的努力与泰勒的科学管理联系起来。与魏玛的同事们一样，陶特也参考了克里斯汀 · 弗雷德里克的厨房内距离的计算。然而，这些竞争对手都没有达到法兰克福厨房的生产量。[204]

77

当大多数历史学家聚焦于法兰克福厨房之时，却忽略了当时慕尼黑市提出的“竞争模型”。慕尼黑厨房提供了大部分相同的技术设备，但它更加灵活；事实上，它只是客厅的延伸。因此，它更符合工人阶级生活的传统要求。重要的是，慕尼黑厨房是 20 世纪 20 年代末该市社会住房项目的一部分，价格更便宜，面积也更小，随后“在德国社会住房项目中经常使用”。政治争议并没有影响这两种模型之间的对抗，因为这两个城市都是社会民主党占多数。实际上，这两个厨房都是现代建筑的变体，而它们代表了“竞争性的现代性”[205]。

1933 年纳粹夺权后，左翼建筑师的改革努力停止了。法兰克福厨房几乎被遗忘，因为纳粹通过法令将可用餐厨房作为国家标准。然而，法兰克福厨房在 20 世纪三四十年代启发了瑞典、瑞士和美国的建筑设计师。尽管国际上赞扬魏玛改革时期的法兰克福厨房，但它很少被完整移植。瑞典家庭主妇协会更喜欢更大的可用餐厨房，因为这样更适合有孩子的家庭。否则，该协会担心会导致出生率下降。这些国家所做的进一步研究改进了厨房家具的高度，战后经过修改的法兰克福厨房成为“瑞典”或“美国”厨房的模型，重新回到了德国。因此，在 1945 年之后，德国的厨房得到了广泛的标准化设计。战时的破坏和随之而来的战后城市住房短缺，更加促进了对空间的有效利用。在这些情况下，定制厨房得到了广泛的推广。[206]

另一个最重要的厨房技术设备——冰箱——在德国市场获得成功比电炉还要慢。1936 年，200 万个美国家庭拥有冰箱，而博世公司在 1933 年才推出第一款德国产冰箱。出现这种情况的原因是国家间技术风格的差异，美国公司大量生产小型冰箱，而德国工业则寻求改进制冷技术。因此，德国的变体更加精致，但对于大众消费来说成本太高了。1935 年，德国只有 3 万台冰箱，这个数字在增加，但到 1938 年仍然只有 15 万台。战后，德国公司转向大规模生产。

1945 年之前，价格相对实惠的电熨斗是最常见的家用电器，20 世纪 30 年代中期，超过四分之一的德国家庭拥有电熨斗。[207] 总体而言，家庭电气化是制造商、中产阶级家庭主妇社团、现代主义建筑师以及魏玛时期社会民主党住房改革者共同努力的结果。后来，纳粹官僚们继续了这些努力，因为他们也想实现现代化家庭的目标。[208] 杰弗里 · 赫夫称其为“反动现代主义”，第四章将详细讨论。[209]

78

在城市电气化的大趋势下，供水和污水系统得到了进一步的发展和标准化。尽管中央供水和排水系统使得建立浴室成为可能，但直到 1900 年，只有 10%～15% 的德国家庭拥有独立浴室。然而，住房改革者深信独立浴室是卫生的必需品，并在接下来的几十年中将这个问题纳入了政治议程。[210] 1890 年，美国工程师在俄亥俄州使用了快速过滤器，此时德国城市也加以采用，水质得到了改善。1892 年汉堡霍乱流行（最近的一次）后，市政当局意识到需要采取卫生措施。氯添加被视为一种高效且经济的水消毒手段，20 世纪初这种方法在美国也得到了发展，1911 年，鲁尔河畔米尔海姆（Muhlheim）是第一个引入这种方法的德国城市。20 世纪 40 年代初，只有 30% 的德国自来水厂使用氯添加方法，但从 1929 年起，活性炭过滤就被广泛使用了。这个多级过滤过程在 20 世纪上半叶得到了确立，至今仍普遍存在。管道建设方面的另一个关键改进发生在铸铁管道的建设上。19、20 世纪之交，公共供水的铅管已被铸铁管取代。20 世纪 30 年代，铸铁管道被石棉水泥、钢和塑料管道所取代。[211]

20 世纪 20 年代，德国各地的排污管道标准，也在全国范围内进行统一。正如之前提到的，德国工程师最初改造了英国的机械式污水净化技术，后来开发出新技术工具，如耙子和沙坑，这些技术从 20 世纪初开始在国际上获得成功，盛行于许多德国城市，而生物污水处理则在同一时期开始于英国。第一次世界大战爆发前夕，利用细菌分解有机物的活性污泥技术实现了突破，1926 年，埃森成为第一个采用这种技术的德国城市。污水处理的快速进步鼓舞了许多德国专家相信“技术解决方案”的概念。德国污水处理技术先驱威廉·菲利普·邓巴尔（William Philipp Dunbar）在 1912 年宣布，现代技术一定会解决污水处理问题。那时，尽管这种技术非常适合德国土壤的自然条件，但化粪池排水田的重要性已经减弱。然而，持续的快速城市化从 19 世纪末开始导致了在城市附近寻找足够数量的适当土地的问题。只有当纳粹将自给自足置于政治议程首位后，这才在一定程度上恢复了化粪池排水田。第二次世界大战后，这种技术中的大多数消失了。取而代之的是机械清洁与生物污水处理相结合的污水处理厂的盛行。后来，化学沉淀成为污水处理厂中的第三个处理阶段，因为出现了新的污染物——来自洗涤剂的磷酸盐和来自肥料的氮。[212]

79

许多住房改革者和城市规划师试图通过技术手段去解决现代化引发的问题。尽管他们中的许多人对现代化的某些结果进行了严厉批评，但他们绝不憧憬一种浪漫化的传统和过去。相反，这些工程师、建筑师和市政官员是乐观的技术专家，他们将现代技术视为把城市变得“人性化”的手段。[213] 乍一看，城市电气化和住房改革似乎是一个成功的故事：街道和房屋变得更清洁、更明亮，健康的住宅区与电车线路连接，电力取代了内城的蒸汽机，尤其是城市的死亡率急剧下降。然而，污染排放只是转移到了农村地区，环境问题并没有解决。[214]

快速城市化时期很快结束了，1914 年，工业化引发的城市化在德国已经完成。电力、化学、精密仪器制造等新兴产业建立了新的工厂，从而为 19、20 世纪之交几座城市的兴起铺平了道路。之后，主要城市的增长不再迅速。相反，城市的增长趋势转移到了较小的城镇：1925—1970 年，德国人口规模在 5 万人以上的城市停滞不前，而中小城镇得到了发展，不过农村人口仍在进一步减少。[215]

城市重建、汽车城市的出现以及日益严重的垃圾问题

战争中的轰炸，使大城市受到了最严重的影响，1945 年以

后，拥有 25 万以上居民的联邦德国城市面临着灾难性的住房问题。平均而言，45% 的原有住房被摧毁。[216] 在后来成为民主德国的地区，大城市的损失更大，三分之二的房屋被摧毁。[217] 城市重建的挑战使城市规划成为“冷战中最有效的武器”之一。资本主义联邦德国和社会主义民主德国在通过住房建设政策照顾其公民方面展示了各自的能力，[218] 每一方所偏好的概念明显不同。在民主德国，主要是预制混凝土建筑塑造了城市的外观；而在联邦德国，尽管较大规模的定居点也占据了一席之地，但郊区的独立住宅仍占主导地位。

美国人对联邦德国的城市重建产生了相当大的影响。最初，住房计划依赖于马歇尔计划的资金支持，德国人只有放弃自己的“传统建筑方法”，美国人才愿意给钱。因此，标准化建筑技术在战后时期最终在德国取得了成功。然而，这些美国建筑理念也有一点德国的血脉。20 世纪 20 年代，德国的两位重要住房改革者马丁·瓦格纳和瓦尔特·格罗皮乌斯在纳粹夺权后不得不移民。他们在美国定居后，在住房建设中推广了预制和标准化，他们对建筑的理解已经受到美国效率运动很深的影响。总而言之，在建筑史以及全部技术史中，国家间相互的知识传输是长期存在的历史特点。20 世纪 50 年代末，当美国对联邦德国住房建设的控制结束后，德国人仍然使用了现在被普遍接受的标准化技术。不过，他们也开发了一种与马歇尔计划资助项目偏爱的小型住宅定

80

居点不同的特殊风格。现在，这种住房具有更大的面积，象征着德国日益提高的生活水平。[219]

在联邦德国，郊区的独立住宅更受欢迎。即使在战后早期，独立住宅在新的住房建设中的份额也比集体住宅更大。[220]相比之下，民主德国政府大力支持预制技术。由于这项政策的实施，1990 年，大多数东德人住在混凝土预制建筑（Plattenbau）中。这种预制建筑的规模在世界范围内是前所未有的。[221]与西欧国家相比，民主德国的城市化率较低，因此预制建筑的数量尤为明显。20 世纪 80 年代末，只有四分之一的民主德国公民住在人口规模超过 10 万人的大城市中。同时，大约相同比例的公民住在人口规模不到 2000 人的小村庄中。[222]因此，在民主德国的城市和农村地区存在着迥然不同的住房情况。虽然大多数农村居民仍然住在私人拥有的独立房屋或联排别墅中，但国有大型定居点塑造了城市的主要形态。[223]

从一开始，民主德国政府就提倡建造集体住宅。从 20 世纪 50 年代中期开始，预制建筑技术就在民主德国住房建设中发挥了重要作用。这一政策源于执政的共产主义政党①的“科学技术革命”理念，该理念对住房建设产生了很大影响。党的领导人

---

① 在民主德国执政的是统一社会党，由苏占区德国共产党与社会民主党于 1946 年合并而成。——译者注

认为社会是“一个可以通过技术运用进行紧密调节和自动化的复杂系统”[224]。

随着时间的推移，公寓楼的外观发生了变化。1957年，在霍耶斯韦达市（Hoyerswerda）开始了第一个大型混凝土预制建筑项目的建设。20世纪60年代的一段低潮期过后，埃里希·昂纳克领导下的新政府将住房计划列为优先事项。[225]这一政策的最重要成果是新的“70年代系列住宅”，该政策更加强调高效住房建设，并试图“纠正早期预制建筑中的一些审美问题”。[226]1970年，混凝土板大规模建造技术的改进，使得能以相对较低的成本快速建造规模非常大的住宅区。技术转移是这一成果的必要前提，民主德国从芬兰引进了一家工厂，大规模生产混凝土预制板。20世纪七八十年代，在这些大规模生产的住宅区中，人口最多的是拥有大约40万居民的柏林马扎恩项目。[227]“马扎恩项目是欧洲土地上最大规模的住宅项目。”乍一看，这是民主德国最成功的政策实施之一，然而似乎也产生了一些严重问题。相对廉价的预制建筑背后隐藏着代价，例如以马扎恩为代表卫星城市就需要昂贵的基础设施成本。[228]此外，在昂纳克的计划下修建了180万套住房单元，但由于缺乏翻修，数量近乎相同的旧公寓楼变得无法居住。[229]与此同时，对东柏林战前建筑的维修也在努力进行，但仅限于几个点，政府明确的优先事项是建设大规模预制住宅区。也许，民主德国的城市更新实验

81

最令人吃惊且意义深远的是对日后联邦德国“谨慎城市更新”概念的影响。[230] 统一之后，德国城市规划师大规模维修了旧的公寓楼，追随国际潮流，重新聚焦于老城传统。[231]

民主德国的城市住房情况与联邦德国明显不同。历史学家埃利·鲁宾（Eli Rubin）表明，住房问题与交通政策密切相关。那些生活在像马扎恩这样的大型居民区的人不一定需要拥有汽车：大多数人的工作场所在步行距离范围之内的大型工业区，购物中心、学校和其他公共设施也是该居民区的一部分。此外，高架列车方便地将该居民区与柏林市连接起来。简而言之，“马扎恩是专门为那些没有车的人建造的”[232]。相比之下，大多数联邦德国家庭拥有一辆汽车，并居住在郊区的独立房屋中。

第二次世界大战结束后，汽车拥有量增加成为一种普遍趋势。大多数大城市因为“汽车友好城市”理念而发生了变革。可以说，汽车是 1945 年后对欧洲城市生活影响最大的一项技术。[233] 这种趋势在资本主义的西方最为显著，但也在社会主义的东方产生了影响。

在人们按照“汽车友好城市”理念对城市进行改造之前，大城市已经开始了汽车化。20 世纪初，商业和工业中心成为首先具有相当数量（尽管仍然较少）汽车的地区。不过，德国的汽车发展落后于法国：柏林的汽车数量远远少于巴黎。[234] 尽管如此，在第一次世界大战之前，德国在汽车化道路上已经迈出了重要的步伐。在大多数德国城市中，由马车拉动的出租车逐渐失去市场份额，被汽油和电动出租车所取代。虽然电动出租车只存在了一个短暂的时期（直到21世纪电动汽车的回归），但汽油出租车在20世纪20年代中期成为主流。[235]尽管迈出了这些第一步，大多数德国人还是由于经济困境和购买力下降而无法拥有私家车。[236]德国政府也对拥有强大的汽车工业并不热心，因为德国国家铁路对政府偿还协约国赔款至关重要。

这一切在纳粹党1933年夺取政权后发生了改变，纳粹党否认了《凡尔赛和约》及其义务。[237]纳粹党将“人民的汽车”——大众汽车——置于其交通政策的首位，并在高速公路建设方面进行了大量投资。然而，在20世纪50年代之前，普通德国人并不拥有汽车。[238]长期以来，自行车是最重要的私人交通工具。1932年，德国拥有1500万辆自行车，而机动车只有220万辆（其中汽车仅有49万辆，约占今天汽车数量的1%）。德国的大规模机动化始于摩托车：1930年，73万辆摩托车注册。[239]这标志着一条独特的德国车辆机动化路径。在1926—1960年的每一年中，德国人拥有的摩托车都比汽车多。[240]在第二次世界大战前，有轨电车和自行车是市中心最重要的交通工具。[241]

82

尽管汽车在20世纪上半叶的普及程度有限，但在20世纪20年代中期，汽车已经激发了城市规划师的想象力。上文提到的柏林城市规划师马丁·瓦格纳就支持建设“汽车友好城市”的愿景。当时，柏林街头的汽车数量相对较少。1929年，柏林只有42,844辆汽车，而2013年，这个数字增长到了115万辆。[242] 20世纪20年代中期，尽管斯图加特只有2200辆汽车，但该市的城市建设负责人仍力请修建便于汽车出行的道路。由于汽车象征着现代化城市生活方式，城市规划预先满足了未来汽车交通的需求。当局讨论了一些在第二次世界大战后成为重要概念的想法，当斯图加特秉承“汽车友好城市”的理念进行改建时，这些概念就变得重要起来。虽然在战争期间缺乏财力，但“汽车城市”的概念已经说服市政当局在可能的时候进行投资。[243]

战争结束后不久，德国的交通规划师对国家的经济前景持悲观态度。他们认为德国人在不久的将来会生活在相对较低的水平上，并且公共交通在很长一段时间内将占据交通出行总量的75%。因此，有轨电车似乎是城市交通最有用的方式。1950年前后，大多数德国城市模仿美国模式对电车系统进行了现代化改造。然而，经济奇迹成为交通规划的转折点。不断增长的大规模消费和汽车拥有量为城市带来了新的规划需求，这意味着德国有轨电车的第二次繁荣期相对短暂。德国政界开始倡导地铁（这是一个城市已经成为现代大都市的标志），并设定了分隔不同交通方式的目标，这使得汽车几乎垄断了道路交通。[244] 此外，大多数小城市关闭了有轨电车线路，转而使用公共汽车。总而言之，1950—1970 年，德国城市重复了 20 年前美国城市经历的过程——汽车开始主导交通。[245]

尽管美国的交通理念对于欧洲关于以汽车为中心的城市重建的讨论产生了巨大影响，但条件和结果显然有所不同。欧洲老城区狭窄的道路不允许规划师简单地复制以汽车为中心的美国城市重建模式，而美国模式在欧洲的郊区和新开发区域则完全适用。人们认为德国的内城区必须进行改造。为了拓宽道路，牺牲了人行道或历史建筑立面。1959 年，德国建筑师汉斯·伯纳德·赖克霍（Hans Bernhard Reichow）撰写了一本名为《汽车友好城市》（*Die autogerechte Stadt*）的书，介绍了自己的概念。尽管他的整体概念更多地借鉴了 20 世纪 30 年代德国的城市规划，而不是当时的美国，但许多德国专家还是前往美国学习考察。由于他们在国外的经历，“汽车友好城市”的概念融合了德国的城市规划传统和美国的示范，并成为从 20 世纪 60 年代开始的德国全面车辆机动化时期的一个口号。[246]

83

尽管交通规划者否认偏袒汽车，但他们的计划确实如此，城市道路是按照汽车交通的需求进行改造的。与此相反，城市规划者从 20 世纪 60 年代末开始，不再明确地提出“汽车友好城市”模式，而交通规划专家则继续坚持这一基本概念。尽管出现了新的宣传口号，提倡交通要向“城市友好型”转变，但“汽车城市”仍然是德国的标准。目前，大多数城市仍然是对汽车友好的。[247] 从 20 世纪 50 年代末开始，这种创造“汽车友好城市”的模式对城市的发展提出了挑战。城市设立了专门保护行人的区域，如广场、人行横道和自行车道。[248]

经过了 19 世纪的长期发展，作为汽车繁荣的必然结果，公共交通的乘客人数减少了。20 世纪 50 年代，公共交通失去了交通总量的相当大一部分份额，越来越多的通勤者开始使用汽车。[249] 从 20 世纪 50 年代到 80 年代末，两德的城市交通方式都发生了逆转。虽然在 20 世纪 50 年代，慕尼黑和德累斯顿有 80% 的人使用公共交通，但到冷战结束时，这一比例在两个城市中都降至 40%。这个趋势在联邦德国的城市交通中是普遍存在的，[250] 而民主德国的情况有所不同，正如上文所说，至少在理论上，公共交通受到青睐。[251] 此外，民主德国的人均汽车保有量甚至不到联邦德国的一半。[252] 然而，两个国家的交通规划却出奇地相似，因为在两德，美国都是德国交通专家的榜样。这些工程师认为自己是中立的、非意识形态的专家，他们的职责仅限于数学和技术。民主德国宣传的是社会主义的城市规划模式，将其作为对美国模式的替代，但实际上也是以“汽车友好城市”的核心要素为基础的。尽管公共交通在大多数城市中占主导地位，但多车道公路、隧道和高架桥塑造了德累斯顿或哈勒 – 诺伊施塔特（Halle-Neustadt）等城市的外观。直到 20 世纪 80 年代，一批新一代的跨学科交通专家才开始质疑这种普遍的做法。[253]

20 世纪 60 年代，“城市密集化”的概念逐渐导致解决城市交通问题迫在眉睫。建筑物越来越高，导致更多的人在市中心的商务大楼工作，而居住在郊区的定居点。尽管城市交通不断发展，但汽车友好政策仍在延续。[254] 从 20 世纪 70 年代初开始，许多市政当局扩建城市轻轨和地铁网络，同时关闭有轨电车线路。从长期来看，这是一种效率低下的昂贵替代方案。从 20 世纪 80 年代初开始，由于人们每天都面临车辆拥堵的城市现实，对地铁的热情逐渐消退。提倡人性化交通和关注生态的抗议者开始挑战城市的交通政策，慕尼黑等城市开始扩建公共交通线路和自行车道，并采取交通缓行措施。然而，最引人注目的是有轨电车的复兴。美国大都市最新出现的公交复兴趋势再次影响了德国的交通规划者。后来，德国的有轨电车复兴成为其他国家（如英国）的榜样。[255] 有趣的是，尽管通勤距离在 20 世纪有所增加，但在 2000 年花费的时间与 100 年前相比只是略有增加。只有在德国统一后的几年中，由于原民主德国地区存在的失业问题，通勤者需要花更多时间。[256]

84

汽车拥有率的提高标志着战后德国大众消费水平的上升。然而，“丢弃式社会”的到来使回收的考虑变得紧迫起来。除了未知的大量垃圾，新的产品材料也加剧了垃圾处理的问题。尤其是人口密度高的城市地区不得不面对这个问题。20 世纪 60 年代之前，废物被认为主要是一个城市问题。[257]那时，废物的主要成分是有机物，堆肥为农村提供了一个简单的解决方案。19 世纪的城市卫生运动也采用了这种方法。废物处理被认为仅是卫生工作的一个次要方面。一旦垃圾被运出城，工作就完成了。因此，大多数城市将垃圾扔在城市边缘，“要么作为肥料，要么作为填埋材料来恢复土地”[258]。在 20 世纪的前几十年，在大多数情况下，城市垃圾只是被倾倒在郊区。[259]

尽管这是一个令城市管理者满意的解决方案，但生活在农村地区的人们却提出了强烈的反对意见。在 1892 年霍乱流行期间，农民们强烈抗议将汉堡的垃圾倾倒在郊区。这些抗议导致了德国第一个垃圾焚烧厂的建立，从 1896 年开始在汉堡运行。汉堡是以英国为榜样的，英国在 19 世纪 70 年代就建立了第一批焚烧厂。在这一案例中，技术转移是非常简单的。英国城市和汉堡的居民都使用黑煤，因此复制英国的技术是完美无缺的。然而，相比之下，大多数其他德国城市主要采用褐煤。只有黑煤足以保障焚烧厂的有效运行，如果没有黑煤，就必须添加其他燃料。因此，在德国，焚烧厂只能一座一座缓慢地建立起来。在第一次世界大战爆发前夕，只有 9 个这样的设施，而在第二次世界大战爆发之前，只有 3 个新建焚烧厂。其中一些焚烧厂被证明没有什么价值。直到 20 世纪 60 年代，这项技术才在德国得到大范围应用。[260]

现代城市的废物处理和城市清洁的历史始于 19 世纪末。19 世纪中叶，德国城市仍然没有集中的废物处理系统。通常情况下，城市居民会将废物存放在自己的后院数月之久。[261] 然而，即使在那个时期，城市居民也已经迈出了建立现代废物收集系统的第一步。城市居民会在路边放置开放式废物容器，并在特定的日子进行收集。法兰克福在 19 世纪 60 年代率先采用了这种方法。一开始，当地有农民承包处理市中心的家庭废物。随后，从 1873 年开始，该市建立了定期的废物收集服务制度。曼海姆和多特蒙德在 19 世纪 80 年代效仿了这种在市中心定期收集废物的做法。20 世纪初，德国许多城市建立了这一系统。[262]

85

1895 年，柏林的一项警察法规引发了一场深刻的变革，其影响持久且广泛。该法规引入了标准化封闭容器，为无尘垃圾收集提供了手段。有两种不同的系统：一种是在大多数情况下，由垃圾收集人员清空垃圾箱。操作时，标准化垃圾桶会锁定在垃圾车的配件上。另一种是容器更换系统，该系统最早在基尔使用，并被多特蒙德等几个德国城市采用。这种非常卫生的系统的缺点是成本高，因为需要提供两倍数量的垃圾桶，因此在 20 世纪 50 年代中期逐渐消失。在这两种情况下，最初是由马车来收集垃圾，而从 1911 年开始，菲尔特（Furth）的垃圾收集人员开始使用电动车辆。不久之后，汉堡引入了第一批垃圾收集汽车。20 世纪 20 年代，全面的垃圾收集服务成为标准，尽管仍然局限于市中心地区。当时，技术改进对于扩大服务范围至关重要。这使得德国的发展与英国有所区别，英国扩大了垃圾收集服务，但没有进行大规模技术改造；在德国，克虏伯和库卡公司合作制造垃圾收集车辆。克虏伯代表了德国工业的过去和现在，而库卡从 20 世纪 70 年代开始成为工业自动化中最重要的机器人制造商。克虏伯负责底盘制造，库卡负责垃圾压缩技术。日后的改进表明了商业经验与库卡在工业机器人制造方面的成功之间有着紧密的联系。从工程角度来看，捡起垃圾桶的设备实际上已经是一种机器人。尽管如此，马车拖垃圾在德国的几个城市中仍沿用了相当长时间。1945 年，垃圾收集汽车才在德国全部城市中普及。尽管使用了垃圾车，但 20 世纪 60 年代的垃圾处理的基础设施和技术仍然与 19 世纪末的情况相类似。[263] 1964 年，一个相对规模小但影响深远的变革开始了：弗赖堡市在那一年启动了逐步将金属垃圾桶替换为塑料垃圾桶的计划。在接下来的 20 年里，每个德国城市都效仿了这一举措，由于垃圾桶重量减轻，垃圾收集效率大大提高了。[264]

然而，当时出现了三个新问题：垃圾填埋场短缺、城市结构的转变以及垃圾组成的变化。第一，从 20 世纪 50 年代中期开始，一些城市遭遇了严重的填埋场空间不足问题。为了解决这个问题，焚烧技术得到改进，并建立了现代化焚烧厂。鲁尔区的重工业城市是先驱，而从 20 世纪 60 年代到 80 年代，大多数德国大城市陆续效仿。[265] 第二，城市转型仍在继续。集中供暖成为多户住宅的标准，这种转变终结了在家中燃烧自己的厨余垃圾的传统。此外，郊区失去了村庄的特点，转变为通常的市郊。因此，把厨余垃圾堆肥在花园中的习惯也消失了。[266] 第三，正如上文提到的，新的塑料产品和“一次性社会”的兴起对垃圾管理能力构成了挑战。[267] 随着定期收集垃圾服务的出现，联邦德国的垃圾回收利用率大大降低。因此，垃圾数量进一步增加。[268] 相比之下，在民主德国，回收利用在经济考虑中具有更重要的地位。[269] 一些联邦德国城市受益于将垃圾出口到民主德国，后者专门设立垃圾处理场地用于进口西方垃圾。由于民主德国迫切需要外汇，它向资本主义西方提供垃圾处理服务。[270]

86

从 20 世纪 70 年代开始，联邦德国的垃圾回收利用得到了复兴。一方面，这是对不断增加的垃圾数量和垃圾填埋场空间短缺的必要反应；另一方面，也与公众对环境和垃圾问题的态度的改变相一致。这种改变对日常生活产生了巨大影响，将在第七章中讨论。废物分离技术是工业回收的基础，具有悠久的传统，尽管时断时续。1907 年，柏林郊区夏洛滕堡（Charlottenburg）效仿几个美国城市，为其 30 万居民引入了垃圾分类。居民将三种垃圾分开。为此，市政当局分发了三分格的垃圾桶，用于收集灰烬、厨余垃圾和其余垃圾。灰烬用于柏林市郊的土地开发，厨余垃圾则作为市政养殖场的饲料。然而，这个系统遭受了亏损，不久之后就被取消了。在第一次世界大战期间，夏洛滕堡系统才得以恢复，类似的恢复也发生在第二次世界大战期间。然而，这些都只是短暂的事件。早期的德国废物分类工厂的情况也是如此，它们也与美国的模型相类似。第一个工厂于1898年在慕尼黑的一个郊区建设，但无法赢利。在20世纪末回收利用复兴之前，垃圾填埋、堆肥和焚烧是废物处理的主要方式。[271] 20世纪80年代，除了退瓶费系统，第一个获得巨大成功的是玻璃和纸张的回收利用。当时，所有大城市都已经开展了定期废纸收集或建立了收集点。[272] 然而，官方的废物处理基础设施并没有涵盖所有废物，现在也是如此：虽然德国因其电子废物政策而受到赞誉，但可能超过一半的电子废物在通过非正式网络流通。因此，德国既是“欧洲最大的电子废物生产国”，又是电子废物的出口大国。[273]

另一项技术将在20世纪下半叶改变德国人的日常生活，最初的应用仅限于大城市：电话。有几个原因导致电话的普及相对缓慢，并在最初几十年中被认为是一项主要在城市使用的技术。其发展缓慢的最重要原因是技术限制、旧技术的持续存在以及德国邮政部门的政策。早期电话时代的技术限制是电话的传输范围有限，使得除了人口高密度市区，电话难以推广利用。[274]

另一个阻碍是邮局的勉强态度。尽管德国邮政总局局长在 1876 年首次听说亚历山大·贝尔的电话发明后立即支持这项新技术，但由于缺乏需求，它的推广进展缓慢。对于大多数人来说，似乎没有必要为安装和使用电话投资大笔资金，因为邮递员每天多次来到大城市。例如，在 19 世纪 80 年代的柏林，邮递员每天上门递送信件多达 11 次。此外，其他旧的通信技术——如亲自拜访和雇佣信使——提供了充分的服务，因此阻碍了电话的快速成功。

87

除了需求，电话在邮局看来也存在问题，因为邮局既经营电报业务，又经营电话业务。邮局仍然认为电报是一种适用的远程通信技术，而电话只应在城市中起到补充作用。邮局采取了非常谨慎的预算政策，并且只在至少 50 名市民预订后才会铺设电话网络。[275] 1881 年，德国首次实施的电话试点项目在柏林仅有 8 名订户。在随后的几周里，米卢斯（Mulhouse）和汉堡分别有 72 名和 95 名订户加入。到当年年底，德国已有 7 个城市拥有电话系统，有 1004 个通信站点。[276]

1883 年，德国所有大城市都已建立起本地电话网络；然而，出于成本考虑，邮局希望限制进一步扩散。只有城市网络才能带来高流量和快速利润。相比之下，农村电话网络意味着高成本和可忽略不计的回报。[277] 因此，20 世纪初，电话仍然主要是一项面向城市的技术。1890 年，1.84 亿次通话中有 1.76 亿次为本地通话。网络缓慢地向农村地区扩展。[278] 实际上，早期的跨区域线路甚至没有被构想为一个网络。相反，电报连接成为城市之间建立单线联系的基本模型。[279] 正如上文提到的，这种点对点通信模式最初用于早期的铁路。一个完整的电话网络只能逐渐建立起来。最初，电话线路仅限于城市；随后，城市之间开始进行通信；最后，这些线路逐渐扩展为连接村庄的适当网络。[280] 20 世纪上半叶，电话密度的增长相对较慢。第二次世界大战之前，每 100 名市民中的电话站点数量不到 5 个（5%）。20 世纪 50 年代末，联邦德国的比例增至 10%。20 世纪 60 年代末，这一比例达到 20%，而 50% 的覆盖率直到 20 世纪 80 年代初才实现。在社会主义的民主德国，这个比例要低得多。[281]

结　论

德国没有通往现代城市化的特定路径。然而，德国城市的发展与其他西方国家有几个不同之处。现代便利设施在德国城市的传播是一个零散且不均衡的过程，受到历史上偶发因素的影响。19 世纪中叶城市的快速发展产生了差异极大的结果。例如，在许多不断发展的城市中，住宅建设相当无序。作为反应，一种相当严格的官僚化规章制度的对立趋势出现了。 88

在19、20世纪之交，德国成为城市规划的领导者。然而，需要强调的是，这种科学的城市化问题处理方式并不是基于德国民族性格之类的东西。这一趋势仅在19世纪的发展中偶然出现。市政社会主义也是如此。德国人从英国的例子中看到，私营供应商提供水、煤气和电力的经历不够令人信服，才借鉴了这一思想。直到20世纪末，新自由主义的私有化趋势才使私有制重新回到德国。

德国城市快速发展的另一个长期影响是社会问题的负担。尽管城市问题在不同政治派系之间仍然有争议，但到20世纪20年代末，定居政策的进步方法已经占据主导地位。在大萧条期间，改革运动开始衰退，最后纳粹迫使改革者离开。然而，一些以技术为基础的改革观念，塑造了20世纪下半叶德国乃至世界其他地区的城市增长政策。高效住房的理念被广泛接受。此外，家庭电气化开始缓慢发展。

延迟的大规模车辆化是另一个趋势逆转的例子。从20世纪50年代末开始，汽车拥有权才成为德国人的常态。尽管如此，城市规划师立即全力支持“汽车友好城市”的理念。数十年后，当一些德国城市交通接近崩溃时，公共交通才得到复兴。德国城市甚至成为有轨电车复兴国际潮流的先驱。然而，城市的汽车系统已经具备了技术惯性，城市继续以一种特定的方式布局，以方便汽车交通。此外，城市居民尤其是郊区通勤者，已经对汽车产生了依赖性。

总而言之，本章展示了历史研究方法的弱点——偏重于思想史，并关注特殊的、在很大程度上不具备代表性的技术。尽管一些研究继续高估专家对技术改变城市生活的实际影响，本章还是要表明，务实的地方中产阶级在大多数情况下是建立供水系统或其他类型城市技术的最重要的推动力。这些具体利益往往超过了城市发展的科学或政治理念。因此，公众或专家的讨论不能被误认为是日常生活的历史。尽管像法兰克福厨房这样的改革项目被广泛讨论，但大多数厨房在当时看起来与它非常不同。实际上，更具竞争性的高效厨房模型是更成功的，而且并不像法兰克福变种那样“新颖”。总体而言，获得成功的是折中的模型，这意味着家庭电气化进展缓慢，并推迟到战后。

89 # Chapter 3—高科技

一直以来，高科技一直是大众叙事和历史研究中的一个突出主题。至少从大卫·艾杰顿的《历史的震撼》（*The Shock of the Old*，2006年）出版以来，技术史学家已经意识到“高科技”的概念总是融入进步叙事。本章对这样的进步叙事进行了审视，并探讨了“高科技”这一术语内在的矛盾。正如将要展示的那样，高科技创新常常与旧技术相互交织。在几个案例中，改良者开展了先驱性工作，而在后期，跨学科专家团队进一步改进了这些技术。此外，高科技绝不仅是高薪专家的专属领域。相反，在某些情况下，纳粹把过时的强迫奴隶劳动形式引入了高科技生产领域。与此同时，最具创新性的技术被证明与反动的意识形态、甚至是公开的种族主义和反犹太主义相辅相成。

定义高科技是具有挑战性的，本章着眼于那些依赖“大科学”（big science）的先进技术。虽然“大科学”常常与1945年制造了原子弹的美国曼哈顿计划联系在一起，但“大科学”有其前史。从20世纪30年代开始，德国航空和火箭研究已经逐渐符合“大科学”的定义——拥有由科学家、技术人员和熟练工人组成的跨学科团队，他们在国家强力支持的基础上与私营公司合作开展大规模项目。[1]具体而言，本章研究了航空、火箭和核能这三个例子。即便在这些技术成长为大型项目之前，对这些新兴技术的普遍狂热已经存在。此外，认为其具有军事潜力的政治兴趣也非常浓厚。“二战”结束后，面对高科技时的矛盾心理变得很明显，因为其在军事和民用方面的双重用途为向国外销售这些德国产品提供了机会。

同样值得思考的是民族主义与高科技之间的联系。在1918年战败之后，德国航空业激发了人们对德国民族再次崛起的幻想。特别是右翼政治家将高科技视为德国优越性的实现。这个想法在纳粹政权下带来了致命的后果。战后，同盟国对德国军事复苏持怀疑态度，只有欧洲合作才允许德国“大科学”的回归。然而，民族主义与国际合作之间的紧张关系仍然存在，民用与军用之间的关系也是如此。即使高科技的民用功能占据主导地位，但是军事选择仍然随时随地潜藏着。 90

飞艇与飞机

军事经验刺激了德国航空业的起步。在1870—1871年的普法战争中，法国军队使用了气球，这给德国人留下了深刻的印象。即使在胜利之后，对于在军事技术上输给法国的担忧仍广泛存在于德国。因此，1881年，柏林成立了促进航空发展的组织——德国飞艇促进协会。[2]该协会的最著名成员之一奥托·李林塔尔（Otto Lilienthal）是滑翔飞行的先驱，美国的莱特兄弟也从他那里得到了启发。1891年，李林塔尔进行了第一次可控滑翔飞行，尽管滑翔机相当原始，并且公众对此毫无兴趣。[3]总体而言，在德国航空业最初发展的几十年中，工匠占据着主导地位。一些人与李林塔尔有着相同的命运，他在1896年滑翔飞行时不幸身亡。然而，1894年，德国军方对航空业产生了浓厚兴趣，并成立了普鲁士航空团。此外，从19世纪80年代开始，类似的航空促进协会在德国许多城市成立了。当时，航空业既有地方基础，又具有国际联系。对于先驱来说，寻求国际合作是不可避免的，因为在航空科学领域只有极少数专家。[4]

尽管如此，民族主义思想成功地占领了这一领域。随着飞艇的出现，这一思想变得更为明显。尽管李林塔尔等德国发明家是重要的航空先驱，但在与法国进行技术转让后，飞机才达到创新阶段。法国技术人员采纳并改进了德国的发明。[5]其他国家在飞机制造方面的成功，在一定程度上解释了 20 世纪初德国的飞艇神话，许多人希望飞艇能帮助德国赶上并消除技术差距。[6]

1908 年 8 月，德国航空业开始在文化和政治生活中产生影响，当时费迪南德·冯·齐柏林伯爵（Count Ferdinand von Zeppelin）尝试让他的齐柏林飞艇 4 号（Luftschiff Zeppelin, LZ），进行一次持续 24 小时的循环飞行，以展示其飞艇对德国政府的军事实用性，后者有意购买这项技术。数以万计的观众观看了这次飞行，他们对飞艇的狂热引发了一股下层民族主义浪潮。这与当权者的爱国主义不同，这是工业中产阶级的民族主义，他们以自己的产品为荣，以“齐柏林飞艇”为代表。在高度工业化时代，这种新型民族主义赞扬“德国人民的技术能力和物质成就，而不是德国国家本身”。

齐柏林的支持者大多是中产阶级自由派或保守派，但“齐柏林崇拜”也打动了一部分工人阶级，甚至是一些坚定的社会民主主义者。这种飞艇狂热有多个方面的因素，它满足了不同的政治诉求，既有沙文主义者，又有信奉技术进步的人。[7] 总而言之，从那时起，民族主义与现代技术在德国相互交织。许多德国人将齐柏林飞艇视为德意志帝国的奇迹武器，而其他欧洲国家则明显更偏爱飞机。1908 年底，德国人几乎把航空业的发展完全寄托在飞艇身上。[8]

91

德国航空史上还有一个特别之处。齐柏林飞艇在 1908 年进行的 24 小时飞行演示以一场灾难告终，这次失败对于飞艇崇拜产生了重要影响。8 月 5 日凌晨，在飞行即将成功完成之际，飞艇发生了发动机故障，并降落在斯图加特附近的埃希特尔丁根镇（Echterdingen）。此时，一阵突如其来的风将飞艇从系泊处撕脱。随后，飞艇起火并完全毁坏。幸运的是没有人受伤。对于齐柏林伯爵来说，这样的失败已经习以为常：这是连续三年内失事的第三艘飞艇。尽管如此，许多德国报纸积极报道了这次飞行及其悲剧性英勇结局。在接下来的几周中，一种原始形式的群众集资筹集了高达 500 万马克的资金。[9] 令人费解的是，事故甚至促进了飞艇在德国的流行，飞艇坠毁被看作为了技术进步的爱国牺牲。[10] 明信片和其他纪念品赞美了齐柏林飞艇和埃希特尔丁根的"英雄"灾难（见图 3.1），而许多德国人将伯爵想象为"征服天空的英雄"。齐柏林对抗各种困难的奋斗，使他既成为高科技的发明者，又成为被"意志和理想主义"引领的英雄人物。[11] 于是，"孤独的天才与迟钝的官僚机构作斗争"的神话出现了。正如历史学家德·塞翁（de Syon）指出的，在这次事件之前，伯爵实际上只是"某个没有受过技术培训的发明家，是数百个号称已经解决了动力问题的人之一"。尽管如此，飞艇对于德国人对现代技术的态度产生了重大影响，尤其是中产阶级将其视为德国文化优越性的产物。虽然保守派仍普遍对现代性的政治和社会价值不满，但现代技术已经被接受为德意志民族性的一部分。[12]

除了众筹，德国经济界也支持飞艇与飞机进行经济竞争，国家更是希望从中寻求军事应用。[13]1909 年，齐柏林已经筹集到足以建造两艘新飞艇的资金。第一次世界大战之前，又建造了 20 艘飞艇。其中大部分被德国陆军和海军购买，而德国飞艇公司则购买了 6 艘用于日间飞行。1914 年，至少有 1.7 万名富裕的德国人登上了这些昂贵的旅行飞艇。当时，飞艇的速度相对较慢，仅为每小时 20 千米。然而，在 20 世纪 20 年代飞艇的鼎盛时期，它们能够以每小时 120 千米的速度飞行。[14]

图 3.1————纪念 1908 年 8 月 4 日至 5 日齐柏林飞艇首次连续飞行 24 小时的明信片——《“齐柏林飞艇 4 号”的升空、飞行与终结》。美国国会图书馆公共区域。

在第一次世界大战爆发前的最后几年，齐柏林飞艇公司的新管理层完全改变了企业。公司从一个小作坊式企业转变为一个大规模企业。在此之前，胡乱的修补工作充斥着齐柏林飞艇公司车间。现在，系统化工程取代了这些混乱。因此，齐柏林飞艇公司在 1914 年之前成为德国航空业的主导力量。尽管此时德国飞机制造已经在很大程度上迎头赶上，但齐柏林飞艇公司的资金比德国全部 17 家飞机制造商的资金总和还要多。[15]

92

尽管德国对飞艇充满狂热，但在第一次世界大战中，空中战争只起到次要作用。除了齐柏林飞艇，德国军方还使用了其他制造商制造的飞艇。其中，舒特－兰兹公司（Schutte-Lanz）的木制飞艇最为显眼。第一次对英国的飞艇袭击发生在 1915 年初，但德国的飞艇远非神奇武器。尽管在战争中飞艇袭击造成了 4000 人死亡，但它们并没有获得战略上的成果，同时德国飞艇有一半坠毁，并造成了许多艇员的死亡。由于缺乏良好的无线电导航设备，飞艇艇长们通常“根本不知道自己在哪里”。甚至一位艇长攻击了伯明翰附近的一个地方，而他坚信自己轰炸的是遥远的曼彻斯特。[16] 然而，许多德国人将这种技术失败称为英勇行为的情况再次出现。尽管承认技术存在一些问题，但德国艇员被赞扬为意志和勇气的典范。通过这种方式，飞艇与“斗争与失败的美学”[17] 联系在一起。

战后，协约国限制了飞艇的军事用途。因此，齐柏林的唯

93

一竞争对手舒特－兰兹公司因没有制造商用飞艇的业务而倒闭。至于齐柏林伯爵本人，他在 1917 年去世，他的继任者雨果·埃克纳（Hugo Eckener）将公司战略转向客运航空。由于战斗机制造的快速进展，飞艇无论如何已经失去了进攻作战的潜力。然而，1924 年作为德国战争赔款送给美国海军的 LZ126 飞艇，标志着德国飞艇制造的复兴。最引人注目的是，这艘飞艇飞跃大西洋，并服务于美国海军，进行了数年的实验。1928—1929 年，齐柏林飞艇甚至进行了环球飞行，吸引了全球许多观众，包括 1928 年 11 月在柏林的 25 万名观众。[18]1933 年后，飞艇被用于宣传目的。纳粹加强了对国家技术理念的宣传。对于他们来说，高科技象征着国家的伟大，并激发了他们对未来德国至高无上的希望。[19] 1937 年，声名狼藉的“兴登堡”号灾难，终结了飞跃大西洋的飞艇旅行以及飞艇作为一种重要技术的历史。豪华客运齐柏林飞艇“兴登堡”号被誉为世界上最大的飞艇，在降落新泽西时坠毁。这场灾难在新闻影片、广播和图片报道中反复出现，加剧了其对公众舆论产生的负面影响。[20]

在飞艇的光环下，从 1910 年开始，德国的飞机工业悄然兴旺起来。长期来看，飞艇的繁荣在某种程度上促进了德国飞机工业的发展。1908 年，当德国人赞美齐柏林时，第一次美国飞机展览在许多欧洲国家受到热烈欢迎，这意味着飞机战胜飞艇。[21] 十年之内，德国的飞机制造商已经达到了先进水平。然而，在1910年之前，德国的飞机制造完全依赖法国和美国的许可。仅仅十年后，德国的容克、齐柏林和福克（Fokker）已成为全球航空技术的领导者。1910—1920年，德国的一项创新为现代飞机设计铺平了道路，并很快成为国际标准，即厚翼型单翼飞机。德国的这种特殊性是曾经落后的初创航空工业得益于政府资助的结果。几乎是在无意中，德国航空工业成为以科学为基础的工业的雏形，因为在这一时期，空气动力学和静力学在德国兴盛起来。在德国，飞艇的受欢迎程度也是形成这种科学优势的重要因素。虽然齐柏林飞艇的繁荣迟滞了德国飞机工业的发展，但飞艇吸引了结构工程师进入航空工业。此外，飞艇是空气动力学的理想测试对象，因为相对于飞机而言，飞艇的结构复杂程度较低。[22]

齐柏林的努力也是不能被忽视的德国航空史上的重要部分。他的公司利用飞艇的经验推进了飞机制造。尽管齐柏林更喜欢飞艇，但他在第一次世界大战前就成立了一个飞机制造部门。战争期间，齐柏林公司成为德国航空动力学研究的重要中心之一。[23]德国很早就成为航空基础研究的领导者。“空气动力学之父”路德维希·普朗特（Ludwig Prantl）和他的团队早在1908年就开始在哥廷根的风洞进行空气动力学实验。普朗特的研究所后来成为著名的空气动力研究所。第一次世界大战前，哥廷根科学家就已逐渐取得了领先地位，基于观察和实践的旧有实验知识被数学

94

推导所取代。尽管取得了这些重要的发展，德国在螺旋桨和发动机技术方面的应用研究仍远远落后于美国、英国和法国。[24]此外，在战争爆发之前，德国的空气动力学知识传播到了美国，美国科学期刊报道了普朗特的风洞实验。战后，这种科学交流进一步加强，普朗特的一位重要学生马克斯·芒克（Max Munk）前往美国，为美国国家航空咨询委员会（NACA）工作。[25]

第一次世界大战结束后，航空业消除了仅存的一点业余状态和浪漫色彩。它转变为一个以接受过学术培训的专业工程师为主导的科学产业。从1919年开始，容克公司凭借F13型飞机几乎垄断了全球市场。20世纪20年代中期之前，这款飞机的性能超过了任何竞争对手。[26]20世纪20年代，德国航空业的历史再次与抗争的叙事联系在一起。早期的齐柏林飞艇神话来自齐柏林与不幸命运、自然力量和德国政府最初的冷漠的英勇抗争，而这时的德国航空崇拜强调了对所谓国际敌人的斗争。《凡尔赛和约》及随后的限制措施使德国航空业受到了制约，此种状况持续到20世纪20年代中期。协约国对德国飞机的速度、载重能力、飞行高度和航程等方面实施了最大程度的限制。[27]这些限制措施促成了一种"受害者神话"，德国保守派庆祝航空业在强大的国际阻力下取得的进展。这种侵略性民族主义将德国定位为不公平国际制裁的受害者。许多德国右翼人士将高科技创新视为一种斗争手段。[28]

说来奇怪，《凡尔赛和约》的限制实际上对德国航空业起到了帮助的作用。第一，这些限制使得该行业更加高效合理，由此形成的高度市场集中帮助幸存的飞机制造商改善了经济前景。而像通用电力公司和西门子这样的公司关闭了它们的飞机部门，只有最具创新力的小企业道尼尔（Dornier）和容克得以幸存。第二，协约国的限制阻碍了德国飞机制造商参与国际竞速比赛。因此，德国公司将研究集中在低速飞行的飞机上。这给予了这些公司竞争优势，特别是在对抗英国对手方面。英国一直延续着传统的飞机制造方式，直到20世纪30年代。

95

另一个重要的影响是《凡尔赛和约》解散了德国空军。许多战斗机飞行员都接受过工程训练，他们在1918年之后很难找到飞行员的工作机会。因此，他们开设了航空零件制造车间或设计办公室。这些曾经的飞行员的实践经验极大地丰富了德国航空业，此前该行业主要由科学家主导。与国际竞争对手相比，这种科学与实践的结合为德国航空业提供了决定性竞争优势。[29]

在和约限制期间，非动力飞行成为另一个蓬勃发展的领域。20世纪20年代初，滑翔成为德国抗议这些限制的象征。实际上，滑翔对德国的空气动力学研究作出了贡献。即使在1926年限制解除后，滑翔仍对德国航空业产生影响。在大萧条期间，许多业余爱好者自制滑翔机。即使在这一后期阶段，DIY仍对航空高科技至关重要。[30]

从20世纪20年代中期开始，尽管面临困难，但航空运输业在德国确立了地位。1925年，容克航空运输公司与德国劳埃德航空公司（German Aero-Lloyd）合并，诞生了半国有的“Luft Hansa”（汉莎航空公司），直到今天这仍是一家重要的航空公司，只是拼写略有变化，即“Lufthansa”。政府提供了巨额补贴并保证了德国汉莎的垄断地位。新公司迅速发展，1928年已成为欧洲客运航空的领头羊。在纳粹掌权之前，德国汉莎的机队很容易就可以转为军事用途。一旦和约限制解除，德国制造商就迎来了巨大的复苏。容克和道尼尔主导了瑞典、波兰、意大利、苏联和南美的市场。[31]

当时，在德国举办了吸引数万名观众参加的航空展。德国人有自己的国家级飞行员，而国际知名人士如查尔斯·林德伯格（Charles Lindbergh）则不太受关注。当时，创纪录的飞行在公众中引起了轰动。其中最引人注目的是，一架名为“不来梅”的容克飞机，于1928年首次完成了从大西洋东岸到西岸的不间断飞行，由两名德国人和一名爱尔兰飞行员完成。在此之前，英国和法国飞行员进行的不间断飞跃大西洋的尝试失败了。因此，德国的成功被视为战胜万难的记录。超过100万人在柏林迎接归来的飞行员。现代技术为英雄主义与德国民族主义的复兴奠定了基础。[32]正如历史学家彼得·弗里切（Peter Fritzsche）所说：“机械梦与国家梦相互交织。”[33]

1933—1945 年，这一点表现得更为明显。纳粹的掌权标志着德国航空业的一个转折点，纳粹重整军备推动了该行业实现了出人意料的繁荣。1932 年，德国只生产了 36 架飞机，而到 1944 年战争结束时，已经批量生产了 4 万架飞机。在某种意义上，现代德国航空工业是第三帝国的产物。这一繁荣产生的影响并不局限于航空领域。纳粹从 20 世纪 30 年代开始重整军备，飞机工业产业链要求德国其他技术领域迅速扩张。化工、工程和轻工业工厂都从不断发展的航空工业中受益。可以说，航空业填补了薄弱的德国汽车工业形成的空缺。[34]

96

1936 年，德国航空研究在数量和质量上都达到了“大科学”的程度。成立于 1912 年的德国航空试验研究所（Deutsche Versuchsanstalt für Luftfahrt）拥有超过 2000 名员工。与规模同样重要的是结构的变化。该研究所通过制定共同目标来减少工作组的自主权，类似的转变也发生在空气动力学研究所。研究所在 20 世纪 30 年代中期建立了一座现代化风洞，该风洞使用了全年收获的葡萄牙软木。纳粹掌权后的 6 年内，员工数量从仅有的 80 人增加到 700 人。[35] 此外，德国航空研究所（Deutsche Forschungsanstalt für Luftfahrt）于 1936 年在不伦瑞克成立，以填补与国际先进发动机设计之间的差距，后来被称为赫尔曼·戈林研究所。对涡轮喷气发动机新技术的研究被加强，这需要不同类型的风洞和发动机测试研究所。尽管纳粹做出了努力，但在 1939 年，美国的航空研究仍然遥遥领先。[36]

总而言之，在 20 世纪 30 年代中期的德国重整军备时期，航空研究对“大科学”的许多方面产生了重要影响。这项研究是多学科的，并建立在大型设备的基础上。此外，大量财政资源被投入航空研究。政府还制定了与军事目标相一致的新目标，如高空飞行、喷气发动机、高速空气动力学和弹道导弹。因此，航空研究与纳粹国家是紧密相连的。[37]

航空研究也是一项开拓性研究。1944 年，德国各地的航空研究机构共有 1 万名员工。科学家加强了与工程师的合作，传统学者的理想被现代研究团队的概念所取代。与此同时，风洞等大型设备在研究过程中逐渐占据核心地位。尽管一些更传统的科学家反对这些创新，称其为“研究的机械化”，但“大科学”方法占据了主导地位。[38] 然而，这种“大科学”方法并不是单一的，在许多领域，“大科学”与“小科学”并存，这已经成为普遍规则而非例外。然而，纳粹主义具有的一个特征，在一定程度上阻碍了“大科学”的全面建立：德国航空业和其他高科技领域一样，受到纳粹政权的多头制度结构的困扰，导致“研究路线的重叠混乱”。最终，纳粹在协调科学、国家与工业的合作方面失败了。[39]

然而，德国航空研究仍然从战争初期的“闪电战”胜利中受益。纳粹占领了许多著名的欧洲航空研究机构，如法国在巴

黎附近的查莱斯 – 梅东地区（Chalais Meudon）建立的航空研究实验室和阿姆斯特丹附近的荷兰国家航空实验室（National Luchtvaartlaboratorium）。当德国人迫使荷兰和法国的专家与自己合作时，他们又吞并了位于布拉格的捷克航空研究所。[40] 因此，大规模生产高科技战斗机的先决条件似乎已经满足。实际上，航空生产的增长是非常显著的。然而，正如历史学家亚当·图兹（Adam Tooze）所论述的，许多历史学家过于轻信纳粹关于“军备奇迹”的说辞。尽管生产量的增长是显著的，但它远非“奇迹”。最重要的是，这是“在质量上的有意牺牲，以换取数量上的迅速增长”[41]。此外，纳粹偏好庞大且壮观的项目，这是对美国在“大科学”方面取得进展的一种反应，他们开展了许多竞争性火箭和航空建设项目，但从未完成。[42] 在这种背景下，1943 年后，德国航空研究失去了重心，变得越来越杂乱无章。在战争的最后阶段，它主要依靠试错法来摸索。[43]

97

在 1919—1945 年的整个时期中，少量生产高质量的运输机与大规模生产寿命短暂的战斗机之间存在内部矛盾。德国飞机公司设法通过在战时生产中坚持追求长期的航空交通利益来克服这一矛盾。这符合德国航空先驱们的个人特质：所有德国航空业的领导者——容克、亨克尔、梅塞施密特和道尼尔——既是企业家又是发明家。他们从未将现代管理置于发明家精神之上。时间来到 1945 年，他们的工厂更像实验室而不是现代工厂。[44]

乍一看，德国的喷气发动机计划似乎是大规模生产的成功结果。纳粹党直到 1944 年才决定生产喷气式飞机，比美国和英国晚了一段时间。然而，仅仅在 6 个月内，容克公司生产的喷气发动机数量就超过了英国的福特公司。[45] 但历史学家对于这个计划是否真的像看起来那样成功存在争议。从技术角度来看，布德拉斯（Budraß）正确地指出："德国的涡轮喷气发动机是一项引人注目的技术成就。"[46] 然而，如果考虑特定的历史背景，就会看到不同的情景。正如赫敏·吉法德（Hermione Giffard）指出的那样，数量惊人的背后掩盖了一个事实，即这个计划因发动机质量不佳而失败。德国在战争期间生产了数量最多的喷气式飞机，但飞机坠毁率比同盟国高得多。吉法德进一步论述：从一开始，这些喷气发动机就不是神话般的武器；相反，将它们称为"绝望引擎"更为贴切。喷气发动机计划是德国活塞发动机计划的失败结果，而活塞发动机的成本远高于喷气发动机。因此，喷气发动机实际上是一种"代用技术"，是研发新的活塞发动机高速飞机计划失败后的替代品。[47] 此外，纳粹领导人和企业家都相信涡轮喷气发动机更为优越，而传统的活塞发动机在空气动力学上效率低下，[48] 并且喷气发动机是一种"更简单、更便宜的替代品，可以用来替代极为复杂且昂贵的活塞发动机"。因此，德国涡轮喷气发动机的发明是战争最后几个月中纳粹德国特定生产条件的产物。[49]

德国喷气发动机的历史与火箭计划有很多共同之处，后者将在稍后进一步讨论。两者的生产设施都被搬到了地下。事实上，容克喷气发动机工厂与 V-2 火箭计划设施，都设在诺德豪森（Nordhausen）附近的隧道中。1944 年，由于物资和人力短缺，容克喷气发动机采用了相对简单的设计，以便在只有非熟练工人和强制劳工可用的情况下继续生产。与此同时，“大规模生产喷气发动机节省了战略材料”，尤其是镍。[50] 在容克工厂，对强迫劳工的残酷剥削比邻近同一隧道中的火箭设施要好一些，但仍然有 6000 名来自东欧国家的劳工在所谓北方工厂的恶劣条件下工作。来自附近的米特堡－多拉（Mittelbau-Dora）集中营的劳工们先是为工业生产开挖了隧道系统，恶劣的工作条件导致了许多工人死亡。后来，集中营的囚犯们不得不在中央工厂从事火箭生产。尽管劳工的工作和生活条件很糟糕，但这些囚犯的境况更加糟糕。[51]

98

战后德国高科技专业知识的转移是众所周知的。而鲜为人知的是，尽管许多火箭科学家和核专家 1945 年后去往美国，但他们并不是最受追捧的德国专业人才群体，为美国工作的人数最多的科学家和工程师群体是航空专家。美国空军对德国在高速空气动力学方面的专业知识特别感兴趣，这是因为纳粹德国广泛使用了风洞。[52] 因此，除了德国专家，美国还从佩内明德（Peenemünde）的风洞中运走了测试段和仪器设备，用于实验性飞机测试和航天实验。[53] 虽然美国空军利用了德国专家，但并不能说是引进了天才，而是对美国专家团队的有益补充。与其他行业相比，战后的此类高科技转移反而只是个例。从德国到美国最重要的技术转移案例发生在化学行业等领域。[54]

尽管一些专家去了国外，但并没有影响德国航空业的逐步恢复。20 世纪 40 年代末，联邦德国航空研究出现了复苏，因为当时的人们认为航空业是推动技术和工业发展的前驱。[55] 在一定程度上，国外发展军事航空事业为联邦德国重新建立航空工业铺平了道路。从 1951 年开始，联邦德国政府支持著名发明家、企业家梅塞施密特为佛朗哥主义西班牙开发涡轮喷气发动机。[56] 此后不久的 50 年代，联邦德国航空工业开始批量生产飞机。然而，对航空业的国家资助直到 1963 年才开始提供，补贴金额也相对较低。《明镜周刊》在 1969 年嘲笑了这项政策，指出联邦德国政府资助脱脂牛奶的金额是航空业的 10 倍。

只有在欧洲空中客车项目成立之后，联邦德国航空业才成为一个庞大的产业。第一架空中客车于 1972 年首飞，取得了巨大的经济成功，打破了在这个领域中美国的垄断地位。[57] 与此同时，西班牙停止了梅塞施密特计划，尽管它相当成功，但因成本过高而将其卖给了埃及（1960 年）。然而，梅塞施密特在埃及只生产了极少量的超音速喷气式飞机，因为苏联提供了更便宜的米格战斗机。[58] 这类高科技转移存在的普遍问题是转入国缺乏专业

99

知识和工业基础设施。20 世纪 40 年代末，德国工程师库尔特·谭克（Kurt Tank）在阿根廷开发了一种喷气战斗机。原型机的生产和 1951 年的首次试飞都取得了成功。然而，由于缺乏技术和工业网络，量产从未开始。但德国的高科技专业知识仍然有市场，谭克和他的团队继续前往印度。[59]

由于缺乏类似的欧洲合作，民主德国航空工业只取得了极为有限的成功。专家流徙苏联对民主德国造成的冲击比联邦德国遭受的更为严重。然而，大多数专家于 1954 年返回后，飞机制造业得到了适度复苏。民主德国对这些人才非常依赖，因为回流者中不仅包括科学家和工程师，还包括急需的熟练工人。在技术和物资采购方面的“苏联援助”促成了民主德国航空工业的建立。[60] 由于在第一章中已经论述的原因，民主德国无法维持不同领域内的高科技项目。因此，由于巨额成本，民主德国在 20 世纪 60 年代初取消了飞机制造计划。[61]

军用火箭与想象中的太空飞船

航空史与航天史之间存在着许多相似之处。最初，太空飞船甚至被想象为先进的飞艇。甚至在第一次世界大战之前，许多德国人已经开始对太空飞行产生了一定的兴趣。尤其引人注目的是发明家赫尔曼·冈斯温特（Hermann Ganswindt），他声称在1891年找到了太空飞行的解决方案。尽管冈斯温特仍然不得要领，但在1914年之前，人们已经开始讨论太空飞行的想法。太空小说从仅是奇幻故事变成对技术可能性的推测。20世纪20年代至40年代，一些最重要的德国火箭先驱受到了战前太空小说的极大影响。[62] 除了这些文化影响，日后的航天研究的学术基础是由第一次世界大战后在柏林工业大学成立的应用物理学院奠定的，该学院的毕业生后来在德国的火箭研究中扮演了重要角色。[63]

1923年，魏玛德国在物理学家赫尔曼·奥伯特（Hermann Oberth）的著作《火箭进入星际空间》（*Die Rakete zu den Planetenräumen*）的推动下，经历了一场“太空飞行热潮”。这本书并非立刻成为畅销书，但它恰逢知音——有前途的火箭科学家、工程师和其他太空爱好者，其中一些人于1930年在柏林的一个业余团队中与奥伯特会面并合作，后来还在佩内明德的纳粹火箭计划中进行了合作。1929年，对火箭的热情已经影响了流行文化，弗里茨·朗（Fritz Lang）执导的电影《月亮中的女人》（*Die Frau im Mond*）上映，奥伯特被聘为科学顾问。[64] 除了这部受欢迎的电影，20世纪20年代末，在德国发生的几起火箭事件引起了广泛关注。尽管这些事件对于解决火箭科学或工程问题几乎没有帮助，但是像马克斯·瓦利尔（Max Valier）和弗里茨·

100

冯·欧宝（Fritz von Opel）这样的公众人物激发了人们对太空飞行的集体想象。他们组织了一些测试活动，将黑火药火箭固定在赛车、火车或自行车上，吸引了数千名观众。尽管这些实验并不具有重要的科学价值，但它们在火箭技术的公共舆论方面起到了很大作用。[65]

德国人对火箭痴迷，热情仅次于苏联人。20 世纪 20 年代的火箭热潮受到航空热潮的推动，并相互交叉。这两个创新领域激起了公众对于克服战争失败的希望。一种对于在新兴高科技领域占有优势的想象，滋养了民族主义对德国民族复兴的希望。[66] 特别明确的是，瓦利尔利用航空术语，将高科技发展与民族复兴的概念联系在一起。[67] 他的合作者欧宝也是如此。1928 年他告诉一位报纸采访者，他预计在不到 6 年内将会发射第一艘太空飞船。这艘太空飞船将以"德意志"为名，庆祝德国在战争失败后的东山再起。太空飞行热潮并不仅限于民族主义右翼；相反，它渗透到整个魏玛政治的范围。1928 年 5 月，瓦利尔的另一位合作者、更认真的科学作家威利·莱（Willy Ley），发表了两篇内容几乎相同的关于太空飞行的文章：其中一篇发表在纳粹报纸《人民观察家》（*Völkischer Beobachter*）上，另一篇发表在社会民主党的《前进报》（*Vorwärts*）上。[68] 然而，1930 年瓦利尔因试验新发动机而不幸去世后，他对公共舆论的巨大价值变得更清晰了。此后，魏玛的太空飞行热潮逐渐消退，因为失去了"公众最为瞩目的倡导者”[69]。

除了这些寻求轰动效应的演示，瓦利尔还在 1927 年建立了太空旅行协会（Verein für Raumschiffahrt）。该协会的成员包括欧宝和日后佩内明德的几位火箭先驱，如沃纳·冯·布劳恩（Wernher von Braun）[70]。这些人组成了“柏林火箭发射场”（Raketenflugplatz Berlin），它是几个业余火箭改进团体中最重要的一个。1930 年，陆军军械部秘密资助了这个团体。然而，这些改进者低估了火箭技术的复杂性，并将成功寄希望于一个富有的投资者。正如迈克尔·诺伊费尔德（Michael Neufeld）所指出的，这些希望是虚幻的，因为只有通过实施大型科学工程，由国家大力赞助，建立一个军事工业综合体，才能完成这样一个高科技项目。军方的兴趣是认真的，尽管最初投入的资金相对较少。1929 年，国防部正式参与火箭科学，并赞助了一个固体燃料火箭计划。在“柏林火箭发射场”团队于 1932 年 4 月的一次演示失败后，军械部决定自行制定一个液体燃料火箭计划，聘用了该团队中一些最有前途的成员，如冯·布劳恩。冯·布劳恩于 1932 年 12 月开始在柏林附近的库默斯多夫（Kummersdorf）试验场为军械部工作。仅仅五年后，他就成为佩内明德的一个大型研究设施的负责人。

在纳粹接管权力并建立了库默斯多夫试验场之后，火箭技术从公众视野中消失了。该计划是绝密的，而当时的火箭热潮差不多已经退去了。1934 年末，进行的聚合物 2（A2）火箭试验表现出了很大的潜力。两枚火箭达到了大约 1700 米的高度。这次试验证明，发射一枚射程为几百千米的液体燃料火箭是可能的。[71]

在这些试验取得成功之后，大约过了 15 个月，直到 1936 年，佩内明德的工程师们才开始研发后来臭名昭著的聚合物 4（A4）火箭，宣传名称“V-2”，即“复仇武器 2”（Vergeltungswaffe 2），意味着它只是针对盟军轰炸德国城市的报复性武器。然而，这种弹道导弹实际是一种针对平民的恐怖武器，射程可达 250 千米。1942 年 10 月 3 日试验成功，火箭的速度达到了每小时 5600 千米，高度达到 84 千米。[72] 在接下来的几周里，战局明显对德国不利。于是，经历了 1942 年底斯大林格勒和北非连续失败后，希特勒将火箭计划列为最高优先事项。[73] 但在 1943 年，火箭试验发射失败仍很频繁。

101

该计划在 1943 年夏季遭遇了严重挑战。1943 年 8 月中旬，英国皇家空军对佩内明德进行的袭击，促使 A4 火箭组装线迁移，被搬入诺德豪森附近的科恩斯坦山（Kohnstein Mountain）的地下设施。仅在皇家空军袭击后的 10 天，第一批来自布痕瓦尔德（Buchenwald）集中营的 107 名囚犯就被运送到了隧道中。他们不得不挖掘更多的隧道，并将地下系统改造成工厂大厅。在多拉集中营于 1944 年初建立之前，超过 3000 名囚犯丧生。[74] 多拉集中营作为布痕瓦尔德的卫星营地，于 1943 年 8 月成立，囚犯们不得不在隧道中工作和睡觉达数周之久。1944 年秋季，多拉发展为一个以米特堡为中心的新营地系统，命名为米特堡集中营。为了涵盖 1943—1945 年的整个营期，历史学家们使用了“米特堡 – 多拉”这个术语。[75]

1944 年 1 月，多拉集中营的地下设施开始进行大规模生产。直到战争结束，纳粹德国向伦敦、巴黎和安特卫普发射了超过 2000 枚火箭。[76] 工程师们积极参与了奴役劳工的屠杀系统，冯·布劳恩至少去过一次布痕瓦尔德集中营挑选囚犯组装火箭。然而，即使火箭组装已经开始，多拉营的大多数囚犯仍然不得不在地下从事进一步的军事设施开挖工作，其中大部分设施并没有完成。在被关押在米特堡 – 多拉集中营的总共 6 万名囚犯中，只有 10% 的人参与了 V-2 火箭或 V-1 巡航导弹的组装，而绝大多数人则被迫在建设工地上从事低技术工作。因此，米特堡 – 多拉集中营更像是一个劳工营地，而不是一个军备营地。[77] 尽管 V-2 火箭的组装线工作已经足够严酷，但被降级去从事建设工作的几千名囚犯几乎注定死亡。与大多数集中营囚犯难以忍受的条件相比，组装线工人获得了较高的口粮配给，因为党卫军管理层需要一批稳定的劳动力，其流动率相对较低。正如迈克尔·塞德·艾伦（Michael Thad Allen）所说：“作为一个技术系统，火箭与任意屠杀是不相容的。”然而，围绕组装线建立起来的整个集中营系统，实际上导致了 2 万多名囚犯死亡。被降级去工地干活儿的威胁对于组装线工人来说是一种可怕但“强大的激励”[78]。

在这种背景下，高科技组装线与低技术建设工作并存是一个引人注目但经常被忽视的事实。一些集中营囚犯一开始从事火箭组装线的工作，但如果他们变得虚弱并被新囚犯替代，就会被转移到建设工作中。对于建设工人来说，生活条件糟糕得多。工作类型也不同，劳动密集型隧道挖掘使用低技术性器械，如手持式风钻、锤子和气动铲。[79] 这种使用相对原始工具进行的工作，为纳粹实施的具有巨大威望的高科技项目——火箭——奠定了基础。

102

正是 1943 年对高科技的热情与绝望的战争形势的结合，为这一狂妄计划对劳工的无情剥削铺平了道路。正是这种特殊的“高科技绝望氛围吸引了党卫军参与项目”[80]。在一定程度上，党卫军将火箭计划扭转了。1943 年，装备部部长阿尔伯特·施佩尔（Albert Speer）和海因里希·希姆莱（Heinrich Himmler）的党卫军接管了火箭计划，新一代管理人员被雇用，劳工以更大规模进入了火箭组装工作。然而，由于多重权威的结构，相互竞争的机构制定的计划在进度和规模上变得越来越不切实际。[81] 最初，新的管理人员重新设计了火箭组装工艺。虽然佩内明德的火箭科学家对工业规程知之甚少，但党卫军提供了现代车间管理的专业知识和强迫劳工。新成立的 A4 特别委员会结束了佩内明德科学家们的试验性工作，引入了准确的规程，最重要的是“将整个火箭的制造分解为 2 万个零部件”。随后，集中营囚犯在组装线上从事较为简单的工作。[82] 然而，党卫军的远大希望很快破灭了，通过劳工来营造高科技的幻觉也破碎了。最初的计划是 8 名劳工与 1 名德国工人并肩工作，但到了 1944 年 4 月，这个比例仅为 2∶1。[83]

1944 年夏季，火箭计划失去了最初享有的帝国领导层的热情支持。生产率与火箭的战斗性能都令人失望。因此，战斗机司令部将隧道的北部用于自己的项目，即容克喷气发动机。最终，大部分隧道用于战斗机制造，而火箭计划在隧道中只留下了很小一部分。1944 年初，纳粹政府甚至讨论过停止整个火箭计划。尽管最终维持着较低水平继续进行，但战斗机获得了优先权。更广泛地说，纳粹完全失去了对现实的认知。即使在战争的最后几个月中，他们仍在不断地建立新的场地和越来越多的地下军事设施。[84]

当盟军部队到达德国的火箭生产基地时，苏联和美国都对获取火箭材料和专家感兴趣。德国火箭专家从这种猎头状况中获利，盟军为这些佩内明德的专家提供了有吸引力的职业机会。在新生的冷战背景下，超级大国之间的竞争有利于这一群体，他们曾是纳粹党的历史通常对他们的战后职业发展没有影响。两个超级大国在 1946 年都展开了类似的行动——利用德国专家实施自己的火箭发展计划。[85] 然而，两者之间存在着重要的区别。

如今，众所周知，美国秘密行动“回形针”（及其前身“遮盖行

103 动”）为许多佩内明德专家移民美国铺平了道路，他们很快就融入了美国社会。[86]

沃纳·冯·布劳恩和他在V-2火箭项目中的一些最重要的合作伙伴在战后的美国取得了令人瞩目的职业成就。冯·布劳恩成为亨茨维尔市（Huntsville）的马歇尔太空中心主任，而亚瑟·鲁道夫（Arthur Rudolph）则领导了“土星五号”计划。至于库尔特·德布斯（Kurt Debus），他成为肯尼迪航天中心主任。尽管佩内明德的工程师们通常成功地掩盖了他们的纳粹历史，并因在美国航空航天计划中的工作而受到崇敬，[87]但批评并未完全消失。当20世纪60年代中期航空航天业蓬勃发展时，流行歌手兼词曲创作人汤姆·莱勒（Tom Lehrer）创作了一首讽刺性歌曲，讽刺了冯·布劳恩。冯·布劳恩始终坚称自己从不是纳粹分子，只是进行科学研究，与战争无关。莱勒在歌曲中嘲笑了这种辩护策略：“‘一旦火箭升空，谁在乎它们从哪里落下？那不是我的职责。’沃纳·冯·布劳恩说。”这首歌以揭示冯·布劳恩是终极机会主义者结束，他只对火箭倒计时感兴趣，无论政治原因如何：“‘用德语或英语，我知道如何倒数。……’冯·布劳恩说。”[88]更为严重的是，亚瑟·鲁道夫在事业结束后不得不面对自己的纳粹历史。他于1984年放弃了美国公民身份，并在与美国当局达成不起诉协议后返回德国，美国当局曾因战争罪对他进行

调查。[89]

美国军队解放了米特堡集中营，并拿到了火箭项目中最有趣且有用的技术文物。此外，大多数前往德国南部的佩内明德人员向美国提供了服务。然而，随着美国军队按照对德占领区划分的协议撤退，苏联也从发现于米特堡集中营的火箭部件以及一些德国专家中受益，之前他们已经在佩内明德获得了一枚完整的V-2 火箭。[90] 战争刚刚结束，苏联就命令德国工程师在米特堡集中营的卫星营地克莱恩博杜宁（Kleinbodungen）和布莱歇罗德（Bleicherode）重建 A4 火箭。[91]1945 年底，1200 名德国专家在德国苏占区这些新建立的研究中心中参与苏联的火箭计划。尽管他们并非冯・布劳恩团队中最杰出的成员，但计划也取得了很大进展。[92]

然而，为了完成这些高科技项目，按照“奥索维亚基姆”行动“Osoaviakhim”[海陆空军合作志愿者协会（Volunteer Society for Cooperation with the Army，Aviation，and Fleet）]，大约有 1600 名科学家、工程师以及 1300 名熟练工人及其家属，于 1946 年 10 月被转移到苏联。[93] 这次行动转移的人员中包括大约 300 名与火箭计划有关的德国人，其中还包括航空专家和核科学家。[94]1947 年 10 月，苏联的 V-2 火箭试验取得了一定程度的成功：火箭飞行了大约 200 千米，但没有击中目标。与美国的融合策略相比，苏联在 20 世纪 50 年代初技术差距缩小后将德国专家送回了德国。后来，出于民族主义原因，苏联的宣传掩盖了火箭技术源自德国的事实。[95]

104　一些佩内明德人员在法国和英国的火箭项目中的职业生涯则不那么出名。他们为法国的维罗妮（Véronique）火箭和英国的蓝光（Blue Streak）火箭作出了贡献。甚至在西方以外的世界，德国火箭工程师也非常受欢迎。然而，由于缺乏工业基础设施，阿根廷和埃及的战术导弹项目失败了。德国技术在战后航空航天领域的第一个真正成功的成果出现在苏联，用于帮助研制中程弹道导弹——一款洲际弹道导弹的前身，日后被作为运载火箭发射了世界上第一颗人造卫星——斯普特尼克（Sputnik）。[96]

除了这次早期的参与，民主德国在航空航天发展中没有发挥任何作用。苏联与民主德国在航空领域的合作相当广泛，但后者在苏联卫星计划中的贡献很小，仅涉及光学设备和测量技术。20世纪50年代，一群火箭爱好者非常活跃，甚至在1960年建立了德国宇航学会（Deutsche Astronautische Gesellschaft）。这个协会在初期与社会主义政府保持一定距离，但在70年代初期被政府影响了。然而，它的成员只是业余爱好者，没有一个接受过航空航天工程师训练。民主德国军队从1970年开始进行了一些试验性火箭实验，并没有火箭研究计划。[97]然而，第一个进入太空的德国人是民主德国公民西格蒙德·雅恩（Sigmund Jähn），在1978年搭乘苏联太空飞船联盟-31号进入太空。[98]

在联邦德国，尽管直到20世纪50年代中期之前，国家资助的大型科学研究被禁止，但私人协会保持了火箭研究的生命力。严格来说，这在很大程度上只是对火箭做一些改进，但它仍为德国火箭技术的某种连续性奠定了基础。1951年，德国西北航空航天协会（Northwest German Association for Aerospace）成立。盟军甚至允许协会在1952年进行了两次火箭试验。[99] 这个非正式的半合法火箭改进时期在1954年结束，第一个正式的联邦德国火箭研究所在斯图加特成立。这件事很了不起，因为研究所的成立早于盟军对德国军事研究禁令的终止。在第一个核研究机构成立之前两年，这个斯图加特火箭研究所标志着联邦德国大型科学研究成为政府与科学的合作的低调开端。[100] 这个机构伪装成"喷气推进物理研究所"（Forschungsinstitut für Physik der Strahlantriebe），以弱化国际上对德国火箭科学的不信任。[101] 从形式上讲，1954年西欧联盟的成立为德国航空航天研究的恢复铺平了道路，尽管还受到一系列限制。国际合作是德国火箭研究复苏的唯一途径。经历了"二战"，国际社会有充分的理由不信任德国的军事高科技。[102]

起初，由交通部负责火箭研究。这为德国火箭技术树立了新形象，这是迫切需要的，因为V-2火箭在"二战"期间名声不佳。现在，火箭技术被描绘为一种交通工具。随着时间的推移，交通部失去了对大型科学项目的影响力，因为国防部在20

世纪50年代后半期建立了自己的航空航天工业。从60年代初期开始，联邦德国政府支持在欧洲范围内讨论火箭技术，主要是为了克服国际上对德国独立研究军事火箭技术的恐惧。[103]欧洲航空航天的发展也受到了冷战局势的推动。特别是苏联在1957年成功发射了人造卫星斯普特尼克，这不仅触动了美国的航空航天事业，也触动了欧洲的发展。60年代初，包括德国在内的欧洲主要国家对扩张大型科学事业非常感兴趣，因为他们担心被两个超级大国超越，并使自己完全依赖于美国。一些人更倾向于与美国合作，如德国保守派政治家弗朗茨·约瑟夫·施特劳斯（Franz Josef Strauß），但欧洲化愿景最终占了上风。因此，以瑞士的欧洲核子研究组织（CERN）为模型，提出了一个欧洲航空航天计划的构想。1961年，主要欧洲国家通过成立欧洲空间研究组织（ESRO）正式合作进行航空航天研究。因此，从60年代初开始，联邦德国成为欧洲空间研究组织和欧洲运载火箭发展组织（ELDO）的成员。[104]

受国家既得利益驱动的单方面行动与欧洲一体化政治目标之间的紧张关系仍在持续。联邦德国的国家愿望并没有被完全抑制。1960年，国防部长委托航空研究所（Deutsche Versuchsanstalt für Luftfahrt，DVL）协调在航空航天领域的发展。这一政策源于将航空与航天合并研究的愿望。直到今天，航空、航天融合仍然是德国的特色。基于科学研究的德国航空航天发展之路，在西方也是独特的。[105]总而言之，包括航空航天在内的联邦德国大型科技项目，都是基于国家赞助的大型科学机构与国有化公司之间的合作。[106]

1962—1963 年，德国航空航天委员会（German Commission for Aerospace）提议国家发展卫星项目，并得到政府支持。在国家项目与欧洲项目之间做抉择时，联邦德国政府偏向于国家项目，它获得了更加充足的资金支持。[107]相比于跨国项目，德国科学家和工业家也对这个国家计划更感兴趣。然而，这个被视为国家航天日程中最重要部分的第一颗卫星“Azur”项目却是一个彻底的失败。[108]此外，对于德国政府来说，跨国合作也是重要的，因为它能证明德国在高科技产业方面可以与法国、英国平起平坐。然而，欧洲运载火箭发展组织也是一个彻底的失败，并于 1973 年终止，它未能实现为卫星发展一种发射火箭的目标，“欧罗巴”火箭也没有成功发射。沃纳 · 冯 · 布劳恩在 1965 年就预见了这个失败，他对欧洲国家能否克服彼此之间的竞争持怀疑态度。冯 · 布劳恩长期以来一直坚信，只有欧洲共同努力才有希望。[109]然而，即使在 1975 年欧洲空间局（European Space Agency）成立之后，各个欧洲国家仍然自行其是，并未制定共同的航天战略。[110]

几十年来，美国既是欧洲航天项目的合作伙伴，又是榜样。如果没有美国的合作，联邦德国在 20 世纪 60 年代重新建立航天

106 产业几乎是不可能的。对于美国来说，与欧洲国家的合作代表了一个控制欧洲航天的机会，从而避免不希望出现的竞争。从20世纪60年代末开始，欧洲航天项目在卫星方面取得了一些成功，但仍然依赖于美国的运载火箭。今天，美国航天业仍然占据主导地位，但不像当年那么明显，欧洲国家在某种程度上迎头赶了上来。1981年阿丽亚娜火箭成功发射是一个明显的标志。尽管该火箭是在欧洲研发的，但仍然依赖于从美国进口的关键部件。[111]

航天事业还遇到了来自国内的阻力。原子能事务部——后来于1963年改为研究部——主导联邦德国的航空航天政策，但另外两个部门也发挥了重要的影响力。因此，重叠的职权妨碍了德国航空航天研究。1967年，德国航空航天试验研究所（DFVLR；于1990年改称德国航空航天研究所，即DLR；最终于1997年改称德国航空航天中心）的建立为高效的重组铺平了道路。此后，研究所独自负责航空航天事务。[112] 进一步的制度变革也促进了德国航空航天的发展。一方面，1990年成立的太空局（DARA）使德国更容易参与国际“大科学”合作；另一方面，对航天政策的立法控制严重受限，一旦进行国际合作，议会的发言权就很有限。困境是显而易见的：“大科学”需要在某种程度上减少民主的监控。此外，正如技术社会学家约翰尼斯·韦尔（Johannes Weyer）所主张的那样，国际高科技竞赛在某种程度上是大型科技公司炮制的。[113]

核　能

关于纳粹为什么没有成功地研制出原子弹，一直有很多猜测。尽管如此，光是纳粹核武器的威胁就迫使他们的战争对手加强了自己的核研究计划。世界上第一个综合性大型科学项目——美国“曼哈顿计划”，最初是由“纳粹核武器的幽灵”所激发的。[114]1945 年 8 月，美国对广岛的核攻击，向当时的盟友、未来的冷战对手苏联展示了自己的军事力量。[115] 为研制原子弹付出的努力是巨大的。1942—1945 年，曼哈顿项目在美国各地的研究机构共有超过 10 亿美元预算和大约 25 万名员工。[116] 相比之下，纳粹德国“在其火箭项目上浪费了大量资源”。虽然 V-2 项目的规模较小，但它在一定程度上“与美国人在曼哈顿项目上的花费相当”[117]。从外，纳粹政府并没有对其核计划给予最高的优先权。下一节将探讨做出此决定的原因。

107

德国核研究的起始条件几乎是完美的。魏玛德国是“物理学家的圣地”，吸引了许多有前途的国际科学家，如后来成为“曼哈顿计划”主要物理学家的罗伯特·奥本海默（Robert Oppenheimer）。然而，纳粹掌权导致一些德国最优秀的科学家被驱逐出境，但该国仍然拥有世界闻名的物理学家。[118] 然而，理论物理学家面临严重的意识形态攻击：一些忠诚的纳粹分子试图建立“德意志物理学”，谴责所有形式的理论物理学为“犹太精神”。其中最著名的案例是诺贝尔奖获得者约翰尼斯·斯塔克（Johannes Stark），长期以来他一直是希特勒的追随者。1937年，斯塔克在纳粹党宣传周刊《黑色军团》（*Das schwarze Korps*）上发表匿名文章，攻击他的对手维尔纳·海森堡（Werner Heisenberg，同样是诺贝尔奖得主），称他是爱因斯坦的支持者，因此是一个“白皮肤犹太人”[119]。这一陷害未能成功，在这些攻击之后，与纳粹保持一定距离的海森堡和他的追随者被迫“投入更愿意接受现代科学的纳粹赞助人的怀抱”[120]。因此，他们在理论物理学方面的研究得以继续。

1939年初，德国物理学家奥托·哈恩（Otto Hahn）和弗里茨·施特拉斯曼（Fritz Strassmann）在《自然科学》（*Die Naturwissenschaften*）杂志上发表了一篇文章，描述了他们在实验中证明了核裂变的可能性。不久之后，来自欧洲不同国家的科学家计算出核裂变将产生巨大能量。1939年末，法国、德国、英国、日本、苏联和美国已经开始研究核裂变在军事上的潜力。几个月前，德国陆军军械部已开始向物理学家咨询核裂变，为战争做准备。这里有两个主要原因：第一，他们希望避免被敌人用任何新技术武器出其不意地攻击；第二，如果核裂变被证明对军事有用，他们必须确保德国研发出这种决定性武器。对于德国的物理学家们来说，他们所进行研究的军事用途意味着职业发展可以大大加速。大多数科学家即使不是忠实的纳粹党员，也是民族主义者。[121]

很快，人们明白了核裂变存在两条现实的路径。1940 年 2 月，海森堡计算出，可以通过一个基于天然铀、以重水为调节剂的铀装置制造核武器。另一条路径是对铀进行同位素分离，得到浓缩铀，在这种情况下，轻水将充当调节剂。1940 年夏天，德国物理学家探索了铀机制的双重用途：缓慢的链式反应产生热量具有经济利益，而快速链式反应则可以用来制造武器。[122] 实际上，任何关于核裂变两条路径的研究总是包含对其军事潜力的探索。由于资源的稀缺，这两种选择都很难实现。尽管如此，盟军对德国制造原子弹还是忧心忡忡。1940 年春季，德国似乎拥有了一切：知名物理学家、比利时的铀矿和挪威的世界上最大的重水工厂。[123]

1941 年末，由于在浓缩铀生产上的失败，德国专家们将重水方法作为核裂变的首选路径。这也是一个看似可行的路径，因为挪威的重水工厂正处于德国控制之下。1932 年，美国研究人员发明了从轻水中分离重水的方法，挪威海德鲁公司（Hydro）不久之后就开始生产重水。在德国占领下，德国 IG 法本公司（IG Farben）接管了挪威海德鲁公司，并增加了生产量。然而，即使是这个工厂也没有提供足够数量的重水。一个铀装置需要 5 吨重水，但法本只交付了 150 千克。因此，1941 年，军械部改变了优先事项。虽然他们知道核裂变的军事潜力，但并不相信在

108

战争结束之前能造出原子弹。德国最初获得的胜利似乎证明了战争将在物理学家开发出核爆装置之前取得胜利，尽管核研究仍然得到重要的资源支持，但它并不是最高优先事项。甚至在该领域中具有重要地位的一些研究人员被派往前线。当时，著名的海森堡只是一个幕后顾问，卡尔·弗里德里希·冯·魏兹塞克（Carl Friedrich von Weizsäcker）的一些博士生实际进行铀装置的研究工作。[124]

即使当战争于 1941 年至 1942 年冬季达到转折点，德国人意识到无法迅速取得苏德战争的胜利时，核计划也没有扩大规模。历史学家马克·沃克（Mark Walker）指出，那个时候美国和德国的核裂变项目处于“势均力敌”的状态，唯一的区别在于预期。德国物理学家（正确地）告知军械部，他们可能需要几年时间才能成功。德国军方确信，无论战争的结果如何，在核武器制造成功之前，战争就会结束。因此，核研究继续由民用机构进行。相比之下，即使美国人错误地预计战争还将继续四五年，他们还是决定将大量资源投入大型科学项目“曼哈顿计划”。鉴于这一时间框架，美国盼望能率先成功制造核武器。[125]

这一发展揭示了纳粹核计划的失败，这仍然存在争议。保罗·劳伦斯·罗斯（Paul Lawrence Rose）认为，海森堡在“原子弹的科学原理”上存在根本性错误。[126] 与此相反，托马斯·鲍尔斯（Thomas Powers）认为，领先的德国物理学家们“并不希望为希特勒制造原子弹”[127]。然而，罗斯和鲍尔斯都忽视了一个重要观点——尽管德国研究人员取得了良好的进展，但“他们从未达到过必须决定是否应该帮助希特勒制造原子弹的程度”[128]。他们并没有表现出在研究大规模杀伤性武器时的道德关切，这是很明确的。直到后来在英国战俘营里，海森堡团队通过否认为希特勒提供核武器来编造“抵抗希特勒的辩护神话”[129]。事实上，核裂变的成功与否更多地涉及技术、组织和生产，而不是几个科学天才。[130] 与“曼哈顿计划”不同，德国的核计划“根本没有扩大到工业规模”[131]。这一切都取决于大型科学方法、大规模工业设施、适当的组织结构，最重要的是巨大的资金投入。虽然从理论上讲，德国可能拥有工业资源，但即使不优先考虑火箭和喷气机，在战争结束前造出原子弹的机会也是渺茫的。尽管如此，战争结束后，“纳粹德国的高科技神话”[132] 广为流传。虽然德国专家的技术水平确实很高，但他们的战争对手夸大了德国人的水平。苏联的核计划更多地受益于洛斯阿拉莫斯的间谍活动，而不是战后被转移到苏联的德国科学家的专业知识。[133] 然而，战后德国的高科技专家们享有很高的声誉。20 世纪 50 年代初，阿根廷政府上当受骗，相信德国物理学家罗纳德·里希特（Ronald Richter）的欺诈行为，他成为一个仅由德国移民组成的核研究中心的负责人，但从未实现他们承诺的受控热核反应。这种欺诈行为是显而易见的，但当时这个国际知名的项目给了美国

109

和苏联一个强烈的动力，促使他们加强各自的核研究。[134]

战后，联邦德国迫切需要签订重新启动具有军事潜力的高科技研究的国际协议。1952 年生效的《巴黎条约》预见了建立欧洲防御共同体，允许德国以相对较小的规模开始核研究。尽管该条约因为未获得法国国民议会的批准而在 1954 年失败，但它标志着战后联邦德国核研究的开始。德国研究基金会（DFG）于 1952 年成立了一个由海森堡担任主席的核物理委员会。三年后，海森堡辞去了主席职务，因为核研究反应堆建在卡尔斯鲁厄，而不是他喜欢的慕尼黑。无论如何，物理学家在接下来的几年里失去了在反应堆开发中的主导地位。此时，美国的实践已经证明，尽管物理学家在原子弹计划中表现出色，但他们无法建造出用于工业用途的反应堆。相反，工程师们与马普学会（Max Planck Society）的科学家密切合作，接手了相关工作。[135]

总体而言，讲述战后发展核能的历史时，最好不要过分强调像海森堡这样的杰出人物。相反，“国家、工业与科学之间的利益三角”[136] 应成为我们理解的核心。毫无疑问，1955 年获得的北约成员资格，为联邦德国的核研究铺平了道路。20 世纪 50 年代下半期于卡尔斯鲁厄和于利希（Jülich）建立的核研究中心，获得了大量来自原子能部（后来发展为研究部）的国家资金。从 20 世纪 60 年代开始，该部门将核研究的资助模式，推广至航空航天和数据处理等高科技领域。[137] 因此，核能研究成为大型科学的一个典范。

在联邦德国政府选择重水反应堆的问题上，历史学家之间存在争议：这种技术的军事潜力是否对选择它起到决定性作用？选择重水反应堆意味着潜在的自主性，而轻水路径将导致对进口自美国的浓缩铀的依赖。在这种情况下，美国可以控制提供的浓缩铀数量，以阻碍任何德国军事使用核能的计划。相比之下，选择重水反应堆的路径意味着大量生产钚。从堂而皇之的角度来看，钚可用作未来快中子增殖反应堆的燃料；另一方面，钚是一种双重用途材料，非常适合用于制造核武器。[138] 拉德考认为联邦德国的决策是一种路径依赖的结果：他认为从第三帝国到战后的联邦德国，存在着一条核计划的"德式路线"。根据拉德考的观点，海森堡在 1940 年的研究就选择了重水反应堆。1961 年，卡尔斯鲁厄的 FR-2 重水反应堆实现了临界状态核裂变链式反应。[139] 现在来看，这一对重水路径连续性的解释是有道理的。然而，在 20 世纪 50 年代，联邦德国专家们也认真讨论了石墨作为替代调节剂的方案。[140] 与拉德考相反，亨乃尔（Hanel）和哈特（Hård）认为只有 1960 年前后的政治目标才能解释选择重水的决定。对于他们来说，从 1940 年以来的"德式路线"并不足以解释这个决定。根据他们的观点，不同参与者的多重利益起到了决定性作用：自给自足、廉价能源或钚，不论其用于快中子增殖反应堆还是制造原子弹。[141]

110

超越政治家和利益集团的意图，进而拓展分析似乎更加合适。总而言之，任何形式的核能天生都具有双重用途，所有参与者都理解这一点。铀浓缩和可以产生钚的核再处理都有军事用途，这两者是制造原子弹的关键。每当联邦德国政府向发展中国家出口反应堆时，它必须承认这些国家主要感兴趣的是核武器选项。[142] 20 世纪 50 年代，核燃料自给自足是主要考虑因素，重水反应堆为联邦德国提供了不依赖进口美国浓缩铀的核技术途径。尽管军事选项对于联邦德国政府很重要，但这不仅是一个发展国内核武器的可能性问题，出口反应堆的经济考虑可能更重要。

实际上，20 世纪 50 年代的核武器选项毫无疑问存在政治利益。联邦德国总理康拉德·阿登纳（Konrad Adenauer）曾短暂怀疑过美国核保护有效性，其间他曾想过德国拥核。因此，1956 年，阿登纳构想了欧洲原子能共同体（EURATOM）的建立，作为通向国家拥核的途径。尽管构想了这个计划，阿登纳并不想制造原子弹。相反，国家核武器项目纯粹是与西方盟友谈判的政治武器。因此，这是一种在接受超级大国的主导地位下重返国际舞台的技术手段。阿登纳的观点相当孤立，很快，对美国核保护的信任占了上风。[143] 此外，包括哈恩、海森堡和冯·魏茨泽克（von Weizsäcker）在内的德国专家领袖，在 1957 年著名的《哥廷根宣言》中谴责了德国的核军备前景。[144] 回过头来，1956—1962 年担任联邦德国原子能部部长的西格弗里德·

巴尔克（Siegfried Balke）也承认该国早期的核政策与能源问题无关。相比之下，对军事潜力的考虑在决定向这种技术投入大量资金时发挥了关键作用，这对出口尤其重要。例如，伊朗国王邀请巴尔克进行谈判，尽管伊朗是一个产油国，没有核能需求，但军事用途引起了他的兴趣。[145]

111

此外，海森堡指出，德国首次核出口应归功于自己关于生成钚的原始技术概念。阿根廷于 1968 年聘请一家德国公司建造了一座核电站，该反应堆是按照海森堡在大战期间提出的计划建造的。天然铀、重水和钚生产的组合对军民两用仍然具有吸引力。[146] 然而，由于美国的核技术取得了巨大进展并实现了高效能发电，轻水变种在 60 年代取得了突破，联邦德国核能部门适应了新形势。无论如何，轻水反应堆也被证明是有需求的出口商品。在这种背景下，即使出现了重大的失败也是不无益处的。60 年代末 70 年代初，奥托·哈恩关于核动力船的失败的创新引起了很多关注。原型船曾经前往巴西，但没有进入批量生产阶段。尽管核动力船项目最终失败，但它所产生的广告效应还是有助于将德国轻水反应堆销售给巴西。虽然联邦德国政府保证这是一种纯粹的民用技术，但对于与邻国阿根廷关系紧张的巴西来说，军事上的可能性是有吸引力的。[147]

为了全面了解战后联邦德国核政策的整体情况，分析国际关系是至关重要的。“德式路线”在某种程度上起到了一定作用，但结果是由更广泛的情况决定的。20 世纪 50 年代中期，联邦德国政府不得不在英国与美国的核能模式之间做出选择。美国的轻水反应堆需要结合笨重的铀浓缩工厂，同时提供了双重用途的选择。相比之下，英国模式在反应堆批量生产方面相当先进，更符合德国的传统。总而言之，德国专家已经掌握了重水反应堆的专业知识，而对于轻水反应堆，德国要依赖美国的专业知识转移。最重要的是，这是基于燃料自给自足的战略目标做出的决策：走利用天然铀的途径需要快中子增殖反应堆和再处理工厂，但避免了最复杂的铀浓缩工厂。从美国进口浓缩铀的替代方案也不能接受，因为这会强化对美国的依赖。事后来看，令人惊讶的是，安全与经济问题是多么不重要。[148] 当时，安全问题在两德的核能发展中都是“弃儿”。直到后来，当安全也意味着可靠的能源供应，并且采用了美国和苏联的安全制度时，情况才发生了变化。[149]

尽管对“德式路线”的研究解释了德国核能历史的某些特殊性，但总体而言，美国模式影响了战后核能发展。甚至欧洲核计划也是美国影响的结果，美国政府支持建立欧洲原子能共同体，作为对英国核工业的制衡，英国是美国核技术的主要竞争对手。为此，美国提供了共同的欧洲核研究计划，并拒绝了联邦德国进行双边铀贸易的愿望。[150] 此外，美国的“和平利用核能”展览在全球范围内宣传核能和美国的领导地位。在德国，该展览

112

于1955年在法兰克福和柏林巡回展出。随后，核技术转让加深了德国对美国的依赖。[151]最终，1963—1964年，美国的轻水反应堆取得了巨大的商业成功，而德国特别重视的重水和钚的路径成为一条死胡同。[152]60年代，第一批商业轻水反应堆开始运行，而只有一座商业重水反应堆于1972—1974年在德国南部的尼德艾希巴赫（Niederaichbach）运行。这个项目是一场彻底的失败，存在持续的技术和财务问题。

起初，联邦德国的电力公司对核技术持保留态度。然而，由于轻水反应堆的能源效率提高了，这些公司接受了它。[153]从20世纪70年代中期开始，商业反应堆得以建立，生产能源成为核电厂的主要目标。20世纪80年代末，联邦德国商业核电厂的数量增至31个。联邦德国的核技术在很大程度上被美国化。轻水成为标准的慢化剂，并采用了美国的安全技术。这种适应既是因为美国商业反应堆的高标准，又是出于联邦德国“取悦其最重要盟友的愿望”[154]。克拉夫特韦克联合公司（The Kraftwerk Union Company，由西门子和通用电力公司拥有）是德国唯一的核反应堆生产商。尽管出现了越来越多的抗议活动，公众并不信任核电厂，但政界对核电厂的支持依然举足轻重。在1986年切尔诺贝利核电站事故之前，除了绿党，其余全部主要德国政党都支持核能。[155]由于20世纪70年代的能源危机和经济衰退，经济和技术现代化变得更加重要，而德国各州对于核能的持续利用也保持着浓厚的兴趣。[156] 正如兰登·温纳在一篇著名文章中所指出的，核电厂的历史证明了技术产品具有政治性。在核能发展建立之后，“要求社会生活服从科技要求”很容易被合理化。相比之下，“那些无法接受严格要求和命令的人将被视为做白日梦的傻瓜”[157]。

民主德国核研究的历史相对较短。20 世纪 60 年代初期，大部分昂贵的核计划已经终止。随后，苏联仅向民主德国提供了核电厂。与联邦德国情况相似，对军事潜力的考虑在其中起了重要作用。苏联只提供轻水反应堆，因为其不希望民主德国拥有能产生钚的核电厂。除了设备，民主德国还依赖于知识转移。苏联则不愿提供最新的反应堆模型和持续的专业支持，这导致了严重的安全问题，例如民主德国的反应堆没有配备改进的封堵结构。

从 20 世纪 70 年代开始，民主德国的核电厂越来越多地采用西方模式并模仿西方技术。[158] 然而，能源自给自足从未实现。80 年代末期，民主德国依赖于从西方进口能源。在国家崩溃前的最后几个月，民主德国甚至考虑寻求西方支持来修复其核电站，并考虑购买一座西方核电站。出于安全考虑，统一后的德国关闭了所有原民主德国的核电站。[159]

113 当时，联邦德国的核工业也没有实现 70 年代初期制定的计划。1986 年，它的电力产量比 13 年前预计的少了 34%。这种停滞也是德国的特殊情况，尤其与邻国法国相比，法国的核能得到了繁荣发展。众所周知，德国目前正在成为 2011 年福岛灾难之后关闭核能的倡导者。然而这是长期怀疑和抗议的结果，在第八章中将详细讨论。2015 年，德国只剩下 9 个反应堆，产生了全国能源总量的 15.8%。[160] 2020 年，德国仅剩下 6 个核反应堆。

结　论

高科技和“大科学”始终具有国家性，也具有国际性。一方面，“大科学”依赖国家的大力支持；另一方面，科学进步几乎总是跨国合作的结果。在许多方面，20 世纪德国高科技的历史与其他许多工业化国家相似。1945 年之前，德国曾做出过卓越的努力。但在冷战期间，只有超级大国拥有足够的资源来进行航空航天和核能等“大科学”项目。相对而言，德国更依赖与欧洲或美国的合作。

同样，20 世纪上半叶存在的技术民族主义并不是德国特有的现象。高科技往往会成为国家优越性的幻想投射屏。尤其是在第一次世界大战之后，高科技民族主义以一种特殊的方式成为德国政治和文化中的重要议题。虽然高科技民族主义在西方殖民国家也很常见，但许多德国人认为他们的国家在协约国的限制下受到了不公平对待，并将高科技视为一种抵抗手段。[161] 根据这种世界观，高科技是特殊的德国民族性格的产物，将为国家的复兴铺平道路。1918 年之后，这种自我牺牲和高科技沙文主义的不恰当的融合成为孕育德国法西斯主义的温床。

对于科学家和工程师来说，德国政府提供的实质性财政支持，以及高科技在军事应用方面的潜力，往往是令人难以抗拒的，能够克服任何道德困扰。许多中产阶级专家是坚定的民族主义者，他们相信自己事业的正当性。特别是在第二次世界大战期间，对高科技奇迹武器的错觉为工程师和科学家提供了追求个人目标的机会。手握决定性武器的愿景为他们实现雄心勃勃的项目提供了物质和人力资源。然而，对于 V-2 火箭来说，这只是另一种无意义的纳粹大屠杀工具，无论是对遭受轰炸的城市平民还是对诺德豪森隧道中的奴隶劳工来说都是如此，它没有战略上的用途。

在和平时期，或者更准确地说是冷战时期，企业和工程师从太空时代和核时代的愿景中受益。对高风险“大科学”项目的资金投入达到了前所未有的数量，其中只有少数取得了成功。总体上，政治家以这些项目是军事技术的衍生品来进行辩护，实际上，军事发明后期转为民用是极不现实的。[162] 不过，撇开成本、效益不谈，对高科技的投资强化了科研力量，国民经济和研究机构得以从中受益。

114

Chapter 4—进步愿景

技术史不仅涉及发明、创新和技术的使用，关于过去的叙述在某种程度上也是这一历史的重要方面。从启蒙时代和工业革命开始，关于“进步”的叙述试图解释众多创新现象。这些叙述使得创新看起来成为“明确的历史进步模式”的一部分。[1] 在这些叙述中，“进步”意味着历史发展的概念，远远超出了简单的“改进”的概念。历史学家罗伯特·弗里德尔（Robert Friedel）将“改进文化”与“进步信仰”区分开来。据弗里德尔所说，“改进文化”是西方历史的一个特点，它是一种相信通过“小的、渐进的改进”（主要由“普通的、无名的工人和修补匠”完成）可以做得更好的信念。相比之下，“进步信仰”基于科技“线性地朝着一个神圣的目标前进”的目的论。[2] 这个神圣的目标当然已经被世俗化了。19 世纪和 20 世纪，进步的概念为多种目的所采用：无论是文明本身（带有种族主义和殖民主义的色彩）、国家的荣耀还是对资本主义的超越。

本章研究了德国历史中关于进步的多重愿景。自 19 世纪下半叶以来，马克思主义和自由主义思想家都将技术创新视为社会进步的工具，但其应用仍存在争议。第一次世界大战后，技术专家和社会工程学成为进步的最有影响力的推动者。许多工程师相信自己能够为社会动荡提供解药，设计现代生活和工作的主要内容。随着纳粹主义的兴起，出现了与现代主义者所信奉的自由主义或社会主义愿景不符的替代性技术进步愿景。自由主义和社会主义关于进步的竞争性愿景在经济繁荣的冷战时期获得了更多的力量和支持。在社会主义的民主德国，直到 20 世纪 80 年代严重经济危机暴发之前，“科技革命”的概念对技术和经济政策至关重要。人们相信，生产技术的进一步创新，特别是自动化，将使社会主义在经济上赢得冷战。在资本主义的联邦德国，对不断变化的技术的普遍认知更加矛盾，尤其是关于核能和计算机化。然而，即使持批判态度的人也经常利用进步愿景来评论自己的反对目标。

116

1917 年，著名社会学家马克斯·韦伯举行了一场名为“科学作为职业”的讲座，至今仍影响着对现代技术的评价。韦伯最为人所知的是他提出的观点，即科学和技术的进步让“世界变得不再充满魅力”。根据韦伯的观点，科学和技术的进步并没有“让人们对自己身处的环境了解更多”。因此，当代德国人对自己生活条件的了解并不比他们的祖先或非西方人更多。关键在于，他们“无须知道……除非是物理学家，一个坐在电车上的人根本不知道电车是如何启动的”。然而，乘客可以依靠现代运输技术正常行动。此外，他们知道或相信“只要愿意，就可以学到”有关技术问题的知识。原则上，任何事情都是可以计算的。对于现代的西方人来说，再也没有“神秘而无法计算的力量”[3]了。

通常，韦伯的讲座被认为代表了现代思想家对理性、科学和技术进步的信任。根据这种说法，传统的神秘力量被由科学和技术塑造的“无法令人着迷”的现代世界所取代。然而，伯恩哈德·里格（Bernhard Rieger）批评韦伯在评价 19 世纪和 20 世纪初的科技时忽视了关键的地方，他认为创新的科技产品让与韦伯同时代的人感到惊讶，尤其是它们的规模之宏大。许多人将这些新颖的技术，如铁路、桥梁和电力，视为“现代奇迹”。这种看法导致了两种反应：“公众的狂喜和对技术的恐惧。”[4]然而，从长远来看，甚至这种矛盾心态也促进了对技术发展的接受。在一定程度上，公众观察者对科技产品的赞赏是因为他们并不完全理解其功能。因此，现代技术的崇高特性是基于惊讶、钦佩甚至恐惧的结合。如果忽视对技术进步愿景的情感因素，就会误解问题所在。[5]

尽管里格的观点令人信服，但他误解了韦伯。正如前文所述，这位杰出的社会学家指出，当代人并不理解技术，相反，他们只是将壮观且奇妙的技术视为现代科学和技术的产物，虽然他们不必详细了解，但仍然对其抱有信任。本章探讨了情感与理性、现代性与古老信仰的结合，因为进步愿景正是建立在这两者之上。

作为社会进步手段的技术创新

20 世纪中期，亚历山大·格申克龙指出了进步叙事中的情感成分。在他关于“经济落后”的备受争议的研究中，德国被认为是 19 世纪的一个“落后国家”，既没有经历政治革命，又没有实现民族统一。根据格申克龙的观点，在“先进”国家中，理性的论证主导了关于工业化的讨论，而在“落后”国家中，需要一种“情感的新方法”来说服公众。因此，著名的德国工业进步推动者弗里德里希·李斯特采用了一种具有“民族情感”的语言来推动他的事业。[6] 然而，暂且不谈研究结果已经否定了德国普遍落后的假设（参见第一章），对于进步叙事中的这种情感因素是否真的只存在于“落后”国家，还是一个非常有争议的问题。尽管如此，格申克龙指出了情感，特别是民族情感的重要性，这一点是正确的。

117

尽管 19 世纪的德国整体上并不落后，但德国官员确实开始担心自己的落后问题。工业革命给英国经济带来了前所未有的繁荣，而不断出现的进步概念则成为一个改变游戏规则的因素。在此之前，经济体被区分为强大或脆弱，而现在，“人们开始谈论先进和落后”。进步概念也涉及技术和经济领域，这是对工业发展的一种“新的思考方式”。此外，人们还强调了民族主义与进步概念之间的相互关系。德国的统一为团结起来加强政治经济，抹平与英国之间的技术差距提供了机遇。[7]

然而，这并不是一个单向发展过程。有时，推动德国工业化进程的先驱的愿景与后来的结果明显不同。19 世纪上半叶，以普鲁士官僚为代表的第一代推动技术和工业发展的人士，对一种从未实现的另类现代性有着自己的愿景。以彼得・包伊特（Peter Beuth）为代表的高级官员为普鲁士构想了一种“具有乡村美学的工业化”。然而，他们的商业发展政策的结果是铁路的大规模建设和重工业的巨大增长。[8]

19 世纪中叶，普通人也对技术进步产生了浓厚的兴趣。工业展览成为现代技术与进步概念最重要的普及方式之一。这些展览从 19 世纪 30 年代开始兴起，并在 19 世纪末达到巅峰，吸引了来自全国各地的数百万参观者。它们自豪地展示了德国制造的科技产品，强化了技术进步与国家实力紧密相连的观念。所谓的德国工艺按照“德国风格”制造产品，使新建立的帝国在 19 世纪末走向了经济和政治的强大。[9]这些工业展览在未来愿景与历史表现之间架起了一座桥梁。在这个背景下，进步变得具体可感，未来也变得可预测。观看展览的参观者第一次留下了瞥见未来的印象。与此同时，展览的美学风格在很大程度上借鉴了传统的中产阶级高雅文化。因此，参观者看到了新颖的技术，但并不与传统价值相对立。相反，新与旧被完美地共同呈现。展览表达了“进步”作为一种演进过程，它能在不挑战社会和政治秩序的情况下保留国家传统。[10]

对技术进步的信仰在 19 世纪的德国普遍存在，超越了阶级和政治的界限。特别是卡尔·马克思对技术进步的描述，对德国的劳工运动和左翼政治产生了持久影响。有趣的是，马克思对工业时代的批判性分析在很大程度上与英国资本主义工厂体系的自由主义倡导者安德鲁·尤尔（Andrew Ure）在 1835 年的描述吻合。尤尔描绘了一个接近未来的画面，工厂劳动的自动化组织逐渐使熟练劳动变得多余。在这个未来的自动化工厂中，熟练工人将被那些仅操作机器的工人所取代。[11] 马克思在 1867 年的《资本论》第一卷中也遵循了这一愿景，只是在政治评价上有所不同。和尤尔一样，马克思也期待在不远的将来出现一个几乎不需要人力劳动、只需工人“参与”的“自动化机械系统”。[12]

118

除了将自动化视为已经开始的过程，马克思对左翼科技政策最持久的影响是断言技术在原则上是中立的。工人只需要学会抗议“资本主义对机械的雇用”，而不是反对机械本身。[13] 早在 19

世纪初的英国，“机器破坏者”（被称为卢德派）未能区分这一点。但是，在资本主义工厂里度过了数十年的工作经验使工人阶级有所领悟。[14] 如果在社会主义革命之后改变了生产资料的所有权，技术本身将为工人的事业服务：

> 因为机器就其本身来说缩短劳动时间，而它的资本主义应用延长工作日；因为机器本身减轻劳动，而它的资本主义应用提高劳动强度；因为机器本身是人对自然力的胜利，而它的资本主义应用使人受自然力奴役；因为机器本身增加生产者的财富，而它的资本主义应用使生产者变成需要救济的贫民。[15]

在马克思的分析之后，社会主义者和左翼人士均相信技术本身是中立的，而将如何设计技术以促进社会进步视为政治问题。这种信念给德国劳工运动提供了一个关键的长期目标，对其政治策略至关重要。相比之下，英国和法国的劳工运动更关注改善工人条件的短期目标。在这些国家，对技术变革的拒绝更为普遍，而德国左翼则普遍支持技术进步。[16] 这产生了实际的政治后果。在党派层面上，例如社会民主党人支持 19 世纪末建立帝国物理与技术研究所，而许多保守派议员反对。自由主义者由于科学产业的经济利益而支持该研究所，而社会民主党则加入了进步的观念，但赋予了这种观念不同的意义——希望迎接科学社会主义的未来。[17]

社会底层最初存在着两种对技术进步的看法。例如，索林根的冶金工人工会认为工厂本身代表着进步。他们的观点基于一种目的论的历史理解，认为经济与技术的发展不可避免地会推动社会进步。因此，工会的目标是进行谈判，而不涉及具体的生产方法。工会将“技术进步”视为工人对抗资本主义的天然盟友，因为技术发展将会消解资本主义生产。这种工会政策引来了两方面的批评。第一，从事家庭手工业的磨工批评工会对技术进步的天真理解，没有意识到部分机械化磨削的引入并未带来真正的进步，因其质量标准远远低于手工艺的水平。第二，反工会的工人周报对技术进步持马克思主义观点。他们既看不起盲目反对机械化的卢德派，又看不起盲目赞美资本主义机械的工会主义者。直到第一次世界大战爆发前夕，一些工会主义者才意识到所谓的合理化至少在某种程度上恶化了工作条件，并且无论如何都是提高管理者权力的手段。然而，这些人仅仅在内部提出反对意见，不代表工会的官方立场。[18]

119

19 世纪，对技术进步的概念形成了广泛的公众共识。即使最初对技术变革持怀疑态度的部分社会人士，也在 19 世纪后半期对新技术表示支持。1871 年德意志帝国建立之后，绝大多数德国人热衷于技术，这是最受德国人欢迎的现代性的一个方面。[19] 当时的人们目睹了快速的技术变革（如第一章和第二章所述），尤其是电力的普及和新的通信、交通技术的出现。由于这种经历，技术变革似乎承诺了未来进一步改善社会生活。[20] 1891年，甚至在电力技术取得突破之前，对这项新技术抱有的希望就吸引了超过 100 万人前往法兰克福参观国际电力展览。[21] 这次展览效仿了 19 世纪 80 年代美国电力展览的榜样，将新技术呈现为"人造奇迹"，令大批参观者啧啧称奇。[22]

此外，大多数德国人也将自己国家的崛起与技术发展联系在一起，有一位观察家将其描述为"人类有史以来最为奇妙的技术进步"。对技术的广泛热情将持续到 20 世纪。[23]

19 世纪末，即使保守派也开始与现代技术和解。新旧结合的技术设计使得保守派更容易接受创新。最初的汽车类似马车，火车站采用新哥特式风格建造，历史感的立面装饰了现代工厂建筑。因此，保守派接受了这些现代化工艺品，因为它们仍然代表着传统的文化价值，在一定程度上隐藏了其功能性的一面。[24]

然而，20 世纪初，大多数德国观察家意识到，"由于现代技术的胜利，文化本身已经发生了变异"。当时，铁路、电报、飞艇和电车已成为德国文化的重要组成部分。因此，德国民族认同越来越多地建立在与"文明"的欧洲竞争对手以及代表着"旧文化"的非西方国家的国际比较基础上。[25] 将技术进步看作全球民族竞争的观念，对殖民主义产生了影响。与英国等殖民国家的竞争促使德国政府资助了殖民地的技术项目，例如通用电力公司在无线电报方面失败的尝试，以对抗英国对水下电缆的垄断。[26] 此外，殖民地的种族主义在一定程度上是基于对自身技术进步的假设。例如，战斗机飞行员冈瑟·普吕绍夫（Gunther Plüschow）以技术自豪的语言描绘了他在青岛的冒险故事。根据这位德国飞行员的说法，中国人对德国人的现代技术感到十分惊讶。当时的白人至上主义形象并不完全基于生物种族主义，而是一种强调德国技术与文化成就的混合形式的种族主义。[27]

120

在殖民地的大都市中，用著名的工程学教授弗朗茨·鲁洛的话来说，德国工程师也树立了自己作为“文化传递者”[28] 的形象。许多中产阶级工程师坚信，从长远来看，现代技术将提升国家的文化生活。[29] 20 世纪初，大多数德国工程师相信技术进步几乎是无限的，他们的乐观几乎是无处不在的，他们将自己的职业看作社会工程师，通过技术手段可以解决任何社会问题。[30] 这些早期的技术专家将自己的政治诉求伪装为利他主义或为国家服务，实际上追求的是中产阶级的利益。[31]

一些历史学家声称，1900 年前后存在着一场现代性危机。然而，亨瑟罗特（Hänseroth）认为这种假设错误地评价了当时人文学科和美术界批评现代技术的声音。尽管许多人不喜欢现代技术的某些方面，但大多数德国中产阶级对技术发展及其社会后果持乐观态度，绝大多数人期待着进一步的发展。[32] 在这种普遍存在的技术乐观主义的氛围中，即使空难等灾难似乎也有意义。这些遇难者被视为技术进步的附带损害或不可避免的牺牲品。这些事故也被视为进行重要的安全改进的机遇。[33]

对于许多人来说，航空是科技进步的最佳象征。的确，早期的航空结合了神话与高科技，通过现代技术手段实现了古老的飞行梦想。尽管由于技术进步，世界变得不再充满神秘，但技术仍然迷倒了大众，成为一种神话。在 19 世纪末、20 世纪初的巨大技术成就的光芒下，人类认为自己无所不能。工程师们在创造性构思与理性规划能力的独特结合下，将自己看作艺术与科学领域之间的漫游者。[34]

在 1900 年前后批评现代文明的人，他们本身并不是反动的。他们中的大多数人接受了现代技术，但梦想着一种别样的现代性。后来，纳粹党采取了这种做法，将现代技术视为实现与自由派现代性迥然不同的目标的手段。[35]

第一次世界大战后另类现代主义的兴起

第一次世界大战后，技术可行性的观念进一步加强。得益于现代技术与社会工程学，许多社会和政治问题已经得到解决，比如城市规划和公共卫生（详见第二章）。在某种程度上，“完美 121

的梦想”正是基于这些成功。正如将会展示的那样，这个“任何事情都可以做到”[36]的梦想在20世纪前几十年里主导了现代主义者的思维。在这个背景下，进步愿景达到了巅峰。正如彼得·弗里切所认为的：“19世纪的社会实验只是20世纪超越想象的科技的序幕。”[37]尽管1918年德国的战败在某种程度上带来了冲击，总体而言，这种发展仍是持续的。德国出现了一种特殊的民族主义科幻文学，充斥着想象中的神奇武器，再次将技术进步与国家复兴的梦想相融合。[38]尽管在同一时期的英国，也出现了关于技术与国家的类似辩论，但它与德国的情况有着根本的不同。在英国，技术发展旨在捍卫现状，而许多德国人则希望未来的技术能够积极地改变全球秩序。[39]也就是说，政治背景对于技术器物的意义至关重要。在19世纪中叶的美国，“崇高的技术器物被认为是为民主服务的积极力量”[40]，而在魏玛时期的德国，类似的物品则成为民族主义与反民主野心的力量。当然，技术的政治意义始终是具有争议的。20世纪20年代，社会民主党称赞齐柏林飞艇公司最新的巨型飞艇是“人类文明的进步”[41]，尽管它们的前身是德国民族主义对外侵略的象征（见第三章）。

122

接受了启蒙运动的普世主义价值观的技术评价，始终在德国占主导地位，直至大萧条结束了一切全球乐观主义。在此之前，德国人为通信和交通技术造就的开放世界而庆祝。突然间，以往遥远的地区似乎变得非常近。像很多人所希望的，新技术为德国在全球商业和欧洲占据主导地位提供了手段。在某些领域，全球主义者与民族主义者共享某些目标，尽管他们的政治观点明显不同。然而，总体而言，德国作为全球化参与者，其复兴愿景依赖一种种族主义的技术优越观念。[42] 特别是德国工程师长期以来一直秉持一种技术与文化混合的民族主义。最迟至 20 世纪 20 年代末的危机，这些传统得以凸显，并且“为纳粹主义敞开了大门”[43]。至关重要的是，现代技术与现代社会有着许多“截然不同的发展方向”[44]。因此，杰弗里 · 赫夫所描述的魏玛共和国和第三帝国的“反动现代主义”只是现代性的一个可能结果，魏玛右翼反民主派和纳粹主义者融合了“反现代和现代元素”，即拥抱现代技术但拒绝人道主义和民主的价值观。[45] 严格来说，德国的现代化并没有失败，相反，它已成为一个“令人不安的现代性国家”[46]。

总而言之，现代性是各种信念的高度矛盾的结合：一方面，进步愿景使许多当时的人相信技术具有巨大的潜力，几乎任何事情都是可行的；另一方面，现代生活，尤其是现代技术，引发了对“永恒危机”[47] 的担忧。在魏玛德国，关于未来工业化的讨论也在这些极端之间摇摆：一方面担心人类会变得多余（将在第八章中讨论），另一方面希望通过技术进步获得解放。对进步的信仰在 1930 年畅销科普作家汉斯 · 冈特（Hanns Günther）的一部关于“自动机械”的作品中得到了体现：在他看来，技术进步已经接近产生“可以自我调节的自动机械”，它将减轻人类最困难的任务，成为人类的“解放者”。[48] 此外，大西洋两岸的许多工程师相信技术变革的力量：他们将自己视为社会工程师，将创造新类型的工人。[49]

有一些证据表明，两个特殊因素影响了德国的进步愿景：第一，魏玛时期的政治紧张局势为对现代性的恐惧提供了肥沃的土壤；第二，所谓的反动现代主义者将技术看作“权力意志的外在化”[50]。因此，“危险和力量”与未来技术、现代社会紧密相连。[51] 奥斯瓦尔德·斯宾格勒在 1931 年的著作《人与技术》中的论述至关重要。特别是他将弗里德里希·尼采的“权力意志”一词引入技术领域。斯宾格勒因其畅销书《西方的没落》而闻名，他提出了一种几乎与人类史相同的技术史观。总体而言，发明家遵循“人类的掠食性本性”。因此，他们的发明并不追求社会有用性，而是代表了发明者的个性，这些发明者完全受到自己的权力意志的驱动——在这种情况下，就是超越旧技术的渴望。[52] 对于斯宾格勒而言，进步只是这些人对“自然的战争”[53]。这种“技术可行性崇拜”对斯宾格勒和纳粹都具有重要意义。[54]

斯宾格勒关于技术发展的天才中心叙述与根深蒂固的文化悲观主义相结合。他嘲笑那些受“玫瑰色的进步乐观主义”驱动的同时代人。相比之下，斯宾格勒确信自己目睹了西方文化或“机器文化”衰落的开始。[55] 在不久的将来，“世界之主”“北欧人”将被降级为“机器的奴隶”。[56] 此后，“浮士德人”将消失，从而机械工程将从世界历史中消失。他的悲观主义建立在一种关于进步的种族主义叙述基础上，斯宾格勒认同大多数历史学家的观点，即煤炭的利用是西方崛起最重要的资源。根据他对白人至上主义的观点，尽管世界上许多地方有大量煤炭储量，但只有“白人”工程师才有能力大量生产煤炭。[57]

撇开斯宾格勒的种族主义观点不谈，他为殖民主义的剥削力量提供了相当准确的描述。在他看来，殖民主义加剧了西方的衰落，因为它导致了对技术的致命“背叛”：将技术知识转移到殖民地，实现了“工业的传播”。由于这种转移的实现，西方国家永远失去了“他们最伟大的资产”。他认为，从长远来看，“有色人种”将熟练地运用新技术，与他们以前的主人不相上下。因此，白人劳动力很快将变得多余。这将是“被剥削世界”对“统治者”的复仇。[58] 这种悲观主义将斯宾格勒的技术种族主义与西方的类似观点区别开来：19 世纪末，美国白人的自我形象与之类似，但有着不同的想象结果。欧洲移民的后代相信，他们取代了美洲原住民，因为后者在技术上落后。[59] 相比之下，斯宾格勒则设想了受压迫民族的复仇。

123

斯宾格勒是一个坚定的反民主主义者，但并非纳粹。然而，纳粹对他的著作表示钦佩，但明显更看重“技术可行性崇拜”，而非他固有的悲观主义。最终，纳粹的技术政策在

“危险与可行”的结合下呈现了独特的形式，在战争期间显露出其最具侵略性的本质。[60] 为了克服衰落的危险，他们声称，权力意志必须变得更加无情。在这个背景下，纳粹将令人印象最深刻的技术奇迹视为独特的德国权力意志的结果。[61] 这个想法与对美国技术管理运动的一些要素的采纳相结合，比如技术可行性的强烈信仰。[62] 用弗里切的话来说，这些发展的结果是现代主义的一种特殊且“令人恐惧的”版本：“纳粹是现代主义者，因为他们把承认 20 世纪生活的根本不稳定性作为无情实验的前提。”[63]

纳粹主义对技术的狂热是现代主义的一个重要组成部分，希特勒将自己称为“技术狂人”（Techniknarr）[64]。对于纳粹主义来说，交通技术是最重要的技术。希特勒在 1933 年预言，为汽车修建的道路将衡量一个国家未来的文明程度。另外，种族主义与技术至上观念相互交织：对于纳粹主义者来说，德国的技术产品证明了它们的固有优越性。然而，关键在于“德意志种族”知道“如何运用交通技术的精髓”。[65]

此外，对进步的展望仍然寄希望于提高工业效率。1944 年，纳粹帝国的末日临近，自动化愿景却逆向而行，达到了巅峰。例如，一篇名为《无人工厂》（*Menschenleere Fabriken*）的文章在纳粹党的官方报纸《人民观察家》上发表，展示了自动化的景象。该文章的作者是工程师兼工厂经理赫尔穆特·斯坦恩（Helmut

Stein)。斯坦恩总体上倾向于合理化生产，但他认为当时大规模流水线的机械化水平，带来了“工作退化”的“危险”。他提出的解决方案是双重的：一方面，斯坦恩呼吁在工人的空闲时间里增加更多的“散心和放松”作为补偿。另一方面，他提议通过进一步的机械化解决技术导致的问题：只有“全自动化”才能实现“人类从单调且无灵魂的工作中解放出来”。这个自相矛盾的概念寻求挽救熟练劳动力：所有的新任务“都很简单，只要较少的培训时间”，但工人们可以（在意识和自我验证方面）认为自己是“机械力量的主宰”，从而体验“精神上的满足”。在这个意义上，他们仍然是“熟练工人”，继续坐在机器世界之上“调节和监督”。这个“未来的工厂——没有人的工厂”的愿景是基于这样的期望：这个未来很快会成为现实，它的实现即将来临。[66]

冷战与“科技革命”

124

20世纪60年代以后，随着计算机技术的发展到达先进水平，自动化工厂愿景变得普遍。战后不久，新技术日益成为当代人对未来的想象的核心。直到20世纪60年代，太空时代和和平利用核能的梦想是最现实的技术愿景。[67]这两种技术在冷战中起着至关重要的作用，并标志着德国自给自足发展高科技的梦想的终结（参见第三章）。总体而言，通过现代技术实施的德国战争罪行，动摇了欧洲人和德国人对进步与技术现代化的信仰。[68] 尽管存在这种根本性疑虑，但 20 世纪 50 年代德国《布洛克豪斯百科全书》（*Brockhaus*）中关于“进步”的文章指出，科学与技术的进步仍在继续发展，并为生活水平的提高作出了贡献。[69]

在纳粹的科技未来梦想变为数百万欧洲人的噩梦之后，人文主义的技术进步愿景在德国卷土重来，尤其是许多人对核能抱有希望。尽管技术是冷战的主要战场，但最初两德都对原子时代的未来主义乌托邦愿景充满了期望，将其视为和平与进步的时代，造福全人类。通过对以核能为代表的现代技术达成共识，意味着德国可以摆脱曾经的纳粹阴影，“成为现代、前瞻的国家”[70]。杰出的社会民主党人和马克思主义者都设想通过“原子时代”为人类带来持久的改善，有些人甚至希望通过核裂变来改善世界不毛之地的气候，自由派与保守派也加入了这些未来的梦想。[71] 尽管存在对核能的狂热，煤炭仍然是最重要的能源来源。20 世纪 50 年代甚至开挖了更多的矿井，并且新的采矿技术使煤炭看起来也像是未来的技术。[72] 因此，1968 年，由几个采矿企业合并而成的鲁尔煤炭公司，自豪地宣传煤炭代表着未来能源（见图 4.1）。

最初，知识界观察者对技术进步的态度比政治家更加矛盾。在战后的民主德国，社会主义的乌托邦技术愿景得以保留，并升

图 4.1————1968 年，鲁尔煤炭公司的广告海报——《以能源迈向未来》。德国博物馆之家，波恩。

级至国家主义的水平，而联邦德国的技术愿景则不同。由于现代技术与纳粹的种族灭绝政策和杀戮战争有关，文化悲观情绪更加普遍。在某种程度上，对技术决定论的担忧塑造了战后联邦德国关于现代技术的辩论。然而，早在 20 世纪 50 年代，乐观的声音已开始占主导地位。阿诺德 · 盖伦（Arnold Gehlen）、赫尔穆特 · 舍尔斯基（Helmut Schelsky）和尤尔根 · 哈贝马斯等知识分子相信人的理性是可行的，并驳斥了一直盛行的观点——现代技术必然具有极权主义特征。[73]

20 世纪 60 年代，哈贝马斯逐渐成为德国最重要的哲学家和公共知识分子，并明确了自己的观点。他拒绝了自由主义和保守主义对技术进步的解释。对于自由主义观点，他认同技术的 125 可行性为许多人的工作和生活带来了便利。但他也不完全同意自由主义者的观点，因为他深知技术进步在自行发展或受特殊利益影响时所带来的威胁。对于像盖伦和舍尔斯基这样的保守派知识分子，哈贝马斯同样拒绝了他们认为技术进步受到内在必然性推动的观点。根据哈贝马斯的观点，这种“技术专家主义”观点已经成为东西方的主导意识形态。与此相反，哈贝马斯主张一种强调“技术中立”的科技进步概念：技术发展应该成为讨论审议的对象。根据这个概念，政治决策应该决定技术进步的具体形式。[74]

126 20 世纪 60 年代末，对技术变革的积极态度甚至演变为狂热规划的浪潮。在联邦德国，“可行性崇拜”重新兴起，而在社会主义的民主德国，它一直占主导地位。[75] 与此同时，对航空航天和核能的热情逐渐消退。然而，这些技术已经推动了对2000年实现全自动化的幻想。[76] 在冷战的竞争中，无论出于经济原因还是参与竞争集团的自我认知，工业自动化的竞赛都至关重要。

从20世纪50年代开始，民主德国的共产主义政党将“科学技术进步”作为其纲领和五年计划的核心组成部分。其目标是通过合理化和自动化来赢得冷战，从而使东欧集团在经济上占据优势，如1956年的党代会宣布的那样，要“在技术上赶超并超过资本主义”[77]。虽然类似的社会主义措辞很多，但民主德国的共产主义政党确信计划经济的社会主义“特别适合现代技术，不像混乱残酷的资本主义”[78]。回过头来看，共产主义政党官员关于现代工业技术的重要性的认识是正确的。最终，德意志民主共和国未能发展自动化和计算机化，成为造成该体制经济困难的原因之一。[79] 此外，技术对于民主德国的社会和文化生活也很重要。技术愿景对于“社会主义现代性的构想”和“民主德国国家认同”的建构起到了关键作用。即将到来的自动化时代，或者说“科学技术革命”，将使技术知识成为“社会主义人格”的重要组成部分。因此，工厂的重要性不仅限于工业生产领域：它是“锻造社会主义新人”的地方。[80]

关于工业自动化的讨论在两德同样激烈。两个国家都声称

（尽管侧重点不同），即将到来的技术变革将引发革命性转变。这场讨论在 20 世纪 50 年代中期至 70 年代初尤为热烈。[81] 在联邦德国，专家们的讨论非常多样化：工程师们预计全面自动化——无人工厂——只会在大规模生产的工厂中出现，而小型和中型企业设置的目标是部分自动化。[82] 联邦德国工会也是自动化讨论的重要参与者。工会人士在这场讨论中一直抱有对自动化的双重考虑：一方面担心失业问题，另一方面抱有劳工运动一直以来所怀有的对技术进步改造社会政治的希望。[83]

在民主德国，国家强调完全自动化的工厂可以是一个好的承诺，也可以是一个威胁，这取决于生产条件。相应地，1960 年，为青少年读者撰写的流行非虚构书籍《我们明天的世界》指出，在资本主义社会，自动化主要意味着失业的危险；而在社会主义社会，它将导致工人的技能提升，因为这需要具备关于生产过程的更多的新知识。[84] 不管怎么说，完全自动化的工厂将“决定未来工业工作的面貌”，这应该是确凿不移的。描绘这个未来愿景的插图里几乎没有人，在这个“未来”工厂的草图中，只有两个人站在控制室（见图 4.2）。虽然达到这一点还需要迈出“重要一步”，但该书引用的是苏联已经存在的一家实验性自动化工厂。[85] 最终，东欧集团微电子计划的失败结束了对社会主义“科学技术革命”的一切希望（见第一章）。

127

128

在联邦德国，工业自动化随着计算机化到达了一个新的阶

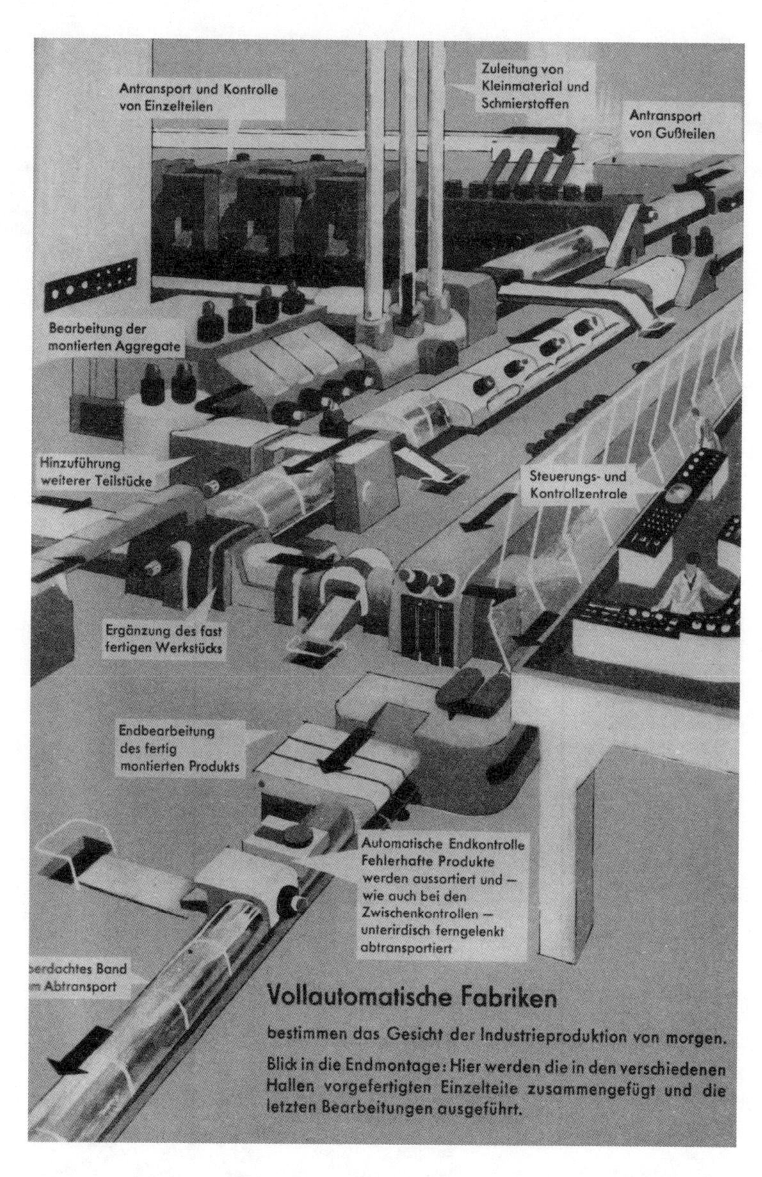

图 4.2——————1968 年，鲁尔煤炭公司广告海报——《面向未来的能量》。德国历史博物馆，波恩。

段。最早真正拥抱计算机技术的行业是印刷业。20 世纪 70 年代后半期，联邦德国的第一批印刷店开始使用计算机照排技术，而在 1978 年，围绕新的“计算机化文本系统”进行了激烈的合同谈判。工会在应对计算机排版挑战时制定的政治策略，借鉴了他们的历史经验：坚信工会力量，并相信技术原则上是中立的。在 1978 年的一次辩论中，德国印刷工会的董事会成员德特勒夫·亨舍（Detlef Hensche）坚持认为“新技术本身是中立的”，这是马克思的名言。[86] 换句话说，工会认为自己有能力应对技术创新：工会不担心新技术会成为企业家对付劳工的最新武器；相反，工会对自己的组织能够塑造技术变革带来的社会影响持乐观态度。

从底层的历史也可以看出，工人非常接受进步愿景。印刷业工人具有使用新技术的传统，并为此感到自豪。因此，即使在 20 世纪 70 年代末期，随着计算机化的不断发展，工人们仍然对技术进步抱有强烈的信念。这种乐观主要基于他们对计算机化存在一定限制的信念。工人们的经验和行业历史表明，熟练劳动从未被取代，人的技能至少在一定程度上是不可替代的。1977 年，一位接受采访的印刷工人指出，他和同事们并不担心，因为他们本身就像“机器人”。他们对机器有着如此深刻的理解，以至于用不熟练的工人来取代他们是不可能的。[87] 在另一家公司，一个排版工人向另一位采访者承认，他和同事们实际上对未来在计算机化环境中工作感到害怕。然而，有一个想法给予了他们安慰：他们相信计算机永远比不上坐在它前面的熟练工人的工作质量。[88] 这个想法表明，大多数工人将技术理解为对人类技能的模仿：技术可以接近人类的原创，但永远无法超越。此外，大多数工人相信技术进步只是逐步进行的，并且创新已经基本上到了头。即使在 20 世纪 70 年代末期——回过头看，这是从根本上改变了印刷业的 10 年的开端——人们普遍认为进一步的技术发展只会影响生产的一些次要方面。[89]

一般而言，20 世纪七八十年代的关于计算机化的讨论使人们开始担心就业安全问题。1982 年，德国的《法兰克福环球报》（*Frankfurter Rundschau*）发表了一篇题为《十年内将实现无人工厂》的文章，报道了一家市场分析机构进行的一项研究，该研究认为实现无人工厂，或者至少是“几乎没有人的工厂”的技术前提已经具备。[90] 预计到 1990 年，联邦德国将有一半的工业装配过程实现自动化。从 20 世纪 80 年代中期开始，乐观的预测逐渐盛行，认为未来的社会将受到新型信息和通信技术的推动。[91] 然而，人们往往忽视了此时对规划的狂热和技术治理主义的回潮。由于先进的计算机技术具有未知的可能性，对技术进步的信仰甚至超过了战后时期。[92]

129

回顾过往，显而易见的是，许多人在 20 世纪 70 年代对天真的进步信念提出更多批评，这并不意味着进步概念已经消失。不过，当时许多人意识到技术进步的阴暗面。[93] 正如第八章将展示的，这并不是历史上的第一次。在某种程度上，批评和怀疑实际上是进步概念的重要组成部分。尽管新兴的环境运动对工业社会浪费自然资源进行了严厉批评，但这并不意味着对进步愿景的终结。相反，新的进步概念出现了。最著名的是 1972 年罗马俱乐部的报告《增长的极限》，旨在结束对数量增长的过分关注。注重质量的观念填补了这一空白，形成了以人类和生态问题为中心的进步理解。[94]

除了这些新的进步愿景，关于工业自动化的旧路线一直延续至今。从 2011 年开始，“第四次工业革命”这个术语成为德国经济辩论中关于工作领域数字化的热词。这个术语的核心概念是线性发展的观念。一方面，工业界最新的数字化发展被纳入了始于 18 世纪末英国的长期工业进步的历史。第二、第三阶段代表大规模生产——20 世纪 60 年代至 80 年代的计算机化。另一方面，第四阶段被认为标志着一种新的质量，工业体系的巨大变革。[95]

结　论

德国对技术进步的看法有多么特别？当然，德国人在 19 世纪末经历了技术和社会变革，其速度甚至比绝大多数工业化和城市化国家还要快。因此，许多人预计曾经的发展将延续至未来。进步不仅是一个想法，而且是在日常生活中实实在在的事物。可行性概念也是如此。社会变革在某种程度上似乎是可以预见的。无论如何，工程师、城市规划者等群体似乎能够显著地影响未来。这些进程与国家建设和日益提高的德国经济、政治权力的国际影响力有关。

1918 年的失败推动了德国右翼分子重新配置既定的技术与国家的纽带。围绕技术的争论的基调变得比德意志帝国时期更加激进，它的方向已经改变，表达了一个失败的国家寻求复兴手段的愿望。技术似乎提供了这些手段。可行性概念被进一步激进 130 化，导致了权力意志的人格化。由此产生的右翼进步愿景忽略了为早期讨论提供信息的启蒙运动的价值观。技术的进步服务于这个重生的德意志民族日益增长的力量。在夺取政权后，纳粹将先前存在的自动化预测与没有人文主义的现代性新愿景结合起来。

政治左派还保有德国的另一种特殊性。尽管马克思的著作激发了世界各地的劳工运动，但德国的共产主义者、社会民主主义者和工会主义者都采纳了马克思的技术中立性概念。这对左翼的政治战略产生了持久的影响。德国劳工运动坚信有可能形成有利于工人阶级的技术进步。因此，技术进步的概念产生了对创新的信心。总体而言，技术变革被接受了，因为它承诺了社会进步。

然而，就像工业化和城市化一样，德国是更广泛的西方历史的一部分，许多看似是“德国”的发展都是跨国交织的。这一论述不仅与技术性人工制品有关，而且与进步有关。事实上，20世纪末，德国对技术进步的看法已经在很大程度上转变为西方模式。

第二部分

新的方向

Chapter 5—高度技术化中的人类

拉丁语“industrius”清楚地展示了身体的历史与工业的历史有着多么紧密的联系。“勤劳”（industrius）是最常见的翻译，但“努力工作”（hardworking）和“认真”（diligent）能更好地捕捉到这个形容词的本质。在工业化历史中，勤劳的身体扮演着重要角色，这一研究结果被广泛认可。然而，身体历史的研究视角往往是次要的。本章探讨了现代德国历史中“技术化身体”的概念。工业化改变了人们对自己的身体的认知和体验，无论是在工作还是生活中的各个方面。根据历史学家安森·拉宾巴赫（Anson Rabinbach）的说法，工业时代的新技术提供了一种新的人体形象，把人与机器进行类比越来越受欢迎。[1] 长期的工业化过程不断挑战着工人的身体。工厂纪律告诉他们何时行动、何时停止或保持沉默。科学管理和时间—动作研究不断寻找“最佳方法”来控制工人，新的控制方式层出不穷（详见第一章）。然而，在20世纪末的自动化工作中，工人的具体知识仍然非常重要。

工厂是大部分人首次与机器互动的地方。[2] 回过头来看，这只是工作和生活巨大转变的开始。本章的第二部分探讨了科技在日常生活中的不断普及，这意味着个人关于自身身体的体验有着极大的变化。除了劳动场所，交通工具无疑是身体与科技互动的最重要领域。从身体史的角度来看，交通工具是一种“移动机器”，使得人们体验强化的机动性。[3] 公共交通、个人出行，以及机动、非机动交通工具（最典型的例子是自行车），都是如此。尽管移动机器代表了身体与科技互动的一个重要方面——强化身体的能力，但也存在相反的一面——对于被不断进步的技术取代的恐惧。

早期的现代机械人和 20 世纪机器人，它们的人造身体在两个极端之间摇摆不定：一端是能力增强的乌托邦，另一端是人被机器取代的威胁。18 世纪末，机械人在整个欧洲非常受欢迎。其中一些演奏乐器的机械人尤其引人注目。就表演效果来说，它们的外貌和行为与人相像非常重要。例如，瑞士钟表制造商雅克 – 德罗（Jaquet-Droz）兄弟制造的机械风琴师，德国家具制造商大卫・伦特根（David Roentgen）与钟表师彼得・金津格（Peter Kinzing）合作制造的洋琴手，它们都模仿了人类音乐家的身体动作。洋琴手会根据音乐的节奏转动眼睛，而风琴师则会转动头部，并通过胸部的膨胀模拟呼吸。乍一看，这与机械人的真正任务——演奏音乐——无关。然而，在德国和其他欧洲国家举

134

办的机械人巡回演出中，这是不可或缺的组成部分，机械人的身体旨在向观众展示“人类”的情感。[4]

然而，1800 年前后，人们对机械人的兴趣逐渐消退。1805 年，著名的德国作家约翰·沃尔夫冈·冯·歌德前往赫尔姆施泰特（Helmstedt）访问了一位朋友。他的朋友收藏了法国人雅克·德·沃康松（Jaques de Vaucanson）制作的曾经的著名机械人。歌德评论说：“在一个旧花园里，那位吹笛者穿着非常不起眼的衣服，他吹奏的时光已经过去了。”[5] 然而，正如后文将要展示的那样，机械人的隐喻在 19 世纪具有重要的延续性，促进了人们对于新型工厂以及工业中人与机器之间特殊关系的分析。

早期的现代机械人仅是人类身体属性的模拟，而 20、21 世纪的机器人旨在增强人类的潜力。[6] 两者似乎都有取代人类的危险。

135

在机械构件的技术限制下，自动机在任何方面都未能做到无差别地模拟人类，而机器人似乎体现了超越人类的潜力。20 世纪上半叶，在工业机器人于 70 年代开始大量应用之前，人们对于机器人的突破性前景进行了大量预测。从 20 世纪 20 年代末开始，所谓的机器人在西方世界的技术展览中巡回展出。实际上，这些构件只是机器对人的模拟品，并没有任何实际用途。[7]

1928 年，英国工程师 W.H. 理查兹（W. H. Richards）在伦敦展示了著名的机器人“埃里克”（Eric），并于 1930 年在柏林展览中亮相（见图 5.1）。这位发明家称它为“锡人”，它甚至还会向观众讲话。当然，这只是假装的，实际上这些话是通过无线电传输的。[8] 在“埃里克”访问德国之前，它已经在德国引起了关注。德国金属工人工会的周报在 1929 年刊登了一篇关于“机器人”的令人不安的文章。在泰勒主义和福特主义的背景下，人造人的出现似乎只是不可阻挡的技术进步的下一步。作者报道了“埃里克”在纽约的一场表演，声称“埃里克”是所有机器人中最接近人类身体的。即使他只是一个“没有灵魂的人”，对于一

图 5.1————1930 年，英国发明家 W.H. 理查兹在柏林展示“埃里克”。照片由乔治·帕尔（Georg Pahl）拍摄。德国联邦档案馆。

个人造机械来说，他看起来“令人毛骨悚然地像人”。[9]

相比之下，20 世纪末的工业机器人具有现代的设计：形式追随功能。这些机器人通常只是为了完成举重或焊接任务而制造的机械臂。因此，它们根本不像人体形态。当服务型机器人出现时，设计才发生变化。虽然与其他机器人共同工作的机器人通常具有纯粹的功能设计，但对于与人类一起工作的机器人来说，给予其人形外观是有价值的。[10] 关于人类与人造人体之间的矛盾关系，以及增强人体能力的经历，将在本章后面进行讨论。

超越纪律：高效的身体

从 20 世纪末期开始，许多工人，特别是无技能劳工，会隐喻性地将他们的重复工作、例行公事与机器人相提并论。20 世纪 80 年代末期社会学家对联邦德国金属加工行业的几名女性工人进行的访谈是这种自我认知的典型例子。这些工人抱怨在高度自动化、配备了计算机数控（CNC）机床的工作场所里，她们必须完成简单重复的任务，感觉自己不再是人类。她们觉得老板希望她们“像机器人一样”，不对单调的任务有任何抱怨。最后，她们感觉自己像机器人，失去了曾经的工作乐趣。这家工厂的管理层也有类似的观点，其中一名生产经理表示，他也把每个女工视为“多功能机器人”。只是出于成本考虑，工业机器人没有取代女性，这位经理承认“目前，我们还不能没有女工”[11]。

136

19 世纪，工业资本主义的批评者就用“既是奴隶又是机器”来描述工厂工人的处境。[12] 其中，卡尔 · 马克思的严厉批评尤为著名。正如在第四章中已经展示的那样，马克思引用了英国工业资本主义倡导者安德鲁 · 尤尔的话，但赋予了它们完全不同的政治意义。根据尤尔的观点，工厂经理的任务是“训练人们放弃他们随意的工作习惯，并将自己与复杂自动机械的一成不变的规律性结合在一起”。这种“工厂纪律”对于高效的生产是必要的。[13] 按照尤尔的说法，工厂主和工人都会从这个体系中受益。因此，工业资本主义的支持者和反对者都认同在工厂中出现了某种程度的非人性化。

马克思以尤尔的描述为出发点，但观点更进一步。在他的描述中，工作中的人类身体几乎成为机器的一部分。根据马克思的观点，工厂及其“军营般纪律”已经颠覆了传统的人与机器之间的关系。他认为 :“在手工业和作坊中，工人使用工具；而在工厂中，机器利用他。”因此，工人已经成为机器的“活的附属品”。对于马克思来说，这具有人类学的维度，工人及其身体通过终身执行纪律产生了变化。工人从童年开始就被“教导，以便他能够学会将自己的动作适应机器整齐划一且不停的运动”。最终，工人被转变为“精细机器的一部分”[14]。此外，身体还受到了严重的影响。根据马克思的观点，工业劳动消耗了神经系统，而“肌肉的多样化运动”[15]减少了。总体而言，工厂工作“没收了每一点自由，无论是身体上的还是智力上的”。它已经将劳工的“整个身体转化为自动化、专门化的工具”[16]。

马克思对工厂纪律的描述至今仍然具有很大的影响力。劳工史和身体史学家都倾向于将马克思的批判视为准确的历史描述。因此，哈里斯（Harris）和罗布（Robb）相信许多工人“将自己的身体视为机器”[17]。正如之前女工将自己与机器人进行比较的表述，这种观点有一定的道理。然而，正如接下来将要展示的，这种关于身体的机械化观念是不完整的。最重要的是，它忽视了工人的自主性，即使在“军营般纪律”的环境中，他们也能够拥有相对自由的时光。在这种情况下，人们是“具有自主性的机器”[18]。此外，人们普遍对管理层的意图存在误解。管理者和工厂所有者并不是以工作场所的人身纪律化作为最终目标；相反，纪律只是打造能创造强大生产力的人身的多种手段之一。接下来将要展示的是，管理层不仅关注如何执行纪律，更加注重如何利用工人的身体和智力来为企业的利益服务。

19 世纪中叶，对劳动人身的关注是随着对高效率人体的兴趣而出现的——尽管那时只是在一定程度上。对工人身体和健康的关注最初并不是来自工厂主，而是来自外部。工作条件导致的疾病和事故使某些工人的身体成为政治关注的对象。例如，普137鲁士军队抱怨童工降低了未来士兵的健康状况。因此，普鲁士在1839年禁止了9岁以下的儿童参加劳动，但对16岁以下儿童的劳动时间的规定仅仅是减少到最多10小时。然而，由于地方当局执行这一措施的能力有限，实际上很少发生改变。1853年，工厂检查员逐渐接管了这项任务。他们的报告并未立即带来多大程度的改善，但至少引起了对这个问题的进一步关注。最终，由于技术的发展，许多儿童从事的辅助工作不再被需要，童工的数量逐渐减少。19世纪80年代，职业安全措施主要关注青少年和妇女这两个脆弱群体。对于妇女，人们普遍担心"德国工人阶级母亲的深刻危机"。揭露工厂劳动导致妇女道德和身体衰败的恐怖故事，将导致出生率下降和疏于照顾儿童。1891年，日益频发的工业事故以及化工工人所面临的越来越多的新风险，引发了工业法规的普遍改变。那时，国家认为一般工人的身体也值得受到一定程度的保护。[19]

在大多数情况下，男性从关于工作的身体性别假设中受益最多。一旦决定由谁来完成哪项任务，一定的习惯就会建立起来，在不久的未来对任务进行性别化。工程师设计的机器考虑到了哪些人会操纵这些机器。因此，机器的高度、大小、手柄和按钮的位置区分了男性、女性和儿童劳工。[20]在任何一个工业化国家，关于"男女能力不同的文化态度"为性别化劳动分工铺平了道路。男性的体力被认为与掌握“重型和高速运动的机器”[21]有关。尽管在许多情况下，体力与操纵机器无关，但这种将机器与男性身体联系在一起的观念产生了长期影响。如果男性与女性在同一场所工作，有关性别差异以及谁适合与技术器械一起工作的假设，导致了技术劳动与非技术劳动的性别等级。例如，在19世纪德国的洗衣中心，男性工人负责维修和保养机器，而女性同事实际上负责洗涤工作。只有男性在机械上的工作被认为是技术劳动，并相应地获得高薪。在这方面，技术发展造成了工作中的性别歧视。[22]

正如所谓的男性能力使他们适合从事与机器相关的技术性劳动，对应的所谓女性特质更促成了工作中的性别等级划分。在通常情况下，女性被认为非常灵巧且耐心。实际上，许多女性从小就习惯做针线活儿，因此培养了这些品质。因此，只要不需要体力或机械技能，重复性工业工作很快就成为女性的领域。此外，相比于男性，女性被认为天生地能抵御单调乏味。直到20世纪70年代，这种对表面的女性特质的断言，一直盛行于德国的工作科学中。这意味着从20世纪20年代开始，许多女性被雇用从事流水线工作。[23]“二战”期间，由于劳动力短缺，女性劳动力对德国工业变得至关重要。专家建议为流水线上的女性播放音乐广播，从而将音乐的节奏附加在工作的节奏上。[24]纳粹的另一个解决劳动力短缺问题的方案是强迫劳动，其理由也是抵御单

138

调乏味，但更加残酷。纳粹坚信德国的优越性，认为东欧的强制劳工天生适合德国男性技术工人无法忍受的单调任务。[25] 在这个背景下，性别歧视与种族主义显然是相互交织。在 20 世纪的德国，合理化意味着德国男性有很好的机会从事技术性工作，甚至晋升为白领职位；而女性则占据了大部分非技术工岗位，她们需要完成重复性任务。从 20 世纪 60 年代开始，移民工人加入了这个新的福特主义无产阶级群体。[26] 与此同时，男性劳动的古老形式在 20 世纪并没有完全消失。重体力劳动仍然很重要，特别是对于 20 世纪早期的现代基础设施项目来说，比如修建运河或桥梁，但常常被忽视。[27]

然而，19 世纪的最后几十年，对于工作中的身体和健康问题出现了一种新的趋势，医学专家开始对工人的身体感兴趣。例如，矿工的身体成为“系统研究和生物政治学的对象”。一个新的卫生制度建立起来，以控制、规范矿工，特别是他们的健康和生产能力。[28] 在这种背景下，新兴的工作科学把精确控制劳动人身变为工业社会乌托邦愿景的基础。与主要关注手工艺的法国同行不同，德国的工作科学更加强调工业劳动。正如安森·拉宾巴赫所指出的，德国的工作科学学者最初关注的是将身体与机器的需求相适配。劳动的人身必须与“机器的节奏”协调一致。[29] 第一次世界大战后，泰勒主义科学管理的追随者们同样聚焦于工人的身体，在魏玛共和国，工业合理化在一定程度上基于“身体的合理化”。这种机械化的理想是一具不会疲劳的人体。[30]

在解决疲劳问题方面，技术解决方案在20世纪20年代末尤为突出。1929—1932年，德国举办了一场关于高效工人座椅的巡展。这次展览呈现了一种“机械化纪律形式”[31]。这个概念的基本思想是全面控制工人的身体动作，即使这些动作是无意识的。历史学家詹妮弗·卡恩斯·亚历山大（Jennifer Karns Alexander）认为这个概念在某种程度上具有德国特色，德国专家强调克服“工人个人的自主权和个性化”[32]的理念。然而，亚历山大忽视了除了纯粹的外部纪律，对劳动力身体的管理还采取了许多形式。在某种程度上，外部纪律越来越多地被工人的自我纪律所取代。

20世纪初，更为重要的是，许多德国专家寻求调整工作环境以满足工人的身心需求。生产中的人的因素不再仅是机械化生产的一个问题；相反，工程师和管理人员开始将工人看作为公司利益而培养的人力资源。在这方面，性别问题发挥了重要作用：一些工作场所设计师和工作问题专家对女工非常关注，认为女工需要一个特殊的环境才能在工厂里工作。这种对工作环境的关注促使人们思考整个劳动力群体，无论男性还是女性，专家们强调工人的人性和肉体性质。这标志着一个重要的转变：不再认为克服人类运动的某些限制就足够了，而是必须在工厂中创造一个对

139

人力资源最有利的人性化环境。[33] 此外，工作场所的体育锻炼计划被视为缓解工作单调性的解药。[34]

即使是非熟练劳工在某种程度上也被视为对公司有一定价值的人力资源。因此，公司开始关心工人的身体。例如，1908 年前后，位于汉堡的莱哈尔特（Reichardt）可可工厂出版了一套 15 张的明信片，展示了殖民地的工作环境和现代德国工厂。这套明信片同时展示了喀麦隆种植园中像奴隶一样艰苦的体力劳动与德国现代工业的社会福利（见图 5.2 和图 5.3）。与殖民地的强制劳动形成鲜明对比的是，国内似乎对人的因素有所关注。当然，这些明信片是用于公共宣传，但仍然显示了殖民地与殖民者之间的差异。德国工厂内设有工人食堂，甚至为女工提供了游泳池。[35] 德国可可工厂虽然有非常多的非熟练工人，在某种程度上也可以说他们具有提高未来生产能力的潜力。员工休息空间创造了提高士气和照顾身体健康的条件。这种工作效率与人性化之间的多维关系在第一章中已经被广泛讨论过。

140

总而言之，在现代工厂中强制实施纪律从未完全成功。正如阿尔夫・吕特克所证明的那样，工人总会具有一定的自主性，去抵抗任何试图全面执行纪律的尝试。这种自主性不应与有意对抗管理相混淆。相反，这些日常的“短暂逃避”或“四处走动和交谈”对工人来说似乎是完全正常的。其中许多涉及与其他同事的身体接触，以戏闹甚或身体暴力的形式存在。[36]

图 5.2——————殖民地喀麦隆的“维多利亚”种植园中运输可可豆的情景。明信片，约 1908 年。

图 5.3——————莱哈尔特可可工厂为女工建造的游泳池。明信片，约 1908 年。

在工业劳动的背景下，假肢技术在第一次世界大战期间取得了显著进展，假肢成为非常重要的事物。由于人手不足，受伤退伍军人的康复和快速重新融入劳动力市场变得紧迫起来。因此，德国的康复中心设有培训车间，以测试假肢在工业工作场所的实用性。[37] 20 世纪 20 年代，假肢的概念逐渐发生了变化。最初，从 19 世纪末开始，假肢被视为人体的备件，类似于机器的备件。工程师将人体视为可复制的。[38] 例如，1916 年，当战争伤残人员的数量达到第一个高峰时，德累斯顿照相机制造商 ICA 的工厂经理宣称，假肢是人与机器之间的缺失环节。工厂机器应该配备与退伍军人相匹配的假肢。工厂的假肢将成为人体的一部分，而人体的假肢也是机器的一部分。因此，人与机器之间的互补性越来越强。该经理称，这一发展预示着人与机器之间的融合程度提高了。[39]

141

对于残疾退伍军人来说，最常用的假肢是西门子 – 舒克特（Siemens-Schuckert）公司的假肢（见图 5.4）。然而，在实际操作中，专家对残疾退伍军人再就业的期望，在一定程度上遭受了挫折，因为雇主更倾向于留下最初代替士兵的妇女和年长男性。[40] 此外，调查显示，只有少数残疾退伍军人在工作时佩戴假肢。重要的是，大多数人认为假肢是一种外来物体。显然，乐观的工程师们忽视了佩戴假肢的心理和情感因素。人体实际上不是一台机器，它的某个部分不能轻易替换。相反，残疾退伍军人将

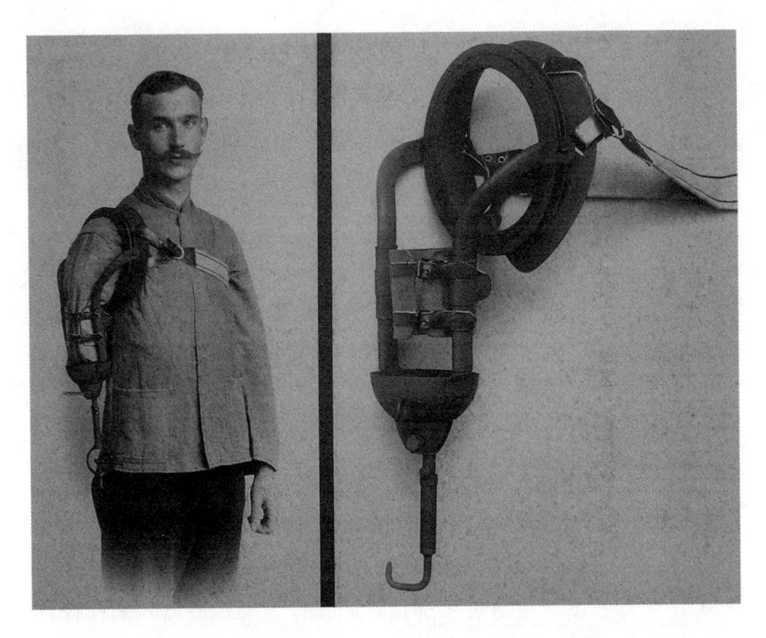

图 5.4————西门子－舒克特公司的假肢手臂，约 1916 年。西门子历史研究所。

假肢视为心理和身体的负担。[41] 不幸的是，假肢设计师的方法是机械的，他们相信通过技术手段恢复受损身体的工作能力，将使退伍军人的灵魂自动受益。[42] 与工程师合作的骨科医生同样优先考虑工业效率的理念。因此，假肢设计由功能决定，这导致了阶级差异的出现。白领工人的任务需要更精细的控制，因此需要更精致昂贵的假肢。结果，它们看起来不太自然。[43]

142

在概念层面上，假肢技术的进步激发了人体与机器之间和谐关系的愿景，特别是在工业工作场所。大多数德国专家相信，通过假肢使残疾退伍军人重新融入现代工业，完美地契合了泰勒科学管理原则。标准化假肢为受损的身体与工业机械相结合提供了手段。然而，专家们宣称，泰勒主义不仅是调整身体以适应机器的需求；相反，调整机器以适应工人身体，对于泰勒主义和现代工业来说也很重要。他们声称，残疾退伍军人的假肢是这种双赢局面的证明。此外，体力在某些行业中已经失去了重要地位，在战争期间必须将妇女纳入劳动力范畴。[44]

最初，第一次世界大战期间的假肢技术主要关注的是恢复工作能力，而非审美问题或对人体解剖的模仿。随着时间的推移，这种情况在接下来的几十年中逐渐改变。[45] 20 世纪 20 年代，将假肢作为对自然身体的加强的乌托邦幻想开始出现，尽管技术上尚无法实现。第二次世界大战后，当再次需要用假肢来治疗伤员时，专家们的讨论回归到更现实、更紧迫的问题，即对身体功能的简单恢复。此时，残疾成为意志的象征，利用技术修复的身体，需要其主人拥有坚强的意志，如此才能应对困难情况。[46] 20 世纪末，人体与技术之间曾经明确的界限才开始模糊。20 世纪早期的假肢并没有真正挑战这一界限，而便携式透析机和心脏起搏器等新技术为人与机器之间的关系带来了新的视角。[47] 从现今的观点来看，假肢正逐渐成为一种新的升级文化的典范。得到永恒的加强已成为人的理想，因为人体被认为是天然不完美的。[48]

总体而言，战后的工业的特征就是自动化承诺“将工作从身体的物质性和生理性——肌肉、神经、能量——中解放出来”[49]。正如上文所展示的，在数控机械加工（CNC）条件下，无技能的工人在计算机化工作场所中有着各种乏味的任务体验。然而，他们的懂技术的同事也能证明，在自动化工厂中，身体功能仍然很重要，尽管会以新形式存在。[50]感官技能、甚至对机器和材料的情感等非正式技能仍然存在，迈克尔·波兰尼（Michael Polanyi）称之为“隐性知识”，并且在计算机化工作场所中非常重要。20世纪90年代，德国的数控操作员强调，如果有什么问题，铣刀的声音就会变得令人不适。当噪声伤害他们的耳朵时，意味着很快会有什么东西损坏。因此，“隐性知识”引起的感官反应对数控操作很重要。[51]

除了最突出的数控机械加工，自20世纪60年代以来，信息技术的引入广泛地改变了工业劳动。新的工作场所不仅挑战了工人的工作资格，而且从根本上改变了日常工作体验。德国印刷业是信息技术开启这一过程的早期例子。计算机排版挑战了排字工人的经验知识。但正如当时的采访显示的，即使工作条件发生了变化，工人们仍然认为自己是“机器人”。他们甚至为这一形象感到自豪，因为这意味着他们本能地知道如何操纵机器。[52]在面对计算机化的挑战时，熟练工人拼尽全力保护自己的隐性技能。最终，桌面出版系统取代了传统印刷业，并使印刷业的员工成为不断增长的服务业的一部分。由于出现了这些变化，蓝领工人的传统正规知识和体验式非正规知识永远消失了。[53]

143

类似的转变也发生在“烟囱工业”中，即使在钢铁等行业中，艰苦的体力劳动大多也消失了。从20世纪60年代开始，曾经在冶铁和炼钢行业中起着关键作用的体力劳动者大多被操作工所取代，只剩下一点点重体力劳动。[54]随着这一变化的出现，早期工业化时期的另一个核心问题逐渐消失，那就是工作场所的安全问题。然而，即使在1970年，联邦德国的职业安全问题仍然存在，其工作事故率之高，在全球范围内仅次于意大利。随着社民党—自民党联合政府实施的重要改革，这种情况在接下来的几年里发生了变化。[55]

交通工具

正如本书所示，工业劳动从未完全被“机械纪律的观念”和相应的“人形机器”概念所主导，尽管这两者在20世纪初的德国广泛存在。[56]在工作场所之外，身体作为机器的概念在个人主义色彩浓厚的身体观念面前明显处于次要地位，[57]下面将通过交通工具这一例子来探讨这些概念。个人主义在单人交通工具的胜利中是最为明显的，即使公共交通的设计师也要在一定程度上考虑乘客的身体需求。

铁路彻底改变了乘客对速度和空间的感知。就此而言，不仅是铁路早期发展的几十年，而且整个19世纪晚期都是一个转型时期。在短短二十年内，以前难以想象的旅行速度变得司空见惯。1875年，从慕尼黑到柏林的火车旅行需要18个小时，平均时速为36千米，而仅仅17年后，由于制动技术的改进，普鲁士的高速火车达到了每小时100千米的最高速度。再过15年，最高纪录已经超过了每小时150千米。然而，更快的速度意味着更剧烈的震动，对铁路工作人员和乘客来说也意味着更强烈的紧张感。[58] 尽管身体承受的压力对所有乘客来说似乎是相同的，但是阶级差异使他们对铁路旅行有着非常不同的体验。在通常情况下，19世纪晚期的低等车厢没有配备卫生间、餐厅或者供暖设施。不过，至少三等车厢的木制座椅设计符合人体工程学原理，这暗示了公司和设计师对乘客的基本身体需求有一定的关注。然而，三等车厢与19世纪70年代兴起的豪华头等车厢相比，差距不小，后者提供了乘客所希望的全部舒适要求。[59] 然而，正如沃尔夫冈·希弗尔布施（Wolfgang Schivelbusch）指出的，即使是上层阶级的旅客也已经失去了前工业化时代旅行的感觉，尽管他们的车厢与马车非常相似。“再多的软垫也不能让旅客忘记自己已经成为‘工业过程的对象’，被限制在一个快速移动的机器中。”[60]

144

在大约相同的时期，从19世纪90年代到第一次世界大战期间，在德国的铁轨上，东欧移民体验了完全不同的受约束感。他们必须首先经过德国，前往西欧的一个港口城市，在那里他们将登上去美国的船只。与上层阶级的乘客形成鲜明对比的是，他们在旅途中丝毫感受不到舒适。相反，旅行中的移民身体被视为可能具有传染性，对公共卫生构成威胁。因此，他们必须乘坐密封列车旅行，并在换乘时进行隔离。此外，在柏林和汉堡等枢纽城市，他们还要接受消毒处理。[61]

所有的铁路乘客都享受了技术提升的速度，然而他们只是被动地忍受着机器的运动。相反，个人交通工具提供了重新安排身体与科技的关系的新选择。第一项普及的个人交通技术——自行车——要求使用者具备未知的身体技能：骑手必须学会在行驶中保持平衡。因此，19 世纪末的许多观察者对自行车极为赞叹，他们将其视为人类的“延伸”[62]。当时初次使用自行车的人们在骑行时很难保持平衡，自行车甚至成为军校的训练器材（见图 5.5）。尤其是身体上的挑战引发了自行车的流行，因为通过克服骑行中的困难，人们可以证明自己的能力。既是车辆的驾驭者又是其动力来源，这是 1900 年前后对自行车骑手的迷人挑战。肌肉力量和对机械一定的敏感性都是必要的。与此同时，骑车者有着“优雅的义务”：尽管他们实际上是动力，但是他们必须表现出一定程度的轻松自如，避免出洋相。[63]

因此，自行车是一个为自我表现铺平了道路的主要技术范例。它为骑行者提供了展示自己的身体，从而呈现出特定形象的

图 5.5————在自行车上保持平衡。利希特费尔德陆军学院，约 1900—1914 年。德国联邦档案馆。

手段。[64] 这对于性别史来说很有意思。一方面，新技术的支持者将骑行视为“拥有男子汉气概的方法”。这一观点既得到了社会主义者、同性恋权利斗士埃德华・贝茨（Eduard Bertz）的认同，他在 1900 年撰写了关于自行车哲学的第一本书《自行车哲学》，又得到了更为保守的自行车骑手的认同。另一方面，著名的社会主义者、女权主义者莉莉・布劳恩（Lily Braun）在 1901 年将自行车描述为“一个强大的解放者”。回顾历史，骑车的女性体验了未曾有过的个性与独立性。骑车也证明了女性具备必要的身体技能。当时，只有中产阶级妇女才买得起自行车。无论是男性还是女性骑车者，都能够驾驭自己的身体和复杂的运动机械。在这个过程中，身体与科技之间的关系在一定程度上发生了变化。

145 骑自行车显然是以骑车人为中心的，然而，这种关系仍然是矛盾的。尽管骑车者可以控制机械，但人体成为机械的一部分，并被看作机械。[65] 在这一背景下，医生和生理学家都对骑自行车着迷，因为骑自行车者可以通过机械了解自己的身体功能，尤其是自主呼吸。根据医学专家的说法，骑自行车的节奏可以帮助学习稳定的呼吸节奏。[66]

即使多数骑车人相信自行车提高了他们的主动性，但公众对机械控制骑行者身体的担忧也存在。这在关于“骑行狂躁”（Radfahrwut）的争论中变得明显，这种现象据称影响了男性和女性。[67] 根据一些批评者的说法，骑自行车的人存在被诱惑骑得太快的风险。批评者担心骑自行车的人会被未知的加速诱惑，高估自己的体力，从而骑得太快。[68] 事实上，与批评者同时代的人们确实迷上了加速的新体验，不仅是在自行车上。速度的体验在游乐园游玩和体育运动中尤为重要，特别是过山车，让人们感受到加速对身体的影响。[69] 在这两种情况下，由于空间没有封闭，加速是可以直接感受到的。骑自行车者的身体，就像早期汽车驾驶员和飞行员一样，暴露在自然条件下。使用新型移动工具的人

146 享受这种身体体验，也许更多的是享受公开展示自己的身体，但社会仍然只是逐渐地接受。[70]

用户的身体与移动工具之间的关系在自行车的案例中最为明显。然而，在20世纪初的公共交通和单人交通的政治争论中，身体也扮演着重要角色。1902年，心理学家威利·赫尔帕赫（Willy Hellpach）抱怨有轨电车的不便之处。乘客每天的经历都是错过电车，不得不等待下一辆。最终进入电车后，在拥挤的车厢中很难找到座位。此外，通常一路上非常颠簸。毫不奇怪，赫尔帕赫认为汽车优于铁轨，因为它可以使人镇静。他希望未来的交通以私人汽车交通为主导，取代集体主义的“共产主义电车”[71]。

对于不同社会阶层的人来说，与不愉快的电车之旅类似的20世纪城市日常事件，具有不同的社会意义。像赫尔帕赫这样的中产阶级男子，在不得不使用与工人阶级相同的交通工具时失去了社会地位。相比之下，对于一些工人来说，电车却意味着生活条件的逐渐改善，有机会离开内城的简陋公寓，搬到郊区居住。对于所有阶层的妇女来说，出现了新的出行机会。然而，从身体史的角度来看，无论社会分层如何，社会成员共同面临着电车的缺点：令人讨厌的延误，还常常发生在恶劣的天气条件下；拥挤车厢中不小心的身体接触；有时令人不快的同车乘客的气味。

个人交通工具特别是汽车，为人们提供了多一种选择，尽管在20世纪60年代之前这种选择还仅限于社会上层和中产阶级。

这种经历与公共交通有很大的区别，汽车成为驾驶者身体的延伸。根据历史学家库尔特·默泽尔（Kurt Möser）的观点，德国的驾驶员比其他国家早期的司机更强烈地抵制把汽车封闭起来，似乎德国司机比较享受驾驶敞篷车带来的身体压力。由于这样做可以感知速度，所以早期用户寻求的不是更佳的舒适性，而是驾驶的粗犷感，因此汽车具有一种运动形象。然而，从长远来看，只有增强的驾驶舒适性才能吸引新的目标群体，并使汽车最终成为大众消费品。驾驶者与汽车之间的关系非常密切，这个物品强化了用户的自我形象。不过，不利的一面是，在紧急情况下，“身体—车辆纠缠”变得具有危险性。即使事故可以避免，驾驶者的身体也会分泌更多的肾上腺素来做出过激的反应。[72]

除了特殊情况，驾驶汽车的行为也对驾驶者的身体造成影响。驾驶者同时需要完成四项任务：操纵车辆、驾驶、注意交通情况和导航。驾驶者的感知和身体动作都受到这些任务的约束。然而，并非每个人都适合驾驶汽车，国家又如何确保驾驶者不会危及其他道路使用者的安全呢？20世纪初，当汽车还非常罕见时，人们普遍相信驾驶才能是天生的。只有在第一次世界大战期间，由于军队急需驾驶员，才出现了资格测试。由于这一创新，人们对于天生具备驾驶感觉的信念被学习驾驶技能的概念所取代。早在1900年前后，第一批驾驶学校已经建立了，但现在它们变得具有强制性了。强制培训在1933年被纳粹取消，直

147

到 1957 年才重新建立。[73] 20 世纪 20 年代，柏林工业大学提供了科学测量学员头脑敏锐度、注意力集中度、操控灵敏度和反应速度的资格测试程序（见图 5.6）。

关于驾驶能力的讨论存在性别偏见，普遍认为女性不具备足够的驾驶天赋。甚至连政府高官也持有这种偏见。1926 年，巴伐利亚州内政部部长下令在驾驶执照考试中对女性进行特别严格的测试。这是由于他对女性驾驶员的能力存在“各种疑虑”[74]。然而，事故统计数据证明了相反的情况，国家也反对性别化测试，这一命令在 1927 年进行了修订。[75]

图 5.6——柏林工业大学技术心理学部门开展的驾驶员能力测试。照片由乔治·帕尔于 1928 年拍摄。德国联邦档案馆。

20世纪20年代摩托车的繁荣开启了德国的大规模机动化时代（详见第二章）。女性摩托车手比女性司机更容易遭受公开排斥。对于许多保守的男性观察者来说，摩托车的形象与女性的性别规范不相容。[76] 相比之下，骑摩托车被视为展示男子气概的完美舞台。在一定程度上，摩托车标志着魏玛德国现代消费社会的开端。在魏玛德国，摩托车销售与消费者的自我形象密切相关，而后者又基于性别化的身体假设。不同的男性身份得以形成，因为摩托车手可以选择从粗犷版本到光鲜亮丽的“新人”形象，比如“皮夹克”“摩托车上的阿波罗”“技术娴熟的大都会人”或者“真正的运动者”。[77] 与用于体育运动的其他工具一样，摩托车与车手的身体存在着双重关系：一方面，技术被调整以适应人体的需求；另一方面，身体被改造——最突出的是通过肌肉的增长来适应运动设备的需求。[78]

148

乍一看，人们可能觉得在更复杂的技术领域中，身体不需要具有与其在骑自行车和骑摩托车等体育活动中同等的重要性。但即使在战斗机这样的高技术领域，飞行员的身体也至关重要。在实践中，驾驶需要即时和直观的反应。因此，相关动作的习惯化是至关重要的。技术设计预见了身体与机器之间的密切关系：座舱设计基于人体工程学、人体测量学和飞行员的反馈结果。[79] 此外，设计也会影响战斗机飞行员身体的姿态：座椅位置增高使飞行员感到危险更大，因此他更有可能采取攻击性反应。[80] 身体感官不仅被视为战斗的重要因素，而且是飞行安全的关键。与汽车类似，在航空界也进行了有关封闭式座舱的讨论。即使在 20 世纪 30 年代，飞行员也反对封闭式座舱：他们希望感受到空气的流动。飞行员认为飞行过程中的感官体验对于安全问题非常重要。[81]

在两次世界大战之间，战斗机、英勇飞行员的阳刚之躯、国家的复兴希望的结合，令许多德国右翼观察家着迷。根据精神分析学者克劳斯·特维莱特（Klaus Theweleit）的观点，与客机相比，德国民族主义者对战斗机的着迷程度更高，因为他们幻想着将自己的身体与这些强大的毁灭机器联系在一起。[82] 德国人的讨论在语调上与英国人的讨论有所不同。英国人更为冷静，认为飞行员只是在履行职责；而德国人对战斗机飞行员的崇拜，则是由阳刚的男性英雄形象所主导。[83] 20 世纪 20 年代，一些德国右翼观察家认为战斗机飞行员代表了人类的更新。他们将其视为中世纪与当代身体理想的混合体，是骑士与工业战争中士兵的“复合精英”。因此，航空体现了克服人与机器二元对立的愿景。特别是战斗机飞行员代表了人体与技术器械的全新统一。[84] 一些人持有技术决定论的观点，例如埃里希·鲁登道夫将军（Erich Ludendorff）和作家恩斯特·容格尔（Ernst Jünger），他们认为在工业化战争中，士兵的行为在很大程度上是由机器决定的。通过使用机器，他们甚至成为更高级别机器体系的一部分。[85]

虽然男性飞行王牌的英勇身影主导了公众的想象，但在国际上和德国国内都出现了一个引人注目的反向趋势：女性明星飞行员。在德国，战前至少有 80 名女性飞行员和数百名女性滑翔机飞行员（见图 5.7）。由于女性被排除在商业飞行之外，成为特技飞行员或飞机制造商的品牌大使成为她们谋生的唯一机会。因此，其中一些女性成为享有国际声誉的飞行王牌："飞行小姐"。然而，在当时的德国飞行员总数中，女性人数仅占 1%。[86] 反对女性飞行的人士唤起了对女性飞行员男性化的恐惧。这些反女权

149

图 5.7————航空学员！德国体育学院为女学生提供的滑翔机课程。照片由乔治·帕尔于 1930 年拍摄。德国联邦档案馆。

主义者声称女性没有成为飞行员的身体、精神和情感需求。他们说，如果女性飞行员像汉娜·莱契（Hanna Reitsch）一样受到欢迎，被视为通过艰苦训练成功克服自身天赋限制的典范，她们就牺牲了作为妻子和母亲的天职，失去了女性的特质。[87]

第二次世界大战之后，身体不再是关于交通工具的讨论核心。只有在自行车或摩托车竞技的背景下，骑手的身体特性仍然重要。汽车和飞机的许多功能被自动化，同时驾驶教学也从技术性任务转变为普通教学。驾驶汽车不再需要特定的身体条件，学习驾驶变得普遍。[88] 除了城市中非法的汽车和摩托车比赛，体育赛场和展览会仍然是体验交通工具的场所。特别是 20 世纪晚期出现的环形过山车十分刺激，达到了身体能力的极限，产生了游戏中的危险感，乘客们通过紧张的表演感受了身体的极度愉悦。[89]

结　论

150

通过对现代德国历史中身体与科技的关系的不同例子进行研究，提出了两个问题：第一，现代的到来在多大程度上改变了这种关系？第二，德国在身体的科技化方面是否有独特的特征？先看第一个问题，即使在前现代时代，对身体的改造就已经存在了。[90] 然而，直到 19 世纪以后，关于人体功能的新知识，为西方世界改造身体的新方法的出现铺平了道路。自那时以来，人体与科技产品的关系愈加相互交织，现在很难定义自然人体的时代是何时终结的，科技改造人体又是从何时开始的。

经济史学家安德鲁·皮克林（Andrew Pickering）将 19 世纪的工业化描述为对身体和思想的“攻击”。根据他的描述，这是新机器对人类主动性的“全面贬低”。[91] 然而，这种观点的问题在于它将前工业化时代理想化了。几乎没有证据表明在工业革命之前的工厂或家庭手工业中，人类的主动性比后来的现代工厂更高。正如前文所示，机械化既没有降低工业工作场所中人体的重要性，又没有贬低人的思想价值。相反，人与技术的开创性互动的目的是优化生产力，这需要工人的身体和思想参与。因此，整个工业化进程更多地是将身体和思想纳入生产力目标，而不仅是对身体和思想的纪律化。

关于第二个问题，德国工业具有一些特殊性。由于熟练劳动力对德国工业具有的重要性，工人及其身体与技术之间的典型德式关系得到发展。许多德国男工对自身与运转中的机器的密切关系感到自豪，即使在自动化时代，这些熟练工人仍然相信自己拥有特定的身体知识。他们可以通过听觉察觉到机器功能的任何不良变化，他们可以看到是否有什么问题即将发生，甚至可以感觉到机器是否正常运转。正如历史研究表明的那样，这类自我形象源于 19 世纪形成的重视高质量工作的德国风格。[92]

除了国家的特殊性，种族、阶级和性别的差异对于身体科技化的社会效应和文化认知都很重要。个体在社会等级中的位置，决定了是否有机会在高度技术化环境中通过运用身体来改善日常工作。对于交通工具而言，情况也是如此：最初，接触新工具的机会往往与性别相关，并限于社会中上层。有时不同阶级的成员使用相同的交通工具，如火车，但由于不同舱位条件之间的差异，身体体验也会有所不同。然而，对休闲时间流动性的体验所展示的国家特征较少，相比之下，工业劳动则具有更多的国家特征。在工业化世界中，日常生活经验似乎在国际上趋于一致。

151 # Chapter 6—农村地区的技术

与城市技术相比，历史学家（除了环境历史学家）经常忽视农业技术。然而，正如第一章所展示的，在工业城市主导德国经济之前的几十年里，农村地区的工业就采用了最新的技术，通常是从英国引进的。直到 19 世纪晚期，德国工业的很大一部分仍然在农村，并且依赖水力能源。与在不断发展的城市中进行的大型创新活动相比，旧技术的渐进性升级改造往往在经济上更成功，对于社会也更重要。本章探讨旧式、小型和农村的技术变革，相比于作用更显著、复杂程度更高的城市技术，前者对现代德国形成产生的影响同样重要。本章着重研究三个技术变革领域。

第一，水利和伐木技术被视为控制自然的关键示例。自 1800 年以来，对水道和森林的技术改造，说明了农村的自然环境发生了多么巨大的改变。从 19 世纪开始，很难再看到原始自然的森林与河流了。

第二，19 世纪的农业技术取得了很大进步，生产力达到前所未有的高度。然而，直到 20 世纪，新技术才从根本上改变了德国的农业。在战后的两德中，工业化农业都建立起来了，现代性最终来到了德国的乡村。虽然路径不同，但无论是民主德国的计划经济还是联邦德国的市场经济，国家在推动农业技术创新方面都发挥了至关重要的作用。这一发展在 20 世纪 70 年代达到巅峰，当时联邦德国农业的相对资本投资首次超过工业。[1] 技术在机械设备和肥料方面起着至关重要的作用，同时在奶牛饲养和养殖业转型中发挥了作用。自动化在牛舍中得以实现，引入了挤奶机、牛奶管道和大容量冷却罐，甚至比大多数工厂的自动化改造还要早。农业自动化的另一个方面是人与动物的关系，这在 20 世纪和 21 世纪初发生了重大变化。

第三，上述农业技术的改进、工业需求的不断增长和新兴的消费社会催生了农村地区的一种特殊工业部门。从 19 世纪中叶开始，不断发展的交通基础设施为农村产品的营销创造了新的机会。在这种背景下，一些农民成为工厂主，例如建立了罐头食品厂或甜菜糖精炼厂。所有这些发展都促使德国农村在现代保持了经济持久性。与人口从农村地区向不断发展的城市迁徙的普遍观念相反，19 世纪德国大部分的迁徙发生在不同的农村地区之间。19 世纪，德国和西欧都没有发生广泛的农村大迁徙。农村地区的人口也在增长，这是学者们经常忽视的一点。[2] 农村地区

152

继续存在，但它们改变了面貌。发生这种转变的主要原因是它们与城市的关系。城市居民对食物、能源以及自然资源的消耗越来越多，而这些资源主要在农村地区生产。[3]

主宰自然：水利与林业

开发湿地的技术有着悠久的历史。现代早期，欧洲就发明了沼泽地的开垦和排水技术。不过，大坝的出现成为一个更重要的现代性象征，比单纯的河流整治或沼泽排水更显著地表明了“人类对自然的掌控”。从 19 世纪开始，标志性大坝开始建设，往往引发不同利益相关者的争议。当然，大坝并不是现代发明，全球大坝的历史可以追溯到古埃及。甚至在德国，在 15 世纪末就开始建造先进的大坝，荷兰技术人员传授了必要的专业知识。大坝产生的水力用于排干矿井和驱动捣碎机。18 世纪末，德国山区已经建造了许多精巧的大坝。[4]

19 世纪初，德国有一支庞大的工程师队伍参与了“征服自然”的项目，其中包括水利工程师和林业工程师（稍后将进一步探讨）。[5] 水利工程师建造的新工具——有时是无意的——帮助旧技术得以继续生存。在蒸汽动力出现之前，传统能源体系在农村地区占优势。山区的河流为传统工艺和新兴的小作坊提供了水力资源（详见第一章）。只有当农村地区劳动力明显短缺时，蒸汽动力才成为水力的竞争对手。水力供应充足、可靠且廉价，但蒸汽动力使工厂可以建在劳动力充足的地方，即快速发展的城市。[6] 随着 19 世纪农业生产力的大幅提高，这种差异在随后又发生了变化。劳动力得以释放，为农村新型产业的出现铺平了道路（将在本章第三部分中进一步讨论）。

首先，筑坝有助于农业应对重工业的巨大水消耗导致的水位下降问题。跟随法国筑坝工程师的引领，德国筑坝的复兴始于 19 世纪 80 年代的法德边界阿尔萨斯地区。从 19 世纪中叶开始，阿尔萨斯在普法战争后归属德国之前，法国工程师就制定了筑坝计划。他们的目标是平衡水位，使农田灌溉和水车受益。虽然蒸汽机出现了，但直到 19 世纪 70 年代，在德国某些地区，水力仍然占据了主要的能源份额。从 19 世纪末开始，德国的许多山区效仿阿尔萨斯的模式进行筑坝工程。矛盾的是，筑坝的新技术暂停了淘汰古老的水车，这与筑坝工程师最初成为科技先驱的意图相悖。[7]

在这种背景下形成了空间和功能的差异。在鲁尔地区，大型采矿和重工业的技术体系占主导地位，而邻近的高地山谷的小型工业企业家选择了不同的策略。他们修建了水坝，为保留传统的水车动力系统提供了条件。这些水车不仅经受了蒸汽机的挑战，也经受了即将到来的水力涡轮机的考验。小型水力发电设施在德

153

国的许多地区一直盛行到20世纪，现代涡轮机并未立即取代古老的水车。在20世纪的前几十年中，许多小麦磨坊或锯木厂仍然使用水车。在工作时间，水车的动力被用来进行生产；而在非工作时间，水车则驱动发电机，为自己的企业和周围的农场提供电力。实际上，那些盯着现代涡轮技术的工程期刊所忽视的小型水车，在两次世界大战间仍然产出了很高比例的发电量。德国山区的许多企业仍然保留着自己熟悉的旧技术：企业投资于水车，具备维护和修理的技能，而且大部分时间水车运转良好，[8]只是在20世纪逐渐消失。

各种各样的水坝建设利益诉求暴露了线性技术进步观念的矛盾性。20世纪初，工程师们自豪地强调了“水坝的社会效益”。然而，在一个利益多元化的社会中，究竟是谁从这些技术手段中获益一直存在争议。当代观察者已经意识到这一点。水利技术的阴暗面导致发生越来越多的冲突。[9]20世纪初，对于19世纪80年代的阿尔萨斯水坝至关重要的农业灌溉，已不再是焦点话题。此后，工业利益主导了争议，内陆航行与水电公司有着截然不同的利益目标。在这种情况下，国家既是技术项目的发起者，又是利益冲突的仲裁者。[10]

从长远来看，企业利益在很大程度上占据了主导地位。在能源问题上，不论发电方式如何变化，河流始终是至关重要的。它们产生水力能源，运输煤炭，对于冷却核电站也是必不可少的。

从某种意义上说，跨国河流如著名的莱茵河，以及跨国能源公司，在建立欧洲电力系统方面作出了相当大的贡献。[11] 因此，莱茵河在德国国家神话中的地位日益受到青少年文学和理查德·瓦格纳歌剧的推崇，显然它已经从一个神话般的自然美景转变为现代技术的重要中介者。现在，莱茵河“更像是一条运河”。它的长度已经缩短了超过 8%。事实上，1992 年竣工的莱茵—美因—多瑙运河，采用了更生态的方式，比原来的河流“看起来更自然”[12]。西奥多·沙茨基（Theodore Schatzki）表明，用“社会自然场所”的概念代替“自然”的概念，更适合描述人类历史、自然、技术三者之间的纠缠关系。[13] 当我们更仔细地观察另一个被德国浪漫主义者、民族主义者和环保主义者赞美的自然场所——德国的森林时，这种关系变得清晰起来。

154

19 世纪中叶以后，经过了一段木材大量消耗时期，森林面积逐渐增加。现在，森林地区占德国总面积的三分之一。人们常常忽视的是，森林面积的稳定并不意味着在煤铁时代对木材的需求减少，实际上，需求是增加了，只有通过采用新的森林管理技术才能确保足够的木材产量。铁路建设便利了森林资源的运输，在此之前，河流航运对木材销售是至关重要的。尽管有了森林管理技术，但对木材的需求仍远远超过国内的资源，因此自 1864 年以来，德国一直是木材净进口国。[14] 人们经常忘记的是，19 世纪下半叶，高度工业化时代的标志性新技术——铁路、电力和电话线路——需要大量木材制造铁轨枕木和电线杆。此外，不断发展的纸张和包装工业也是木材的大买家。第一次世界大战爆发前夕，木材加工业和造纸业的工人人数超过了化工行业。[15]

在这个林业蓬勃发展的时期，德国的“林业人员发展了提高产量的新技术”，很快成为现代林业的全球典范。林业人员使用统计模型完全改变了森林的构成。在“效率”成为工业热词之前，木材专家就利用科学知识最大限度地提高了产量。最重要的是，快速生长的松树单纯林取代了传统的针阔叶混交林。在这一发展过程中，工人的技能标准降低了，伐木工作进行了标准化。[16]第二次世界大战后，针叶树林增加的趋势迅速加快，在现今的德国，云杉和松树主导了森林地区。[17]然而，尽管不断追求效率，大自然仍会有一些限制。德国的森林土壤不适合使用在北美和斯堪的纳维亚获得成功的大型伐木机。因此，机械化伐木的变革失败了。相反，工人使用链锯被证明是一种有效的采伐方法。[18]与此同时，传统的森林地区适度扩大，联邦德国的绿地和公园面积大幅增加。尽管当时森林的开发历史已经很久，但对于许多德国人来说，它仍然象征着工业现代性的自然对立面。特别是对于从 20 世纪 70 年代开始壮大的环保运动来说，这一点尤为明显（见第八章）。然而，环境视角存在内在的矛盾，那就是既赞扬森林是原始自然的典范，又赞扬它是人类开发自然的典范。[19]

农业变革与工业革命之间的确切关系很难被定义。正如历史学家扬·德·弗里斯所指出的，研究人员宣称存在“大量农业革命”。然而，有一点是大家都同意的：重要的变化在工业革命之前已经发生在传统农业中。[20]然而，在19世纪末之前，农业生产力的提高并不依赖新技术。偶尔会有新技术被发明，但没有一种技术能够普及。例如，实践者彼得·克雷兹希默（Peter Krezschmer）在1748年提倡了一种新的耕种方法，可以深入土壤并承诺提高产量。然而，它只适用于特定的土壤，如沙质土地就不适用。[21]

总而言之，农业生产力从18世纪末开始逐渐提高。最初，这种提高与技术创新的关系不大。那时有一些重要的创新，如种子播种机，但只有富裕的农民能够负担得起。相反，产量的增加主要是由于类似于德·弗里斯所描述的小作坊的发展，即在工业革命之前，发生了一场“勤劳革命”（见第一章）。新的农作物，如土豆、甜菜和油菜，需要更加密集的耕作，主要是用锄头完成。此外，畜牧业也发生了重要变化。稳定的喂养方式变得更加普遍，工作量增加了，提供了有营养的肥料，进而提高了作物产量，从而为牲畜提供了更多的饲料。此外，土壤改良，尤其是改善排水，增加了农田的总面积。因此，在1806年之后发生的农业改革之前，农业就已经逐渐升级，牲畜数量增加，作物产量提高。消费社会的时代开启——农民对新式家具的兴趣提高，为这场“勤劳革命”提供了动力。然而，稳定喂养等创新被广泛接受还需要一个漫长的过程。鉴于经济原因，对于大多数农民来说，逐步过渡是一个理性选择。[22]

这一发展并非线性的，而是一个高度不稳定的过程。18 世纪末，传统农业陷入了严重的危机。由于几十年的开发利用，农业产量下降。[23] 与此同时，牲畜数量也减少了。农业改革者高估了产量的增长，并且没有稳定的食物或饲料供应。[24] 尽管 18 世纪的农业产量总体上是增加的，但饥荒仍然是一个问题。即使在 19 世纪初，德国南部地区仍然遭受饥荒之苦；第一次世界大战之前，最后一次大规模饥荒发生在 1846—1847 年。[25] 进一步可持续的变革是必要的。鉴于德国封建制度的强大，劳动力在得到解放进入新兴产业之前，制度性变革是必要的。农业改革并非标志着农业繁荣的开始，但这是一个持久的农业增长过程所必需的法律框架。改革使许多公有地变为私有，总体而言，无论农村还是不断增长的城市，食物供应得到了保障。[26]

156 与此同时，现代农学正在建立。1769 年，德国技术科学先驱约翰·贝克曼出版了一本关于德国农业原理的书籍，为基于经济学、科学和技术的现代农学铺平了道路。贝克曼派遣一名学生前往英国，引进了种子、谷物和肥料。[27] 因此，在德国企业主研究新兴的英国工业技术之前，德国农业专家已经引进了英国的知识和资源。19 世纪初，“理性农业”的概念开始流行起来。阿尔布雷希特·泰尔（ALbrecht Thaer）于 1812 年出版了一部关于农业原理的著作，该著作于 1844 年被翻译成英文，名为《农业原理》。泰尔的农业原则源于 1800 年前后他在英国进行的研究之旅。19 世纪初，稳定喂养和轮作等实践在德国越来越普及。此外，农民开始兼具商人身份。技术进步愿景激发了农业变革，尽管创新技术和外部肥料的传播速度相对较慢。然而，泰尔和他的前辈首次在农学论述中将手工技能与科技知识进行了概念化。[28]

1800—1850 年，德国的农业用地面积翻了一番。特别是在 1830 年之后的二十年间，农业迅速发展，产量增加。这种增长主要归功于改良、筑堤、排水和开垦。这些技术在很久之前就已经在使用了，但在 19 世纪时得到了显著的提高。新一代的技术官员认为改造自然是完全正确的，他们建设水利设施有助于土地开垦。此外，公共土地的私有化和荒地的减少也促成了这一趋势的形成。在 19 世纪末新机器广泛地传播到农村之前，传统的农业设备就已经有了显著的改进。1850 年之前，已经引入了能够更加深入土壤的钢犁，小镰刀被长柄镰刀取代；同样重要的是，新兴工业的繁荣使农业装备价格降低。此外，由于城市需求的增长导致作物价格上涨，农业转变为完全面向市场的业务。这种转变促进了产量的增加。1815 年，四名农民只能为自己和另一个人提供足够的食物，但到了 1865 年，生产力提高了，四名农民的产量可以养活他们自己以及另外四个人。历史学家称其为农业革命似乎是恰当的。[29]

当时，市场一体化和改进的运输技术是最重要的变革力量。19 世纪的运输革命为跨区域商业铺平了道路。道路和运河帮助人们抵达不断扩张的新兴城市中心市场，而 1840 年之后出现的铁路为建立欧洲农产品市场打下了基础。此外，德意志关税同盟的建立以及铁路扩张导致运输成本降低，市场选择增多了，对农业产生了重大影响。[30] 回顾历史，工业化与农业变革之间存在着相互作用。在工业革命到达德国之前，农业产量已经增加。157 而且，正如历史学家韦瑞纳·莱姆布洛克（Verena Lehmbrock）所表明的，重商主义的官房学派（the school of cameralism）在德国工业化之前已经建立了农业合理性的原则。因此，工业革命的主要贡献在于通过改善运输打开了新市场。直到后来，新型机器和人工肥料提供了使得产量达到前所未有高水平的手段。[31]

尽管在 19 世纪中叶，人们已经意识到对新机器的需求，但推广仍然是逐渐进行的。然而，那时已经建立了技术变革的制度框架。从 1839 年开始，位于德国中部城镇马格德堡的一个协会举办了农业工程展览。1867 年，哈勒附近的一个测试机构开始检查农业机械。然而，当时只有大农场主能够负担得起新农机的费用。尽管如此，技术创新无法解决劳动力短缺的问题。当时，改良土地和改进畜牧业仍是增加产量的最重要措施。[32]

19 世纪末，机械化程度并没有显著改变。与美国和英国相比，由于土地分散程度高，德国农业的机械化进程开始得相对较晚，农场规模小且技术水平较低。19 世纪 70 年代，最重要的农业机械仍然是犁、耙、滚轮和耕种机。相较于前辈，大多数农民并没有更多地使用机械。唯一的例外是大多数中型农场使用的打谷机。早期的打谷机由马匹或人力驱动。然而，大型农场很快改用蒸汽机。19 世纪末，使用打谷机的承包商已经在村庄间流动。对于大多数农民来说，这是对现代技术最初的体验。虽然拥有不到 10 公顷土地的小农民几乎没有任何机械，但甚至 20% 的大型农场（即经营土地面积超过 100 公顷的农场）也没有使用任何现代机械。即使是从牛到马的过渡也是渐进的。当时威斯特法伦农场一半的耕畜仍然是牛。此外，铁制器具只是逐渐取代木制器具。然而，对旧技术的逐渐改进也能提高生产力。[33]

回过头看，德国农民在 20 世纪上半叶持续观望的行为并不是对技术创新的普遍拒绝；相反，它是一种理性和务实的态度的表现。[34] 经济史学家认为存在着明显的“落后优势”，威斯特法伦的农民在很长一段时间内落后于西欧竞争对手，但在 19 世纪末采用更复杂的技术后，很快成为生产能力最强的市场参与者。[35] 从 19 世纪末开始，农业的资本密集程度逐渐提高，机械化改变了德国农业。除了机器，农民还投资于种子、肥料和能源。[36] 特别是小麦市场的全球化为机械化提供了进一步的动力。1875 年之后，蒸汽船使美国进口小麦变得廉价，并迫使普鲁士地主通过采用机械来提高生产力。当时农业机械已经开始大规模生产，主要从英国进口。甚至在第一次世界大战爆发前夕，英国制造商仍然主导着德国市场。[37]

158

农业协会在农机制造商与农村用户之间起到了重要的中介作用。19 世纪末，德国以英国的同行为模板建立了自己的农业协会，其主要目标是促进德国农业机械化，并通过期刊和展览推广最新技术。[38] 此外，受到技术大学研究的启发，农业科学化始于 19 世纪 80 年代。1902 年，柏林农业大学设立了第一个农业工程教授职位。然而，农业研究在很大程度上仍然忽视了技术应用方面的问题。此外，直到 20 世纪中叶以后，农民才广泛运用新知识。[39] 知识的传播主要归功于 20 世纪初以及之后建立的农业学校。当时，大多数德国农民还是认为自己纯粹靠天吃饭，对于科学方法在农业中的应用几乎没有兴趣。年轻的农民逐渐学习科学和技术知识。[40]

有些讽刺的是，在农业全面应用科学时代的早期，肥料是一个例外。农民没有必要获得有关肥料的科学知识，在很长一段时间里，他们只是遵循着“多多益善”的原则。[41]19 世纪末，德国农民已有 45 种天然肥料可以选择。1840 年之后，秘鲁鸟粪的使用在欧洲迅速普及，并在接下来的二十年里几乎垄断了市场，直到储量耗尽。[42] 只有在运河和直线轻轨建设开始后，运输成本下降，农民才会使用外部肥料来补充自己的牲畜粪便。在前工业化农业达到了其可能的最大产量后，全面施肥为农业工业化铺平了道路。现在，肥料被运输到农村地区，同时马铃薯和猪肉被运往工业城市。由于存在这些贸易关系，像奥尔登堡这样的地区在 1900 年前后开始专门从事猪饲养。[43] 此外，进入 20 世纪，种子新品种被引入，它与新型商业肥料具有协同效应：种子新品种只有与新肥料结合，才能获得高产量。[44]

第一次世界大战带来了人工肥料的突破，迅速取代了从智利进口的硝酸盐。化学家弗里茨·哈伯（Fritz Haber），在战争爆发前夕发明了一种固氮技术，他于 1918 年获得了诺贝尔奖。对于德国政府和工业来说，氮尤其有用，因为它既可以做肥料，又可以做炸药。如果没有这项创新，德国可能会在“1915 年春季之前既无弹又无粮”[45]。当然，即便有这项创新也无法缓解局势。在战争期间，营养不良和饥饿导致七八十万德国人死亡。特别是 1916—1917 年的“萝卜冬天”成为一场全国性灾难。[46] 战后，德国失去了大部分耕地，食品进口变得越来越重要。[47] 此外，土地短缺促使人们提高农业生产力。在这种背景下，魏玛时期出现了国家与农业之间的新型合作。出于对下一次饥荒的担忧，政府机构宣传人工肥料。当时的观察家将人工肥料赞誉为“农业的大引擎”。尽管肥料价格稳步下降，但 20 世纪 20 年代末

159

农业经营总费用中的10%～12%用于购买肥料。[48]由于政府的推广，与法国或美国的农民相比，德国农民使用的人工肥料要多得多。[49]除了新型人工肥料，旧的天然肥料技术仍然存在。1929年，大约有37吨骨粉用于德国的农田。尽管听起来这个数字庞大，但这只占到了农田施用磷酸盐总量的2%。[50]

除了耕种方面发生的变化，奶制品生产的工业化也得以建立。19世纪下半叶，对肉类和牛奶的需求进一步增加，这促进了更好的喂养和照料，以及对高产品种的选择性繁殖。在这一背景下，农民逐渐在耕作和畜牧方面更专业化。同样，交通革命对农业的发展至关重要，铁路促进了奶产品的市场化。因此，牛从一种多用途动物逐渐转变为一种单一用途的产奶动物。这个过程是渐进的，即使在20世纪中叶，小农场主偶尔还会使用牛作为耕作动物。[51]在19世纪最后25年中，出现了一定程度的“繁育官僚主义”，即种谱记录、动物标准化和知识专业化。奶牛畜群簿的出现，有助于区分品种。农业学院设立了育种学的教授职位。然而，只有到农场进行实地操作，即进行产奶记录，才能真正实现大幅进展。20世纪初，丹麦农业转移到德国北部时引入了定期检测，由一名检查员负责。通过这种监督，农民了解了成本与产量之间的确切关系。由于改善喂养和有针对性的繁殖，1922—1932年，每头奶牛的产奶量增加了50%。纳粹政权要求实行产奶记录和定期检测。然而，这些进一步提高产量的尝试失败了，因为这些方法已经达到了极限。直到第二次世界大战之后，牛奶产量才达到了前所未有的高度。[52]

1945 年之前，挤奶自动化方面进展甚少。虽然发明了机器，但实际上挤奶仍然是手工劳动。1910 年，德国农业协会在汉堡的一次展览会上展示了一台挤奶机。[53] 英国关于挤奶机的实验甚至可以追溯到 1836 年，但直到 20 世纪 20 年代，该项技术才成熟到可以实际应用的程度。然而，在德国，挤奶机的广泛使用直到“二战”后才开始。[54] 20 世纪上半叶，挤奶机的推广速度相对较慢，原因是成本高且容易发生故障。[55] 1933 年，只有 0.4% 的德国农场使用挤奶机。因此，牛奶冷藏系统也非常罕见。[56]

总体而言，乡村电气化的进展相对较慢。因此，当电动脱粒机于 1893 年发明时，只有少数农民使用了这一设备。甚至在 1913 年，德国只有 25% 的乡村地区接入了电网。第一次世界大战后，德国和其他欧洲国家推动了乡村电气化进程，并大大超过了美国的乡村电气化率。然而，还有一些问题仍然存在：虽然西部一些地区在 20 世纪 20 年代实现了大规模电气化，但在人口稀少的东部乡村地区，进展却很缓慢。农业结构和规模阻碍了农业用电的推广，即便在西部，那些无法负担昂贵机械设备的小农场占主导的地区也是如此。[57] 因此，当时的乡村电气化推进并未完全成功。尽管如此，农民开始了解这一新的选择，这可能为 1945 年后的适应创造了条件。例如，20 世纪 20 年代，多特

160

蒙德展示了一个“电气化农场”，很受欢迎。[58]

德国的农业机械化进展也很缓慢。1895 年，只有 16.4% 的德国农民使用机械，绝大多数农民仍依靠人力或畜力。农业劳动力数量仍然庞大。1882 年，43.6% 的德国人从事农业工作。这一数字在接下来的几十年中有所减少，但即使在第一次世界大战爆发前夕，农村劳动力数量仍占总劳动力的三分之一。蒸汽犁地机标志着农业机械化的开始；然而，它们只在特定条件下是经济可行的，其中之一就是改良土地。从 20 世纪初开始，蒸汽犁地机被用于开垦沼泽地，将其转变为荒原景观。此外，排水和施肥使以前的沼泽地变为草地。[59]

在狭义的农业中，几乎只有德国东部的大农场购买昂贵的蒸汽犁地机。这些大农场拥有足够的资金和劳动力（至少需要 5 名操作员进行犁地操作）。此外，该地区的土壤非常适合蒸汽犁地机，可以实现深度犁地。犁地对于提高农业产量至关重要，新技术有显著的改善效果。1800 年前后，原来犁地的深度只有 10 厘米～12 厘米，但蒸汽犁地机可以增加到 30 厘米甚至更深。[60] 然而，1907 年，仅有 3000 台蒸汽犁地机在不到 1% 的耕地上运行。[61] 20 世纪 20 年代初，这项技术以一种改良版本出现了匪夷所思的复兴。一家地方制造商通过用老式牲口替换引擎，将蒸汽犁地机改装为符合鲁尔地区农民需求的版本。他们将犁地机缩小，这样两匹马就能够拉动。[62]

此外，狭义的农业机械化是指内燃机动力化。第一次世界大战前，农用机械化最初是由农用汽车引发的。最初，机械化犁地过程简单但耗能较高。当时一些人还提出了反对意见，认为机械化犁地缺乏马或牛的敏感性。[63] 第一次世界大战后，机械化开始蓬勃发展。1920 年国家农业技术委员会成立。在随后的几年里，德国政府通过贷款计划促进了农业的机械化。此外，20 世纪 20 年代技术上受美国模式启发的热情也波及德国农业领域。早期的拖拉机存在许多缺陷，但从 1924 年进口美国福特森公司的拖拉机后，这种机械就开始广泛传播。最初，高额关税阻碍了福特森拖拉机在德国的普及。然而，德国制造商兰茨（Lanz）借鉴了福特森的成功经验，并引入流水线生产“斗牛犬”拖拉机。由于这些发展，拖拉机的价格下降。魏玛时期末，一半的大型农场实现了机械化。从 1930 年开始，中型农场也引进了中小型拖拉机，这样更多的中等农民也能够负担得起。[64]

161

与 20 世纪 20 年代实现农业工业化的美国相比，德国农业的转变是缓步进行的，从某种意义上说，20 世纪 20 年代只是一个纸上谈兵的十年。正如德国工业所显示的那样（见第一章），关于农业技术创新的讨论远大于实际的变化。然而，1918 年之后，机械在德国农场中变得更加重要。第一次世界大战前，只有 30% 的养殖资本用于购买机械。1928 年，这个比例翻了一番。当时，对于大多数中产农民来说，购买拖拉机并不是一个理性的决定。有时候，年轻农民只是决定未来要走向现代化。据不同的估计，1925 年德国农业共有 7000～12,000 台拖拉机。大萧条之后，进一步的机械化受到了阻碍。20 世纪 30 年代初，拖拉机的数量仍然低于 1.6 万台。此外，这些年份中机械犁的数量也减少了。在此之前，机械犁在德国取得了相当大的成功，1925 年有 1.2 万台。然而，无论是机械犁还是早期的拖拉机，都存在着许多令人失望之处。尤其拖拉机是一种全新的机器，往往还是农场里的第一台多功能机械，因此它的推广更为困难。此外，两次世界大战之间，拖拉机的平均寿命只有 5 年。主要的问题是农民们缺乏使用经验，例如，通常他们没有为拖拉机准备棚子，对定期保养和润滑的必要性知之甚少。在通常情况下，大型农场会雇用专职拖拉机驾驶员。农民们往往不会雇人去花那么多时间来维护机器。因此，粗糙的维护和误用很容易破坏昂贵的机器。[65]

然而，从长远来看，这些小麻烦为“二战”后拖拉机的成功打下了基础。首先，那些早期购买拖拉机的农民通过调试技术获得了一些简单的专业知识。事后来看，20 世纪 20 年代的兰茨的“斗牛犬”拖拉机因其独特性而受到赞美。特别是通过喷灯启动“斗牛犬”成为德国乡村的神话。一方面，“斗牛犬”的优势在于易于维护和修理。另一方面，它的使用并不容易。如果农民想从田地开到路上，必须先将田地轮换成气胎轮。这些早期拖拉机速度也非常慢，妨碍交通。此外，“斗牛犬”甚至没有倒挡。因此，驾驶员必须具备较高的灵敏度来改变发动机的旋转方向。总体而言，正确驾驶早期的拖拉机需要一定的感觉技巧。因此，驾驶员需要一些时间来了解这些机器。20 世纪 30 年代初，一些观察者还赞扬拖拉机驾驶员通过听发动机的声音就能识别任何机械问题。[66]

大多数德国制造商并不像兰茨那样技艺精湛。正如第一章所述，大规模生产在德国仍处于起步阶段。甚至在 1935 年，芬特（Fendt）公司全年只生产了 30 台拖拉机，然而该公司在战后成为领先的制造商。总体而言，工程师并不了解农民对拖拉机的要求：它必须在田地上慢速行驶，在道路上快速行驶；既不能太重又不能太轻；最重要的是价格不能太贵。此外，维修服务设施的缺失也是问题。铁匠通常不会修理拖拉机，更专业的维修店也很少。然而，这种基础设施的缺乏从中期来看对技术发展是有利的。像哈诺马克（Hanomag）这样的制造商维护着一个技术人员网络，他们驾车去农场修理哈诺马克拖拉机。因此，通过访问农民，技术人员了解到实际使用中的问题。正如当时的观察者所说，农民成为技术和设计进一步发展的合作者。[67]

162

纳粹努力加速乡村的机械化进程。与其作为传统乡村生活守护者的宣传形象相反，纳粹通过提供政府补贴来推广农业技术，如机械、拖拉机和化肥。对于纳粹来说，现代组织和新技术铺平了通向另一种现代性的道路。[68] 类似于“人民汽车”（大众汽车），纳粹推广了“农民拖拉机”（Bauernschlepper）。1945年之前大众汽车无法在市场上销售，与之不同，道依茨（Deutz）生产的低成本拖拉机取得了小小的成功，销售了约1万台，直到1942年停产。此外，1946年道依茨恢复了稍作修改后的拖拉机的生产。[69]

在另一个领域，纳粹的政策更全面地为工厂养殖铺平了道路。他们延续了20世纪20年代的猪育种努力，并将其与纳粹特定的自给自足政策相结合。从20年代开始，农学家成功地进行了一系列猪育种实验，培育出一个新品种，它们能够产生更多的脂肪和蛋白质，同时需要更少的饲料。他们在育种实验中考虑了德国土壤的特殊性，将猪作为科学研究的对象。农学家将传统的德国猪与英国猪进行杂交，旨在取代传统的肥胖的德国猪，培育出生长更迅速、更瘦的猪。这一新品种可以满足不断增长的城市对低脂猪肉的需求。然而，20世纪30年代，这两个品种杂交后的相对肥胖的变种最受欢迎，这标志着德国的猪育种与英美猪育种的一个重要区别。由于德国是脂肪的大批量净进口国，猪的脂肪含量更为重要。在纳粹的自给自足政策和战争背景下，这个问题变得更加重要，德国迫切需要增加动物脂肪的生产。在某种意义上，畜牧业既具有科学性，又有意识形态色彩。撇开纳粹的“传统守护者”说法不谈，农业被现代化了，畜禽品种被转变为“科技生物体”。[70]

因此，在1945年之前，猪养殖经历了重要的变革。此后在两德发生的变革，在一定程度上延续了战时科学养猪的做法，特别是技术改良的概念仍然占主导地位。当时的人们相信，工业化猪养殖的新技术引发的任何问题都可以通过技术来解决。两德的农民和政治家都坚信这一点。总体上，两个国家的猪养殖经历了相同的技术变革。[71] 就动物本身而言，对低脂高蛋白猪肉的需求增加导致了1970年之后出现的瘦肉杂交品种。[72] 新的基本技术——妊娠笼、自动喂食机和栅栏地板——提供了提高效率、节省劳动力的手段。然而，完全自动化仍然难以实现，人力对关键地方的控制还是非常重要的。[73] 直到80年代之后，计算机控制猪饲喂才逐渐实现。[74] 找到既适合动物又符合农民要求的操作方式是一项复杂的任务，这需要长时间的试错过程。[75]

163

第二次世界大战后，联邦德国农业才全面实现了机械化。经济、制度和基础设施的先决条件已经存在，可以实现这种机械化。20世纪中叶之前，职业培训、咨询和服务领域的发展，滞后于科研和新技术所提供的广阔空间。例如，农业学校超过一半的课程教授技术相关的内容。此外，只有1945年后适当的农场资本化才能为联邦德国农村生活的结构性变革铺平道路。在战后的最初几十年里，采用新技术的中型农场占据主导地位，小农户逐渐消失。因此，土地割裂的问题消失了，农业地区变得越来越适合使用拖拉机。[76]1950年之后的10年中，机械化造成了劳动力流失，联邦德国的农场员工人数从510万人下降到310万人。这一下降势头持续到60年代。当时，专业化和工业化农场已经成为常态。[77]

农业技术也变得更加可靠。20世纪20年代的机械容易出现故障，而战后时期更可靠的技术为工业化农业的大型技术系统消除了障碍。那时，农村用户已经有了对农业技术的第一次体验，并且更愿意接受创新。只有在两次世界大战之间获得了对技术的初步体验，才能在广泛接受新技术的基础上，完成农业的全面机械化。新一代农民更愿意接受现代技术，特别是拖拉机。[78] 1949—1959年，联邦德国的拖拉机数量增长了10倍。20世纪60年代中期，所有中型或大型农场都至少购买了一台拖拉机，甚至有一半的小农场也有一台。这并不总是一个理性的选择，拖拉机往往是一种乐观主义的象征。[79]

尽管出于经济考虑，德国政府促进了机器集体所有权的实现，但大多数年轻农民都希望拥有自己的拖拉机。因此，大多数小型和中型农场在20世纪五六十年代购买了拖拉机。从某种意义上说，这是科技狂热造成的浪费。然而，也存在相反的趋势。特别是出生在20世纪初的老一代农民往往不愿购买新机器。[80] 例如，一位德国北部的农民女儿在回忆录中提到，她的父亲对技术不感兴趣，因为他喜欢与四个孩子一起在农田里进行体力劳动。直到1962年家长去世后，才由继承人购买了一台拖拉机。[81] 这个故事证实了历史学家弗兰克·乌科特（Frank Uekötter）关于传统"农民理想"的论点。根据乌科特的观点，从1800年到1945年，一种家长式、系统性的理想"农民"在德国农村生活中占主导地位。即使在20世纪50年代，有机农场的理想仍然盛行。这个理想解释了为什么德国农业的机械化进程相对缓慢。即使在20世纪50年代末，大多数农场除了拖拉机还保留了马匹。[82] 对于在德国农业中占主导地位的小农和中农来说，保留牲畜是一个理性选择。1950年，每三头牛中就有一头是耕畜。这种情况在15年内发生了巨大的变化。1965年，德国西部只有2.8%的牲畜用于耕作。1954年，拖拉机的总马力超过了德国西部马匹的数量。不过，即使在20世纪60年代，小型和中型乡村土地所有者拥有拖拉机，通常也养牛。[83] 164

然而，与家用技术相比，拖拉机在战后的最初阶段传播得相当迅速。20世纪50年代中期，联邦德国拥有拖拉机的农民比拥有洗衣机的人更多。一台新洗衣机的价格为1800德国马克，而一台二手拖拉机的价格为三四千德国马克（新机价格为6000德国马克）。农民掌握基本的技术技能变得至关重要，包括驾驶执照和主要农业机械的知识。[84] 总体而言，年轻一代的乡村土地所有者不再像他们的父母和祖父母那样对新技术持有抵触态度。这时，大多数农民为能够掌握技术并修理自己的机器而自豪。有趣的是，这加剧了农业任务的性别差异化，男性负责田地中的机械任务，而女性承担的此类任务则越来越少，改为做家务和在谷仓工作。[85]

如前所述，联邦德国政府对这种“科技狂热”表示欢迎，尽管集体拥有拖拉机在经济上比私人拥有更合理。基于这一点，联邦德国政府支持机器合作社。[86] 在社会主义的民主德国，集体所有权是强制性的。最初，机械站为小农提供农机租借服务。1952年，它们更名为“机械拖拉机站”。这些机构是民主德国农业集体化的重要步骤。当集体化进程在1961年完成时，农业生产合作社接管了这些机械。总体而言，民主德国的机械化速度较联邦德国慢。然而，20世纪60年代，拖拉机数量仍然翻了一番，收割机的数量甚至增至三倍。出于截然不同的政治目的，民主德国政府宣布了与几年前资本主义对手联邦德国相同的目标：过渡到工业化农业。[87] 在农药的使用上，民主德国甚至超过了联邦德国使用的数量。更确切地说，尽管德意志民主共和国的耕地要少得多，但农民使用的农药量大致与联邦德国相当，1988年达到了3万吨。20世纪60年代末期，民主德国的农化中心甚至开始使用直升机和飞机喷洒植物保护剂。[88]

联邦德国政府追求农业现代化的动机与民主德国构建新社

165 会的目标完全不同。1990年之前，联邦德国的农业从未达到民主德国大规模生产合作社的规模，但在20世纪50年代，两德用类似的机械化方法追求着不同的目标。对于50年代保守的联邦德国政府来说，农业技术是为了保护农村生活和乡村价值观而采取的手段。最重要的是，政治家们希望技术能够减轻农村妇女的劳动负担。[89] 从某种意义上说，这是一种现代性的替代版本：新技术不是为了社会进步，而是为了保留旧价值观，减缓社会变革，即城市化。挤奶机是实现这一目标的核心技术之一，既可以帮助农村妇女，又可以保持乡村性别角色。在战后时期，挤奶是一项基本技能。1952 年的一项调查发现，与开车或打字相比，更多的联邦德国人能够手工挤奶。[90] 同时，挤奶被视为妇女的工作。虽然男性在家务以外的任务中占据主导地位，但 1953 年，53% 的挤奶工作由女性完成。[91] 因此，挤奶机被视为减轻女性劳动负担的关键设备。[92] 与此同时，民主德国的女性农业劳动力也接受了使用新机器的培训（见图 6.1）。

然而，在两德，20 世纪 50 年代、60 年代初的挤奶机并不是非常高效的。它们是连接桶的单独机器。鉴于它们的低效，20 世纪 50 年代，虽然大型农场中普及了挤奶机，但大多数小型农场（占地不到 10 公顷）仍然采用人工挤奶。直到挤奶机直接连接牛奶管道并通向奶库冷却罐的系统化方法出现后，挤奶机才在 1970 年实现了满意的高效结果。[93] 联邦德国政府推广了这一挤奶和冷却系统，除了最小的农场，几乎所有农场很快都安装了该系统。[94] 随着巴氏消毒、冷却和运输技术的进步，牛奶的市场选择显著增加。然而，生产力提高仍然有明显的限制。尽管挤奶

166

图 6.1——————1952 年 11 月 27 日，民主德国巴比（Barby）农业学院的农业教师约瑟夫·安尼希（Josef Annich）向两名学生讲解如何使用苏联的挤奶机。德国联邦档案馆。

效率大幅提高，但挤奶机并未完全实现自动化。挤奶工人仍然需要在挤奶前后装卸挤奶机。此外，挤奶工人必须控制牛的身体状况。尽管挤奶的机械化不断推进，但一直是畜牧业的一个效率瓶颈。在处理像牛这样的活体时，生产力的提高在一定程度上受到了限制。20 世纪末，旋转挤奶室和机械臂才全面减少了人力劳动。营销逐渐成为农民的首要任务。[95] 总体而言，整个 20 世纪的生产力提高令人印象深刻。1948 年，一个工人每小时挤 10 头奶牛，而 1994 年，一个农民每小时挤 77 头奶牛。[96] 此外，动物本身也经历了转变，变成“超级奶牛”：2005 年，平均每头奶牛的产奶量是1900年的3.5倍。[97]

与畜业的发展平行，田间工作也进一步实现了机械化。与拖拉机不同，很少有小农或中农拥有更大、更昂贵的收割机。第二次世界大战前，收割机很少见，只有低技术性变体可用。1932年，在德国东部的大庄园中只有15台马拉动的收割机在工作。从20世纪30年代末开始，拖拉机驱动的收割机变得更为常见。[98] 然而，直到50年代，现代收割机才逐渐在德国推广开来。新型承包商不再与本地人一起劳作，而是独自驾驶收割机。承包商在德国北部取得了成功，尤其是在以密植为主的地区。[99] 1970年，德国大部分地区的农机化已经取代了手工操作。20世纪七八十年代是购买更多机器、提高发动机马力并转向使用大型拖拉机的时期。德国农民有一种“马力痴迷”，联邦德国农业拖拉机的总马力增加了67%。当时，联邦德国农业主要以适应机器的流程和规模经济为主导。[100] 与之前相比，热爱科技的新型农民实现了德国农业的全面转型。如果没有对技术变革的接受，这一转型很可能会失败。甚至动手修理机器也变得越来越受欢迎。1990年，配件经销商所卖的配件中有一半直接销售给自行修理的农民。[101]

1950—1980年，前所未见的农业生产力提高为工业化养殖铺平了道路。正如已经表明的，生产力的提高主要依赖对科技狂热的新一代农民，以及服务站和承包商构成的综合基础设施。同样重要的是，化学显著地提高了作物产量。在整个这一时期，农民将机械化、广泛使用人工肥料和农药视为要素。[102] 尤其是在德国北部，人工肥料的使用在 1950 年到 1980 年期间增加了很多倍。当时肥料价格非常低廉，没必要节约使用。与此同时，国际竞争是养殖工业化看似不可避免的论据。家禽养殖向工厂化养殖的转型最为迅速。从 1950 年开始，德国西北部的一些地区开始专门从事家禽养殖，并引入了笼养、自动喂养和自动收蛋系统。这些地区依靠其在生猪养殖方面的历史经验，推动了美式大规模家禽养殖法的引进。这是工厂化养殖的极端例子。[103] 总体而言，德国农业地区之间的地域性差异基本消失了：密集型农业成为最终的衡量因素。[104]

167

除了人工肥料，一种新型天然肥料变得越来越重要：液体肥料。不幸的是，它对环境的影响是灾难性的。液体肥料的历史表明了一种区域性技术是如何普及的。最初，液体肥料在缺乏稻草的阿尔卑斯地区很受欢迎。那里的经验表明，液体肥料是牧草地的高效肥料：牛奶产量在几年内增加了一倍。第二次世界大战后，液体肥料在德国大部分地区的密集型农业中迅速普及。结合现代化排泄物处理设施，它是一种非常高效的动物饲养方式。20 世纪 90 年代，30% 的牛养殖和 70% 的猪养殖产生液体肥料。玉米是液体肥料的理想对象作物，因为大量施肥不会对其造成损害。同样重要的是，玉米是给牛和猪养膘的理想饲料。撇开环境风险不谈，这似乎是一个完美的循环。大规模养殖产生了大量动物粪便，液体肥料技术提供了有效施肥的手段，使农作物得以茁壮成长，而这些农作物又是工业化畜牧场的理想饲料。所有这些似乎都是技术效率的问题。[105]

丹麦模式：农村通往现代工业的道路

在工厂化农业蓬勃发展的时期，食品加工公司大规模进入了家禽和猪养殖业。[106] 这是农业与工业相互关联的长期历史的一个结果。随着农场变得更像公司，一些工业公司进入农业来扩大业务范围。历史学家卡琳·扎赫曼（Karin Zachmann）和佩尔·厄斯比（Per Øsby）指出，20 世纪，食品生产逐渐成为一个庞大的技术系统，农业与工业之间的界限变得模糊。[107] 然而，德国农村地区与工业之间原本就存在长期的密切关系，可以追溯到 19 世纪，尤其是在西北部。在这些地区，工业化主要以相对小规模的方式进行，这是经济史学者描述的一种农业变体，被称为“丹麦模式”。随着铁路基础设施的改善，农民可以方便地在城镇的每周市场上销售食品并将甜菜交付糖厂。最终，农业实现了现代化，新的农村工业如糖厂、酒精厂和食品加工厂应运而生。特别是普鲁士的北部省份、丹麦的邻居（曾经属于丹麦）

168

石勒苏益格－荷尔斯泰因，专门种植卷心菜、生产香肠和面粉。农民还建立了罐装食品工厂，生产酸菜和香肠。[108]

类似的发展也发生在威斯特伐利亚地区。尽管城市对食品的需求正在增加，该地区的农民向鲁尔区销售牲畜时还是遇到了问题。通过铁路运输活畜的高昂成本阻碍了销售。因此，一些传统农民成为食品生产商，他们销售加工食品，如干香肠。这样一来，运输成本大大降低。现代食品公司也涌现出来，专注于生产面向消费社会的产品，如糖果。此外，曾经的手艺人将自己的店铺转变为工业化木材加工企业。威斯特伐利亚的家具行业就起源于这些小规模的发展。19 世纪中叶，锯木厂开始向鲁尔区的煤矿销售支柱木材。此外，内陆蒸汽船航行的增多和铁路向农村地区的不断延伸，使雪茄工厂在威斯特伐利亚腹地兴起。由于这些现代化运输方式的出现，传统的手工劳动仍然存在。在劳动力充足且廉价的情况下，把工作流程机械化似乎没有必要。发展农村产业的另一个因素是近距离可以获得资源。[109]

一些不断发展的农村产业在把科技应用于商业模式方面特别先进。在闻名于世的德国化学工业开始主导全球市场之前，甜菜糖工业已经成为“德国第一个重要的以科学为基础的产业”。18 世纪中叶，甜菜糖的基本生产过程就在柏林发展起来，但由于生产成本高昂而未能实现商业化。[110] 直到 19 世纪中叶，德国中部的农村地区才成为新兴的甜菜糖工业中心。成功的秘诀是农民自己建立糖厂，先是仅作为副业，并在 19 世纪 60 年代不断扩大规模。农业与工业的结合提供了稳定的甜菜供应，这是没有从事农业的商人所没有的机会。几位甜菜农民大户也成功地转型为资本家。19 世纪 40 年代，蒸汽机广泛应用于糖生产，而化学专家从 19 世纪 60 年代开始大规模进入工厂。繁荣的工业对周围地区形成了多方面的协同效应，特别是机械制造业受益很大。[111] 总体而言，甜菜糖工业完美地概括了农业与工业之间相互联系的影响。德国曾经是糖的进口国，但 1884 年，德国成为全球最重要的糖生产国之一，占据了全球甜菜糖产量的 43%。[112]

从 19 世纪开始，营养模式发生了巨大变化。首先，肉类消费急剧增加，加工食品进入市场。德国的肉类消费量从 1816 年的每人每年 16.4 千克增加到 1907 年的 51.1 千克。主要的增长发生在 19 世纪下半叶，这是一个工业化、城市化高速发展的时期。[113] 此后，肉类消费量稳步增长，2018 年达到每人每年 90.1 千克的峰值。[114] 同样在 19 世纪后三分之一的时间里，加工食品 169 也取得了突破。最初，这些新食品在军粮供应或儿童食品等细分领域取得成功。肉汤块、肉提取物和调味品的标准化工业大规模生产，始于城市化迅速发展和新的饮食习惯形成的时期。生活水平的提高使许多层次的人口能够消费新的食品。普通人现在可以负担得起肉汤，李比希（Liebig）的肉汁是食品市场上第一个工业大批量产品，但很快强大的竞争对手就出现了。[115] 总体而言，食品化学为人们对食物和味道的新理解开创了道路。在这个背景下，技术的领域扩大了，如果商品的味道出现了问题，那么这成为一个技术问题。[116]

19 世纪晚期，冷藏技术使得从南美洲运输新鲜肉类和香蕉到欧洲成为可能。香蕉在德国特别受欢迎，第一艘德国香蕉轮船于 1912 年开始运营。[117] 更重要的是，轮船为农村工业与商业食品生产的跨国生意铺平了道路，其中最著名的例子就是李比希的肉汁。哲学家、数学家戈特弗里德·威廉·莱布尼茨于 1714 年提出了为士兵开发耐贮食品和肉汁的想法。大约半个世纪后，普鲁士士兵在七年战争期间吃上了肉粉。同时，萨克森军队也引入了一种类似的食物，称为“肉碎”。然而，这两次试验都没有后续，并很快被遗忘。因此，在 19 世纪中叶化学家李比希研究肉类的化学成分之前，肉汁其实已经有了很长的历史。小规模生产肉汁是从李比希的学生马克斯·冯·佩滕科费尔开始的。[118]

工业化肉汁生产始于德国工程师格奥尔格·克里斯蒂安·吉伯特（Georg Christian Giebert）。19 世纪 50 年代，他在巴西修建了道路和铁路，并在 1861 年与李比希和佩滕科费尔取得联系。李比希允许吉伯特使用他的名字来营销这种新产品，吉伯特于 1865 年在乌拉圭建立了“李比希肉汁精华有限公司”的工厂，这是首次大规模生产肉汁。在南美洲，牛养殖规模非常大，价格远低于欧洲。因此，乌拉圭提供了大规模生产相对便宜产品的理想条件。从一开始，这就是一家跨国企业：还有两位比利时商人是联合创始人，公司总部设在伦敦。19 世纪 70 年代，乌拉圭工厂的工业化肉类加工达到了高峰。该公司扩大了产品范围，生产罐装咸牛肉和罐装肉汤。这家注重效率的企业甚至将牲畜的蹄油用作机油。19 世纪 80 年代，该公司在乌拉圭、巴拉圭和阿根廷购买了土地，进一步扩大了其跨国经营的规模。然而，用于肉类提取的机械设备，如肉类切碎机、大型锅和过滤器，仍然是从德国进口的。[119] 总而言之，食品行业在技术运用上并不逊色于其他行业。

第一次世界大战期间，粮食安全问题促使德国政府和食品行业在生产替代食品或具有较长保质期的食品方面特别具有创新性。1933 年后，纳粹的自给自足政策也推动了国家对农业和营养研究的资助。1937—1943 年，这些领域获得了 30% 以上的国家研究支出。由于战争期间的进口封锁，替代食品特别是脂肪，变得比以往任何时候更重要。但与这些转型政策相反，纳粹仍然将传统农业作为德国民族特性的重要组成部分加以赞美。[120] “二战”后，在许多领域，农业与工业之间的相互联系增强了。例如，现代植物育种影响了工业生产。只有标准化蔬菜才能使机械化清洁成为经济可行的选择。在标准化之前，蔬菜的长度和宽度多样性导致了不必要的损耗，非熟练妇女的手工劳动比自动化过程损耗得更少。[121]

170

然而，尽管农村地区存在重要的创新，但旧技术的持续存在也很显著。如 1935 年，德国仅有 35% 的农场有中央供水设施。[122] 木材加工业是另一个很好的例子。即使从 19 世纪中叶开始，铁和钢取代了许多农业设备中的木材，但农用马车制造商仍然有不错的生意：第一，机械设备（如脱粒机）已经相当复杂，以至于农民无法再自行制造这些设备。第二，农业变得更加集约化，并且依赖机械。尽管农业机械越来越多地采用钢材制造，但木制机械的数量并没有随之很快下降。因此，即便进入了钢铁时代，木材加工业也一直延续到“二战”后。橡胶轮胎在农用拖车上的普及，最终在 20 世纪 60 年代结束了马车制造业。由于橡胶轮胎价格高昂，而且拖挂马车使用寿命又很长，所以使得过渡过程一直推迟到此时才完成。在以农业为主的下萨克森州，1957 年的马匹数量甚至超过了 1870 年；[123] 由于朝鲜战争期间燃料短缺，1950 年马匹数量达到了顶峰。当时，联邦德国农村地区刚刚开始进行现代道路建设：把以前的土路铺上柏油或铺设互榫的石块。[124]

结　论

强大的封建主义传统和大量小农户是导致 19 世纪德国农业

机械化进程缓慢的重要因素。此外，德国不同地区的农村状况存在明显的差异。大庄园主导了东部地区，而小农场则盛行于南部和西部地区。相比之下，工业化农业和乡村产业在西北部地区相对较早地发展起来。在很长一段时间内，这些差异塑造了德国的历史。然而，随着农业机械化的进一步发展，这些地区性差异逐渐消失。当然，技术史不能完全解释这一过程。1945 年东部农业区域的损失彻底改变了德国农业重启的条件。此外，战后时期城市与农村地区之间的对抗关系大大减弱了。虽然两者仍存在不同的投票行为和日常习惯，但城市供应和处理的技术在 20 世纪 60 年代开始传播到乡村，使这些差异变得不再那么明显。同样，生活方式的科技水平也在很大程度上得到了平衡。但即使在今天，最新的技术，如高速互联网连接，需要更长的时间才能覆盖到农村地区。

171

国家在不同地区生活水平间的差异上扮演了一种均衡者的角色。因此，对于了解德国农业技术史来说，政治史极为重要。自 19 世纪以来，国家一直推动农业技术的发展，提升施肥水平。20 世纪的机械化时期也在很大程度上依赖国家的补贴和贷款。政治与农业之间形成了一种互利的关系。直到后来，人们认识到工业化农业的环境负担日益加重，才开始有人质疑这种关系（见第八章）。国家还扮演了不同利益之间的仲裁者角色。例如，小土地所有者的利益与大农场主不同。1945 年后，联邦德国推广机械化的政策一开始有助于中小土地所有者，但从长远来看，投资和扩大规模的压力使得中小土地所有者最终在 20 世纪末消失了，只有工业化农场幸存。冷战期间，“铁幕”的两侧都在支持农业工业化，尽管形式各异。1990 年德国统一后，这一发展趋势甚至加速了，全球化带来的经济压力似乎是工业化农业不断扩大的无可争议的推动因素。

在某些情况下，国家还充当了工业与农业利益集团之间的仲裁者。通常大型建设项目更多地倾向于工业，如水坝。然而，在许多领域，工业和农业的利益部分融合。国家还通过推动农业化学和现代农业技术来充当调解者的角色。德国化学工业的特殊实力是人工施肥高速发展的重要因素。总体而言，农业与工业之间的紧密关系并不仅是农业工业化的结果；相反，自 19 世纪以来，这两个领域之间就存在着紧密的联系。

Chapter 7—日常生活中的技术

172

历史学家约阿希姆·拉德考指出，苏联的“斯普特尼克”卫星在当时对历史的影响比即食比萨还要小。[1] 然而，自那时以来，卫星技术已经成为移动通信、媒体娱乐和导航等日常任务的必备工具。然而，拉德考对小型技术的关注为本章提供了一个有价值的起点。如果历史的最基本之处是普通人生活的转变，那么影响日常生活的这些技术对于技术史学者来说至关重要。因此，需要一部在设计与发明之外的技术史，因为设计与发明只是一个技术产品生命周期中的一小部分，而使用产品的各种方式往往会持续许多年。使用方式在很多方面定义了技术对个人和整个社会的意义。同样重要的是，用户对技术的创造性运用往往会促使设计师对其进行改造。当然，这些运用也总是被包含在技术与进步的文化概念中（见第三章）。

然而，用户的创造力不应被误解为绝对的自由。在一些技术史叙述中，“过度强调个人自由”是一个问题。在这一背景下，汽车、互联网或移动电话等技术创新，常常成为一种“辉格史观”叙事下，通过消费不断增长的自由。正如米凯尔·哈德所说：“历史学家的任务应该是解构关于技术和自由的这种炒作。”[2]因此，要记住内莉·奥德舍恩（Nelly Oudshoorn）和特雷弗·平奇（Trevor Pinch）所证明的，技术用户确实很重要，[3]同时要考虑到，“社会和文化对用户—技术关系的制约”也是非常重要的。本章将探讨用户在其自力更生、创造力与技术对象剧本之间的关系中发挥的代理作用。正如下文将会展示的，技术设计的目的往往是限制可能的使用范围。这并不意味着对象总是决定用户的行动。然而，为了拓展使用形式，有时需要大量的创造力和自行调整。

沿着这一线索，本章将讨论德国日常生活中文化对技术的适应。它探讨了小型技术和日常生活的技术转型，这种转型始于19世纪，并在战后的大规模消费时代加速发展。研究重点首先放在家用技术上，其次是各种类型的技术改进，其中包含了阶级和性别的维度。进入家庭的机器并未对整个家庭的日常生活产生均衡的影响。家用技术的不断增多挑战了既定的性别角色，或者说看起来是这样。在某种意义上，本章讨论的是，尽管新机器为性别权力关系的重组奠定了基础，但社会角色往往没有改变。在全面技术创新的时代，社会角色和文化观念的持久性也将在这个背景下进行分析。

173

本章第二部分涉及对技术更加开放和创造性的适应：多种形式的动手修理——从重新装修房屋到制作手工艺品，从汽车改装到计算机爱好者的合法和非法活动。计算机逐渐进入了私人生活。此外，私人使用的许多技术被数字化——通常用户并没有意识到发生了这种转变。动手修理，无论是模拟的还是数字化的，常常在颠覆与顺从之间摇摆。动手修理可能属于某种特定的亚文化，甚至是反主流文化，但有时这些叛逆的做法随着时间的推移会变成大众现象，不再有反叛的意味。本章通过几个情境，详细地研究了技术使用的本意与实际形式之间的复杂关系。

家政技术

19 世纪，家务发生了很大的变化。特别是 19 世纪 30 年代的霍乱疫情和 80 年代对病菌的焦虑，促进了新的卫生标准的确立（见第二章）。受早期的卫生意识觉醒的影响，19 世纪 60 年代德国大多数城市的郊区已经开设了小型洗衣企业。在接下来的几十年里，定期进行热水洗涤和熨烫在家庭中变得更加普遍。20 世纪初，出现了配备洗衣房的第一批租房社区。“一战”后，洗衣逐渐成为家庭主妇的任务，而专业洗衣业逐渐衰退。当时，每月一次的“大洗衣日”已经成为中产阶级和工人阶级家庭的共同特点。“大洗衣日”的洗涤可以在配备简单洗衣机的出租房或者商业自助洗衣设施内进行。[4]

电力是另一个重要的创新，它将改变日常生活，并为20世纪下半叶的洗衣革命奠定基础。从19世纪末开始，电力进入了中产阶级家庭。作家埃德温·雷德斯洛布（Edwin Redslob）的回忆提供了一个很好的例子，可以看到19世纪90年代家庭用电之后的兴奋。尽管魏玛时代的雷德斯洛布一家是这项新技术的早期使用者，而且对创新持欢迎态度，但他们仍然在适应过程中遇到了困难。电灯使用中产生的意料之外的问题，不只出现在这个家庭中。他们为创新和优秀而自豪，但由于对新的光线不熟悉及使用不当，他们认为电灯“过于明亮”。当时电力仍然非常昂贵，因此“人们不会想到调暗灯泡或者用灯罩遮住它们”，这其实是合适的做法。相反，在这个使用电力的家庭中，旧的使用习惯仍然存在。雷德斯洛布的父亲坚持使用煤油台灯，既能提供舒适的光线，又能在晚上关闭火炉后用来取暖。[5]这个例子表明，将新技术运用到私人日常生活中通常是一个漫长的过程。在这种情况下，通常新技术最初的使用方式并不像设计师预期的那样，个人的使用行为中会有深深的文化烙印，很难改变。

174

有时，设计师会借鉴用户的习惯来简化新技术的过渡。例如，最初用于控制电灯的旋转开关模仿了煤气灯，其实也许用旋转方式开关灯并不是必要的。这表明了电力公司的双重营销策略：一方面，电灯象征着技术的现代性，推广者强调其与煤气灯的区别；另一方面，推广者知道用户还没有准备好彻底改变习惯。煤气灯的推广并不容易：19 世纪 60 年代，大多数德国中产阶级住宅仅在厨房和走廊使用煤气灯，因为传统的蜡烛和油灯照明似乎更加精致。19 世纪末煤气灯才征服客厅。历史学家沃尔夫冈·希弗尔布施认为，中产阶级最初拒绝使用煤气灯和电灯，因为它们一开始是用于工厂和街道照明。直到在新的基础设施中采用了新的照明技术，公共领域和工业世界才进入中产阶级的家庭。[6] 从中期发展来看，赢得下一代的认可对于企业至关重要。斯特凡·波瑟（Stefan Poser）指出“对技术的嬉戏式庆祝”在技术的传播中非常重要，不论是在游乐场、体育场还是在家中。[7] 这种对技术的嬉戏式拥抱为未来的创新铺平了道路。例如，电话于 19 世纪末问世后不久，电话玩具变得流行起来。孩子们对此着迷，即使他们用绳子和罐头试图打“电话”只能在很短的距离内有效。这种玩具在日常交流中并没有实际的优势，但它具有技术进步的光环。[8]

在关于家庭技术的争论中，进步和效率是核心。在一个短暂的时期内，人们提出了两种家庭技术发展路径：集体模式或重视个体消费。20 世纪初，社会主义者提出了集体拥有家庭技术的愿景。支持这一愿景的人喜欢配备了集体厨房的公寓楼。当然，这些概念并不是社会主义建设的首要任务，因此只有少数这样的房屋盖了起来，而且相当昂贵。[9] 不久之后，个体拥有的消费技术成为实现家庭现代化的唯一途径，没有其他可行的替代方案。20 世纪上半叶的特点是家庭技术缓慢且稳定地扩散。然而在许多情况下存在障碍，尤其是用户对某几项特定技术的反对。正如下文要说明的，对新技术持谨慎态度甚至公开拒绝的问题通常是复杂的。乍一看，原因可能是自我封闭的思想，实际上原因往往是基于物质预算的必要性。

魏玛时期住宅小区的改造是在中下层工人阶级家庭中引入电力和现代技术的最全面尝试。一些历史学家认为，这些住宅小区是一个大规模技术系统，其中包含了一定的规则，以鼓励居民遵循改革者的卫生理念。[10] 虽然改革者实际上是想教育居民，但他们并没那么容易取得成功。首先，有证据说明，虽然公寓被标准化，但是居民的生活并没有被标准化。许多人通过重新布置家具来表达自力更生的想法，从而抵制了隐含的使用模式。[11] 位于法兰克福的首个“全电气化”（1929 年）住宅区罗马城（见第二章）是关于设想与实际情况之间复杂关系的典型例子。最初，出现了一场针对依赖电力的重要的抗议活动，一个抗议团体成立了，其成员数量有 600 人之多，令人印象深刻。考虑到这个住宅区有 1220 个住房单位，抗议的原因既有实际问题，又涉及高昂的费用。电力不仅昂贵，而且居民还面临着转换成本。例如，电炉灶台与一些旧锅具和平底锅不兼容。此外，新技术在最初阶段

175

的表现并不理想，居民抱怨烹饪时间过长。有些人甚至动用自己的露营设备，在煤气炉上煮咖啡。居民并没有完全拒绝新技术，而是在寻找过渡性解决方案方面表现得很有创意。[12] 1931 年，大多数居民已经熟悉了家电设备，电价的下降无疑起到了作用。当时，超过 70% 的家庭全面接受了这些电器设备，只有 5% 的家庭根本不使用。[13] 然而，罗马城并没有像最初计划的那样成为工人阶级的改革性住房项目，因为高房租，这些公寓中的居民大多是中下阶层的白领。[14]

著名的法兰克福厨房就是罗马城改革住宅区（见第二章）的一部分，也展示了用户对家庭技术进行创造性改建所受到的局限。总体而言，厨房是一个有争议的区域：用户的设想挑战了电力的引入。大多数用户仍然喜欢看得见的加热，因此市政府一开始讨论过是否设计开放式炉灶，好让人们看到电热丝发光。然而，这些计划最终落空了。[15] 或者更确切地说，它们在几十年后才通过陶瓷炉实现。此外，市场推广新的电器还需要考虑性别敏感性，妇女通常不接受男性对家务工作的解释。因此，家庭主妇协会在家庭新技术的传播和接受方面发挥了重要作用。[16] 在法兰克福厨房的案例中，用户并没有完全符合建筑师的期望。1979 年接受采访的居民表示，虽然他们因新定居点提高了生活水平而高兴，但拒绝原来的功能性专门厨房的概念。与建筑师的意图相反，居民将厨房改造为带餐区的传统厨房。[17] 不过法兰克福厨房的修改可能性有限，现代功能性厨房的平面布局很难修改，主要原因是空间有限。虽然推行现代主义改革最初遇到了一些困难，但建筑师们的愿望还是实现了：从长远来看，用户接纳了“厨房中蕴含的新生活方式”，尽管不是所有人，但大部分人接纳了。纳粹不喜欢现代主义厨房，因此又浪费了相当长的时间。最终，1968年，30%～40%的联邦德国公寓配备了内置厨房。[18]

176

冷战被广泛认为是一场高科技冲突，其中以核武器最为令人印象深刻。[19]而较少为人所知的是东西方在私人住宅的日常技术上的竞争。[20]在战后重建时期，东柏林的样板公寓还没有按照后来成为民主德国标准的现代主义建筑师的设想来建造（见第二章）。相反，最初的战后住房项目遵循了德国传统，采用了木制家具和布满装饰的沙发。当时，共产主义政府想要展示民主德国“是更合法的德国”[21]。在接下来的几十年里，竞争集中在现代性和哪个体系为其公民提供了更多的家庭便利。除了供暖和供水，任何重要的家庭技术都是用电的。从20世纪50年代开始，联邦德国家庭广泛接受了新的卫生习惯、食品储存和烹饪方式。在那个10年中，联邦德国实现了向“西方高耗能社会”的转变，而民主德国则在10年后跟了上来。[22]洗衣房和厨房再次处于变革的前沿。

战后，家用洗衣机于20世纪60年代在联邦德国取得突破前，美国公司引入了现代洗衣技术：自助洗衣店配备了自动洗衣机，取得了巨大的成功。德国顾客很快熟悉了这一革命性化学和技术过程，从而结束了每月一次烦琐的洗衣日传统。[23] 在接下来的 60 年代和 70 年代，家庭技术的迅速普及再次改变了德国家庭主妇的日常生活。在此之前，“大洗衣日”要占用一整天。现在，洗衣变得更加规律，成为日常生活的一部分。家庭中第二个重要的设备是冰箱，它取消了每天购买食物的例行程序。然而，随着新技术的普及，卫生标准和期望也提高了：衣服更换得更加频繁。因此，正如历史学家露丝·施瓦茨·考恩（Ruth Schwartz Cowan）所论述的，新的家庭技术实际上暂时意味着“母亲更多的工作”[24]。

这些变化在两德都发生了，尽管东部地区的变化有一定的延迟。在两德，厨房电器象征着富裕。然而，厨房的一些功能使其成为冷战政治中的一个争议对象。[25] 总体而言，在联邦德国，新的家庭技术促进了传统性别价值观的持续存在，而民主德国的情况更复杂。在西方，保守派支持对厨房进行电气化改造，认为这是保留传统家庭模式的唯一现实途径。[26] 这种新家庭技术与传统性别刻板印象的结合在两次世界大战之间就已经被制造商的广告所推崇。结果，即使女性就业人数（兼职）不断增加，但家庭主妇的概念并未消失，而是被赋予了现代化内涵，为女性继续承担家务提供了更好的条件。两次世界大战之间，家庭技术并未对女性就业率产生影响。由于价格高昂，购买新设备的大多是中上层

177

家庭。随着新机器在20世纪50年代后的普及，情况逐渐改变。从长远来看，家庭广泛使用现代技术为性别角色带来了一种意料之外但重要的变化。女性习惯了使用技术，她们证明了自己在处理技术方面没有问题。[27]

民主德国的情况有所不同。一方面，性别角色的持续存在使得妇女在全职工作之外承担了“双重负担”，即家庭主妇的角色。1970年，一项调查显示，女性承担了每周平均47个小时家务劳动中的37个小时，因此家务情况与联邦德国类似。[28]另一方面，学校午餐显得更为重要，这使得母亲们无须每天为孩子准备午餐，这方面的差异是巨大的。联邦德国没有采纳学校午餐计划，德意志民主共和国的学校午餐则在全球范围内堪称典范。20世纪60年代初，五分之四的联邦德国母亲每天为孩子准备午餐，其中一半人甚至每天准备两顿热腾腾的自制餐。相比之下，社会主义民主德国在70年代增加了学校午餐的资助，这一计划是建立社会主义消费政策的一部分。[29]此外，战后，自助餐厅在两德都变得越来越受欢迎。从20世纪50年代末开始，这两个国家的大多数员工在自助餐厅吃午餐。[30]因此，尽管家务对于女性来说仍然是义务性的，但一些任务逐渐被转移至家庭外部。

厨房新技术促进了传统的购买和准备食物的文化习惯的转变。20世纪50年代，联邦德国政府积极推动建立消费社会，经济部门把电冰箱的普及放在了这项政策的中心。在10年内，拥有电冰箱的家庭比例从4%增加到超过40%，相较于其他欧洲国家来说已经很高了。[31] 随着汽车在60年代的普及（见第二章），冰箱使存储大量食物成为可能。因此，20世纪60年代，消费习惯发生了变化，利用汽车进行每周一次的大采购取代了日常购物。[32] 这两种产品标志着消费社会的到来。然而，用户必须将这些技术融入日常生活，并赢得社会认可。对一位早期购买者进行的口述史访谈，反映了联邦德国的矛盾状况。受访者承认，由于她和丈夫都是教师，家庭是有双份收入的中产阶级家庭，所以自己的情况是特殊的。在这些产品普及之前，他们就能够买得起电冰箱和大众汽车。1951年，他们自豪地向每位访客展示冰箱，但三年后的汽车则不同——夫妻俩对拥有一辆汽车感到相当害羞，因为他们担心邻居的嫉妒。因此，他们从不把车停在家门口，而总是停在街角。[33]

20世纪50年代，电炉也取得了巨大的成功。与20世纪20年代末期一样，它仍然代表着现代性和合理化。但现在，家庭主妇非常欢迎现代炉子。这在很大程度上归功于烹饪教程和女性杂志对现代技术的推广活动。[34] 20世纪50年代，在众多烹饪书之中，食品公司欧特家（Dr. Oetker）出版的烹饪书大受欢迎，推广了电炉的使用。其中一本烹饪书的介绍宣称，只有拥有电气设备的家庭才是理性家庭。电力对于家庭的高效运转至关重要，但需要综合起来使用。由于厨房是“主妇的作坊”，因此建议使用

178

小型内置厨房，配备完美的设备和家具。[35] 通用电力公司或林德（Linde）等电器制造商也出版了烹饪书籍，以支持自己的炉子、冰箱和冰柜等产品的市场推广，随后又出现了微波炉。20世纪50年代末，通用电力公司将其电炉的说明书与食谱结合在一起。它赞扬了自己炉子的现代性，声称能够支持富含维生素的烹饪。该手册强调，虽然这是一种非常现代化的设备，但通用电力公司在电器方面已经有75年的经验。手册还将这种炉子誉为一位特别谦逊的“朋友”。[36] 此外，炉子广告承诺劳动会变为享受而不是辛苦：电炉提供“完全自动化的食品制备”，烹饪仅须“按下和拨动旋钮”。[37]

新型烹饪和冷却技术与方便食品的供应结合，彻底改变了联邦德国主妇的食品准备方式。[38] 在战后德国各地，保存食品并不是什么新鲜事。德国的罐头食品产业始于19世纪末，最初，罐头公司的目标人群并不是普通民众，而是富人。1872年，仅在相对较小的不伦瑞克公国就有29家罐头食品公司，主要生产罐装芦笋以及豌豆和其他豆类。[39] 此外，19世纪90年代，“自己动手”做罐头也有重要的创新。德国企业家约翰·韦克（Johann Weck）发明了一套简单的玻璃罐和橡胶圈系统。由于“积极的宣传和营销手段”，韦克的系统很快取代了传统的食品保存技术，如晾干和腌制，在欧洲一些国家取得了巨大成功。

纳粹掌权后，家庭制作罐头成为一种类似于国家义务的活动。私人的制作技术完美地契合了纳粹的自给自足政策。战争期间，德国敦促被占领国家采用这些家庭罐装食品制作方法。[40]然而，大规模的罐装食品消费是在“二战”后开始的，从20世纪50年代中期到60年代中期，联邦德国的罐装蔬菜消费量增长了两倍以上，这对传统的家庭食品保存技术构成了挑战。“自己动手”制作的罐装食品主要出现在收获季节，商业罐头食品则全年可得。20世纪50年代中期的一项调查显示，与节省时间相比，大多数家庭主妇改用罐装食品的主要原因是增加了消费选择。[41]

冷冻技术的普及拓宽了方便食品的种类。20世纪60年代中期，冷冻食品的销量急剧增加，将近一半的联邦德国家庭会购买这些食品，25%的家庭成为固定的消费者。[42]然而，即使新技术取得了突破，商业供应也日益扩大，但传统的食品保存方法并未消失。这主要是因为家庭主妇的胜任形象依赖这些食品制作。此外，许多人更喜欢自制菜肴的味道。因此，随着加工食品和即食餐的出现，自己做饭并未消失。方便食品的新技术确实提供了节省时间的便利，但它们并未改变烹饪的社会和文化意义。此外，在自己准备食物时，由于用户认为烹饪需要某种感性的专业知识或默契，所以厨房的现代技术有一定的局限性。虽然食品加工机可以制作面团，但只有通过用手揉面团，经验丰富的家庭主妇才能准确地知道何时面团已经做好。手指的感觉是不能被替代

179

的。自动化在家庭和工厂中都有其局限性。[43]除了实际问题，最重要的是顾客有一种自己操控局面的感觉。因此，1980年前后，只有一个控制按钮的洗衣机在联邦德国市场上已经消失了。取而代之的是带有更多按钮的设备，这些按钮象征着家庭主妇更多的控制和主动性。[44]

冷冻柜在德国的普及速度比冰箱慢。1995年，几乎所有的德国家庭配备了冰箱（其中大多数家庭还有小型冷冻室），但只有45%的家庭拥有冷冻柜。一本由家电制造商林德子公司出版的食谱，宣传了现代冷冻技术的优势，声称该技术能够提高家庭主妇餐饮规划的灵活性，同时节省大量时间。此外，该书将这种现代生活方式与古代方式联系在一起——在冰裂缝中冷冻，以及与因纽特人先前采用的智慧做法联系在一起。20世纪末，这些食谱仍然基于传统的性别角色推广现代家庭技术：这类出现于1995年的书仍然认为，受到满足丈夫烹饪要求愿望激励的“美食家庭主妇”需要一个冷冻柜。最重要的是，这个家电节省了时间，使她有更多的时间来装饰更吸引人的盘子。[45]与冷冻柜一样，微波炉从80年代开始在德国普及。林德公司也推出了一本与其家电相关的食谱，称为《微波炉奇迹》，承诺会越来越节省时间。此外，其宣传中的性别角色非常传统：该食谱的目标群体是那些必须及时为丈夫和子女准备午餐和晚餐的家庭主妇。与以往的食谱相比，现在“在时间限制下准备速食餐”的“特殊情况”也变得非常重要。[46]

总体而言，战后的家庭技术改变了联邦德国日常生活的社会模式。冰箱、冷冻柜和微波炉逐渐消解了传统的家庭餐饮和个性化的食物消费。[47] 最终，单独准备食物的方式盛行：速食餐逐渐普及，但只在少数家庭中完全取代了家常烹饪，大多数人仍然只偶尔食用速食餐。至于民主德国，尽管社会主义国家将加工食品的推广放在重要位置，但家庭技术的普及滞后。1970 年，85% 的联邦德国家庭拥有冰箱，而民主德国的这一比例只有 50%。180 更糟糕的是，基础设施的失败妨碍了民主德国的速冻食品分销：冷冻能力不足，完整冷链很少见。[48]

20 世纪六七十年代，两德的一个共同特点是自助式商店的成功。虽然在 50 年代末，只有 10% 的零售商转向了自助式服务，但在 70 年代初，90% 的联邦德国零售收入归功于自助式商店。[49] 效仿美国的做法，第一家德国自助式杂货店于 1938 年在奥斯纳布吕克（Osnabrück）开业。然而它失败了，并在 1940 年关闭，顾客不喜欢这个东西。不过，战争期间实行的是食品配给，失败是不可避免的。[50]

从 20 世纪 50 年代中期开始，自助式服务在联邦德国食品零售业中的占比迅速提高。最初，顾客对自助式服务感到吃惊，并在面对选择时不安，特别是担心买得太多。但很快他们熟悉了这种新情况。1951 年，只有 39 家自助式店铺；1955 年，数字是 203 家；而 1960 年，这个数字已经上升到 17,132 家。[51] 大体来说，自助式服务的概念是从美国引进的。然而，技术和经济方面的知识转移必须适应德国关于购物、销售和消费的文化。自助式商店、超市和折扣店在 20 世纪五六十年代取得了胜利，这不是德国特有的情况；这种情况出现在大多数欧洲国家，无论是西欧还是东欧。不同技术的结合——家用、分销和交通——引发了消费模式的重大变革。从 20 世纪 60 年代开始，由于驾车的便利性，城市中心的零售商要面对郊外超市的新竞争。由于汽车购物取代了每日购物，实行每周一次的大宗购买，超市需要停车位，在市中心很难找到便宜的停车位。[52] 同样，在社会主义的民主德国，自助式零售从 50 年代后期逐渐普及。执政党制定了一个以“现代人购物现代化”为口号的计划，旨在提高效率。自助式服务、即食餐和冷冻食品在两德都象征着现代化，[53] 这些普遍的信念存在于资本主义联邦德国和社会主义民主德国。因此，20 世纪 70 年代，两德面临着由共同的食品技术政策引起的新问题：肥胖症。[54]

这个问题代表了消费社会的一些严重后果，但消费社会的一些方面提高了个体的自主权，特别是对于女性来说。从 20 世纪 50 年代中期开始，新一代年轻女性在家里以一种与她们的母亲完全不同的方式成为技术用户。上一代人使用熨斗、吸尘器，刚刚开始尝试使用电炉和洗衣机，她们的年轻女儿则与休闲技术有了日常接触。这始于自动唱片播放器，这是一种门槛很低的产品，非常方便，不需要什么技术就能使用。大多数唱片播放器卖给了年轻人，尤其是年轻女性。使用这些新的器物使年轻女性接触了公共生活。她们在家里运用技术，但这些不是清洁或烹饪等常见家用技术；相反，它催生了以流行音乐消费为基础的新兴青年文化。[55]

181 新型收音机技术加快了这一趋势。与电视不同，电视在20年代70年代中期已经很普遍，但通常由全家人使用，而晶体管收音机的创新为青少年提供了一种奠定新的文化差异基础的技术。晶体管技术将收音机变得更小、更便宜。这个过程在美国已经发生，但由于经济原因，它在联邦德国的传播比较晚。只是在20世纪50年代的繁荣时期，它才在联邦德国取得了巨大的成功。许多年轻人第一次拥有了自己的收音机，有机会在需要的时候听自己喜欢的音乐。以前，大型收音设备占据了市场垄断地位。现在，青少年可以购买便携式收音机。[56]消费电子产品对于青少年文化的兴起至关重要，年轻人对日常技术有更高的亲和力。同样重要的是，从50年代末开始，这些设备（尤其是便携式收音机、唱片机和录音机）的价格变得可以承受。特别是录音机为用户的创造力提供了机会，然而相对较高的价格和复杂的操作限制了用户的数量。60年代，拥有录音机的主要是中产阶级年轻男性。从60年代末开始，由于价格降低和易用性提高，卡带录音机才变得更受欢迎。60年代，年轻的消费者起初并不太在意音质。对于他们来说，低价格和现代设计更重要。许多年轻人甚至不介意收音机中的干扰噪声，只要设备能保证接收到许多国际电台，这些干扰噪声甚至代表了一种全球意识。[57]

听音乐的设备意味着不同的用户主动性，这取决于一个人所处的时代。与年轻人相比，大多数成年人更喜欢传统（且笨重）的“收音唱片一体机”（radiogram）。这种将收音机与唱片机融合在一件大型家具中的设备在1960年之前盛行，但它并未为用户提供太多的调试和操纵机会。这种机会直到现代立体声音响系统成功时才出现。立体声音响系统包含更多的控制器，需要铺设电缆，最重要的是，用户可以选择所需的系统组件（或者是他们目前负担得起的组件）。例如，后来还可以简单地扩展为带有磁带录音机的系统。这是消费者心态深刻转变的一个典型例子。从20世纪60年代开始，大规模消费带来了个性化感觉。在这种情况下，差异化个体实践与大规模生产的统一性非常契合。对于技术史而言，音响系统的设计强调了它作为技术工艺品的本质，而其前身收音唱片一体机则将技术隐藏在家具的伪装之下。由于价格昂贵，直到20世纪70年代，立体声音响系统仍然是中产阶级的地位象征。[58]

总体而言，休闲技术为提升用户的主动性提供了机会。正如录音机的例子所示，单纯消费与动手改装之间的界限模糊了，少数热心爱好者不仅从收音机或唱片录制音乐，还进一步尝试自己制作录音甚至音频剧。[59] 休闲技术尤其为在家中进行创意改造开辟了空间。

改装：模拟与数字化

182

自从 20 世纪下半叶以来，不同类型的“自己动手”技术在数百万德国人的生活中无处不在。但即使在“自己动手”成为广泛现象之前，某种“自己动手”文化早在 20 世纪初汽车出现时就已经形成了。当时，汽车驾驶员需要技术能力。由于缺乏完善的维修基础设施，他们必须知道如何保养和修理自己的汽车；或者说，在早期少数人驾驶的时期，司机必须拥有专业知识。早期的汽车也非常容易发生技术故障。第一次出现了非专业人员不得不在业余时间处理技术故障的情形。在某种程度上，他们变成专家。这种修理的传统在很长一段时间里对驾驶员很重要，20 世纪 50 年代，常见的忠告仍是，如果不想对自己的车束手无策，就需要懂点技术。[60]

修车在“二战”后的两德有不同的意义。在民主德国，由于缺乏维修设施，自己拆修是必要的；而在许多情况下，联邦德国的汽车拆修主要是一种爱好。因此，民主德国的情况让人回想起技术不可靠、用户不得不自己解决问题的早期汽车时代。如本书所示，这种特殊类型的“自己动手”居于社会主义消费意识形态的核心。在这种情况下，消费是激发消费者主动性的手段。从一开始，新车就需要购买者进行一些机械保养。在驾驶一辆全新的特拉班特（Trabant）之前，买家必须自己安装雨刷器。在某种程度上，消费者成为生产过程的一部分。[61] 特拉班特的使用手册也不是西方人所想象的普通说明书；相反，它是“汽车工程的基础课程”[62]。由于没有车库，大多数司机学会了自己进行基本维修。特拉班特的关键优势是它的二冲程发动机很容易修理。[63] 第二款民主德国汽车品牌瓦尔特堡（Wartburg）也是如此，它的价格更高，是特拉班特的一种奢侈替代品，但司机仍然要知道如何保养和修理自己的车（见图 7.1）。

乍一看，在冷战时期，这似乎是一个共同的爱好，但实际上在两德有着非常不同的含义。在联邦德国，只有汽车爱好者（尽管他们有数十万人）会亲自拆解汽车，从而形成了一种男性亚文化。相比之下，任何一位民主德国汽车车主都必须定期拆解自己的汽车。两德都已成为消费社会，但对于民主德国的技术使用者来说，消费更具有挑战性。[64] 柏林墙倒塌后，明显可以看到，民主德国有着独特的汽车文化，而且是非必需的。1990 年，在联邦德国的道路上发现了许多被美化的特拉班特和瓦尔特堡。这些

图 7.1————1964 年，两位男士在民主德国梅耶尔斯格伦德（Meyersgrund）露营地修理一辆瓦尔特堡 311 汽车。科讷（Köhne）拍摄照片。德国联邦档案馆。

汽车有特殊的后视镜或效仿西方品牌的涂装方案。[65]

“二战”后，“自己动手”这个术语才传入联邦德国。自 20 世纪上半叶起，美国中产阶级男性就享受“自己动手”亚文化。战后，在美国的影响下，联邦德国形成了这种文化。在联邦德国，真正的“自己动手”文化始于 1957 年，当时第一本“自己动手”杂志“*Selbst ist der Mann*”开始流行。从那时起，“do-it-yourself”作为一个英语术语开始被普遍使用。然而，1900 年前后，“自己动手”文化就已经存在了。许多德国教育家对普通美

183

国人的技术水平印象深刻，并支持为男孩子开设手工课。这一运动是出于对“失去技能”的担忧，特别是在国家间的比较中，教育家担心德国会落后于竞争对手美国和其他国家。20 世纪 50 年代中期，5 天工作制的建立为“自己动手”文化和五金店的发展铺平了道路，当时美国成为商品和商店的榜样。[66] 企业家奥特玛·霍恩巴赫（Otmar Hornbach）在 60 年代中期访问美国，他研究过这些商店，后在联邦德国建立了第一家建材超市。[67]

20 世纪五六十年代联邦德国的社会文化背景也解释了“自己动手”的迅速成功。历史学家乔纳森·沃格斯（Jonathan Voges）认为，“自己动手”被视作对当时普遍存在的关于自动化的文化悲观和对被技术主导的广泛恐惧的一种对抗方式。“自己动手”代表了自我设计环境的可能性，[68] 同时是紧张的管理人员和面临自动化挑战的工人的一剂解药。[69] 这种新论调在某种程度上符合魏玛和纳粹时期“快乐工作”[70] 的传统。此外，“自己动手”项目还具有省钱的吸引力。不过，最终工具的购买成本还是相当高的，意味着“自己动手”通常是一项昂贵的爱好。尽管如此，在经济繁荣时期，这种热潮持续发展。[71]

184

此外，20 世纪 50 年代末期的第一波“自己动手”浪潮发生在男性危机之际。纳粹主义结束后，英勇士兵的形象不再是男性的模范。“自己动手”提供了新的男性形象，从“粗犷的男性”到与孩子们“共处”的“体面”的男性模式。父亲成为“修理工”，赢得了尊重，大多数“自己动手”爱好者代表着“温和的父亲形象”。他们关心家庭，并教育儿子（很少顾及女儿）从事实际任务。然而，这一趋势并不是男性形象从粗糙发展到柔软的一条直线。在与机器修理有关的“自己动手”项目中，男性具备了一定程度的强壮和力量的象征。这一点在20世纪六七十年代再次变得尤为重要，因为当时男性的身体力量在许多工作场所不再需要，“自己动手”文化部分地弥补了这种损失。在许多人看来，大多数“自己动手”爱好者拥有的钻机，象征着一种男性力量。[72]

同时，反主流文化运动将新的社会群体带入了“自己动手”运动，环保运动和另类文化采用了传统的手工艺实践，并赋予了它们新的意义。[73]从20世纪70年代开始，越来越多的女性也开始参与“自己动手”项目。[74]当时，联邦德国“自己动手”女性爱好者的数量在西欧国家中明显较低。因此，五金店开始了一场非常成功的营销攻势：80年代中期，在约1300万联邦德国“自己动手”爱好者中，已有三分之一是女性。当时，“自己动手”已经成为一种大众现象。超过50%的联邦德国人，包括越来越多的女性，翻新、维修自己的家。在80年代的“自己动手”繁荣中，越来越多的单一用途的装修设备逐渐取代了多功能设备，而专业设备的价格也变得实惠。总体而言，现在的“自己动手”工具易于操作，体积较小，价格相对便宜。[75]

在社会主义的民主德国，形成了一种独特的“自己动手”文化。虽然这里的“自己动手”爱好者使用的机器和阅读的杂志与联邦德国相似，但意识形态内容不同。民主德国的相关文献通常使用“参与运动”这个术语，而不是“自己动手”，这呼应了劳动者的集体意识。因此，个人翻新房屋的实践被整合入社会主义消费者的角色模型，他们为建设社会主义贡献自己的力量。[76] 由于民主德国缺乏像五金店这样的基础设施，物资难以获得，大多数工具只能在特殊的外汇商店购买。因此，两德统一后，联邦德国许多五金连锁店去东部开设了新店，“自己动手”再次繁荣起来。[77]

从 20 世纪 70 年代开始，随着计算机的出现，“自己动手”精神在两德进入了一个新的领域。当然，在计算机爱好者接棒之前，计算机的使用已经有着重要的历史。1973 年，联邦德国有 1.5 万台计算机在使用，主要用于公共行政、银行和大学。当时，只有美国比德国拥有更多的计算机。[78] 与美国不同，军队在联邦德国的计算机发展史中并不是核心。相反，从 20 世纪 60 185 年代开始，国家行政、大学和企业是计算机普及最重要的参与者。[79] 80 年代，微电子技术也逐渐进入家庭，有时是并不为人察觉的，数字技术被整合入许多家用技术，如洗衣机、洗碗机或者吸尘器。最后，汽车也逐渐数字化。[80] 这个过程开始得比较早，1967 年，大众汽车成为全球第一家将数字技术整合入汽车的制造商。在之后的一年里，大众自豪地在美国宣传这一创新：“现在，这是一辆装有计算机的汽车。”大众汽车在 1971 年还将计算机诊断系统引入汽车修理厂，以提高生产效率。这是对销售不断增加的反应，修理厂无法应对越来越多的消费者。初期的计算机诊断系统经常出现故障，曾一度导致混乱，但从长远来看，这是汽车维修的未来模式。[81] 总体而言，技术用户习惯了计算机技术在日常生活中的传播。

20 世纪 70 年代中期，微芯片的发明在许多方面都是至关重要的。通常被忽视的是，这一基础性技术变革引发了创新权力的转移。网络运营商不再是创新的最重要的参与者。现在，设备制造商甚至用户已成为创新的决定性力量。在个人计算机的早期使用阶段，动手动脑是至关重要的。最初没有固定的使用模式，每个用户都必须找到自己使用计算机的方法，无论是用于通信还是其他应用。通常情况下，早期用户不得不琢磨设备或编写程序。只有懂得编程，计算机才能提供多种应用。因此，早期用户从爱好者转变为专家，他们对于家用计算机的进一步发展至关重要。在这些动手动脑的人中间，许多人在家用计算机出现之前就已经身处类似的圈子，最常见的是无线电爱好者或“电话狂”。这种兴趣与技能的结合在 1978 年的美国催生了计算机公告牌系统（BBS）。几年后，在联邦德国，这一创新得到了运用，尽管水平较低，被称为“邮箱”[82]。

从一开始，联邦德国的计算机爱好者就有很强的违法动机。1986 年以前，从联邦邮政局租用调制解调器是唯一的合法选择，但由于高昂的费用和较慢的连接速度，对于计算机爱好者来说吸引力并不大。因此，许多家用计算机用户非法进口调制解调器或使用自制调制解调器。[83] 因此，新的亚文化社群涌现出来，这些社群经常参与半合法活动——黑客、游戏玩家、破解者和公告牌系统用户。总体而言，20 世纪 80 年代和 90 年代初期，家用和个人计算机的胜利产生了新的文化技术，如游戏和编程。[84] 家用计算机的用户大多数是男性青少年，他们经常收到作为礼物的计算机。这里的性别差距巨大：80 年代末，联邦德国有超过三分之一的男孩和年轻男性拥有计算机，而女性青少年的计算机拥有率不到 7%。[85]

186 第一个为德国公众所熟知的计算机亚文化团体是黑客。特别是 1981 年成立的混沌计算机俱乐部（CCC），是迄今为止欧洲最大的黑客组织，1984 年在全国广为人知，当时“混沌”的成员成功地侵入了德国邮政的闭路电视系统，并使汉堡储蓄银行转账超过 10 万德国马克。他们在第二天重新转回了这笔钱，因为他们只是想向公众提供有关安全问题的信息。然而，对于“混沌”成员自认为是无敌黑客的说法，人们存在严重怀疑。当时的计算机专家怀疑这个著名案例并不是典型意义的黑客行为，有证据表明这只是一起窃取密码事件。尽管如此，这帮助“混沌”将数据安全问题提上了政治议程，并确立了自己作为数据安全“监察团体”的地位。[86]虽然黑客亚文化对个人计算机的早期发展至关重要，但官方的研究和开发同样重要。[87]20世纪70年代，联邦德国的大学中建立了计算机学科，比美国晚了10年。此外，20世纪80年代中期，联邦德国还就学校的计算机义务教育进行了热烈的讨论。然而，这没有成为现实。[88]尽管如此，计算机已成为与企业、教育、日常生活相关的政策议题。

相比之下，当时大多数人错过了可能是个人计算机使用成功最重要的因素：游戏。在20世纪70年代关于未来计算机时代的最普遍的愿景中，游戏的影响被完全低估了。然而，街机游戏和电视游戏为计算机游戏文化的普及铺平了道路。在家用计算机出现之前，联邦德国已经有大约10万台街机游戏机。最终，计算机游戏对于从20世纪80年代开始普及家用和个人计算机发挥了非常重要的作用。此外，游戏也不断对计算机处理能力提出了更高的需求。早在20世纪80年代末，超过80%的青少年玩过视频游戏或电子游戏，其中许多人每天都玩游戏。[89]这种新的亚文化除了出现在儿童房间，也占据了公共空间，变得引人注目。20世纪80年代上半叶，大型商店的电子柜台成为“计算机少年”的展示场所。这些孩子拥有罕见的技能，并利用百货商店与新兴亚文化的其他成员见面，这些少年将商店变成同好的联系区域。[90]

家用计算机的出现以及到处涌现的计算机爱好者群体改变了公众对计算机的看法。虽然许多知识分子和左翼批评家最初对计算机技术持怀疑态度，将其与国家监视和企业权力联系在一起，但随着新兴亚文化的出现，这种看法发生了变化。黑客、破解者和电子公告牌场景表明，实际上可以创造性地利用计算机。最令人着迷的是，新兴亚文化主要由年轻人组成。[91] 其中大部分人并无明确的政治立场，而是对游戏感兴趣。这在破解者中尤为明显。20 世纪 80 年代，在全世界范围内，家用计算机的成功催生了一种以男性青少年为主导的安全黑客亚文化，他们专门破解游戏软件的拷贝保护。这些“破解者小组”既不关心商业软件盗版，又不关注著名的混沌计算机俱乐部等黑客组织的政治议程。[92] 破解者不完全接受黑客的开放源代码的价值观。与黑客不同，破解者隐藏了自己的编程技巧。他们的目标不是向公众提供免费软件，而是用自己制作的介绍为破解软件背书。他们并不出售破解的游戏，他们在意的是在亚文化中获得公众关注和名声。[93]

187

破解者亚文化完全是不同团体之间的竞争。在某种程度上，破解者既具有颠覆性又符合传统：一方面，他们违反版权法（或者至少他们认为是这样做的）；另一方面，这些计算机爱好者采用了新自由主义价值观。他们希望取得成功，并打败竞争对手。此外，高效率是他们的最终目标，在组织和分工渠道方面都是如此。因此，通过电子公告牌系统进行数据传输很快取代了邮政投递。结果，这个场景变得跨国化，破解者成为“全球参与者”[94]。在联邦德国，破解者尤为活跃，正是在20世纪80年代中期，“Commodore 64”家用计算机在联邦德国取得了巨大的成功。严格来说，起初他们在德国甚至没有违反版权法，1985年之前，德国还没有专门的软件版权法律。[95]尽管如此，破解者喜欢不受法律约束的自我形象。在欧洲，直到1993年数字版权法标准化之前，破解者几乎没有遭到刑事审判的危险，最严重的后果是家庭搜查和轻微罚款。[96]

尽管黑客精心营造了不法分子的形象，但他们并不认为自己是游戏开发者的对手。相反，专业程序员与黑客之间的界限是流动的。破解了游戏的版权保护后，黑客会加入一段新的简介，以此来宣扬自己的团队。这些简介的动画和音乐越来越先进，最终引入了一个新的计算机爱好者亚文化：演示场景（demoscene）。软件产业招募了一些最有才华的黑客和会做演示场景的成员。德国游戏开发商魔术字节（Magic Bytes）甚至与黑客团队拉德瓦尔（Radwar）合作。年轻的黑客帮助开发新游戏，而公司则将新游戏的预览版本交给黑客团队。交易的内容是，黑客只被允许把游戏分享给亚文化圈内的亲密朋友，同时承诺暂时尊重版权。因此，最有实力的黑客不再参与盗版活动，而公司至少有几周时间来安心销售原版游戏。[97]

相比于热闹的联邦德国，社会主义民主德国的计算机爱好者过着黯淡的生活。这是民主德国计算机制造商产量低下的结果（见第一章），国内工业只生产了 3 万台性能较差的家用计算机，其中大部分用于出口。然而，还是大约有 20 万人拥有家用计算机。这些设备要么是来自联邦德国亲戚的被默许的礼物，要么是在国际商店购买的官方产品，那里提供稀有的西方产品，可以用外币购买。原则上讲，硬件进口是合法的，只有软件进口是被禁止的。[98] 因此，民主德国存在一些计算机爱好者群体。甚至在两德正式统一之前，两德的计算机爱好者就于 1990 年 2 月在东柏林统一了。这种统一相当容易，因为他们虽然生活在两个差异极大的政治体制中，但有着相似的价值观和做事方式，都秉承“自己动手”的精神。然而，他们的动机不同。民主德国爱好者普遍是因为缺乏消费品而不得不“自己动手”，而联邦德国黑客的“自己动手”则象征着对消费社会原则的自觉反抗，对主流计算机用户心态的反文化回应。然而，所有黑客共享这样的信念——他们的爱好是为了理解和控制这些机器。[99]

188

结　论

运用科技的历史往往聚焦于业余专家引人注目的技能和颠

覆性实践。正如我们所看到的，这些情况确实存在，并且有时对科技的进一步发展至关重要。我们应当注意，要对这样的运用产生了多大的影响形成正确的观念。实际上，大多数消费者并非创新者，而只是简单地遵循现有的使用和消费模式。尽管如此，科技的运用始终是一个存在争议的领域，其中设计者的意图从未完全与日常生活实践相一致。文化模式通常存在某种持久性，会阻碍新技术立即改变日常生活。特别是家用技术的案例，表明传统性别价值观经常阻碍现代主义改革者的意图。

消费社会对任何颠覆性做法都有强大的抵御能力。总体而言，资本主义消费社会展现了融合的能力。在许多情况下，颠覆性或非法的亚文化都被纳入了企业结构。即使是游走于犯罪边缘的计算机少年们，也经常被“招安”进而融入信息技术产业。不过，科技的使用者始终是重要的，不管怎样，他们的主动性不应被误解为反抗。特别是在转型期，用户的创造力对于特定科技的进一步发展至关重要。这一点在计算机领域表现得最为明显，而不太引人注目的是新型日常技术，如家务技术，用户的采用是最为重要的，他们接受了一切初期产生的问题并克服了传统习惯。

关于德国技术史的独特性问题，消费史提供的例子较生产史要少。消费模式中似乎存在着一定程度的趋同，即朝着共同的西方模式发展。然而，在某种程度上，文化传统与社会阶层的物质需求导致了某些德国特色的持续存在。例如，经济状态的主导权对于特定领域的发展至关重要，比如联邦德国在通信领域的国家垄断，导致形成了强大的、半合法的计算机爱好者亚文化，他们寻求替代官方的供应。冷战期间，东西方之间的政治差异比广泛的德国传统更为重要。民主德国人更有可能与其他社会主义国家的公民分享他们的“自己动手”精神。在这种情况下，冷战时期的跨国政治和经济限制凌驾于任何国家历史传统之上。

20世纪70年代的经济危机导致对“技术进步”观念的批评不断增加。1972年，罗马俱乐部发布了《增长的极限》报告，质疑了现代性的一些基本假设。现代性的概念被视为一条通往进步的（曲折的）道路，在此之前一直是主流叙事（见第四章），但现在开始动摇。此外，人们越来越意识到技术创新很容易被用于政治上的极权主义目的，或者导致环境的意外被破坏。然而，进步的主流叙事并未被衰退或衰落的愿景完全取代，而是产生了一种不确定性。

该报告产生了巨大的影响，这是因为全球范围内环境意识不断提高，并在环保运动的蓬勃发展时期成为畅销书。至关重要的是，该报告并未完全否定现代技术——事实上，报告的撰写甚至是基于麻省理工学院的大型计算机收集的大数据。[1] 技术创新启发了人们想象的两面：一方面是人性化技术，另一方面是剥削和全面的计算机监控。

然而，事情实际上更加复杂。尽管历史学家大卫·艾杰顿正确地指出了旧技术在全球历史中的持久存在，但“历史即进步”的线性叙述在很大程度上仍然占主导地位。[2]本章将证明，技术史中不仅存在“旧的震撼”，而且有“令人惊讶的早期的震撼”，两者都应该被考虑。例如，对新技术的环境批评在19世纪就已经存在了。因此，将现代技术史描述为直到20世纪60年代都被无可置疑的进步观念所主导是不准确的。此外，20世纪70年代的批评性辩论也并不意味着进步概念已经消失；相反，进步愿景在一定程度上继续存在，尽管已融入新的不确定的愿景。

本章的第一部分涉及对新技术的社会抗议。其中，“机器破坏者”是工业化带来麻烦的显著象征。此外，从铁路出现开始，交通成为一个有争议的领域。特别是从20世纪下半叶开始，“汽车友好城市”受到了许多批评。事实上，汽车从诞生之初就备受争议。然而对抗并不明显。1900年前后，对技术的狂热和恐惧经常并存。一方面，迅速的变革引发了对现代技术即将带来的改变的担忧；另一方面，即使是怀疑者——从社会主义者到民族主义者——也相信他们需要这些技术来实现自己的政治愿景。因此，并不仅是现代技术的支持者与反对者之间的对抗，而往往是个体观察者的情感冲突，加剧了对技术创新的矛盾态度。[3]

190

总体而言，在技术被接纳的历史中，情感起到了重要作用。尽管如此，断定反对者仅受到情感驱使也值得进行批判性检验。

历史学家必须小心翼翼地避免接受史料中的偏见。这对本章的第二部分尤为重要，该部分涉及环境问题。例如，对核裂变等技术的拒绝并不意味着反对者害怕技术。相反，他们的拒绝往往建立在一些“反知识”和对技术专政的政治抗拒的基础上。因此，这不只是简单的非理性恐惧，而是对大型技术体系的环境、社会和政治结果的合理担忧。在这种情况下，我们将对“德国焦虑”（German angst）这一概念进行批判性讨论，以确定其是否准确地描述了强大的德国环保运动。该运动与技术之间的关系是矛盾的，20 世纪七八十年代，联邦德国人对所谓的新型技术恐惧及其危险进行了讨论，指责政治对手是“机器破坏者”再次流行，特别是涉及核能或计算机技术时更是如此。

社会抗议新技术

19 世纪早期的改革者并非全都支持工业化，人们常常忽视了这一点。例如，普鲁士两位杰出的教育改革者威廉·苏弗恩（Wilhelm Süvern）和约翰尼斯·舒尔茨（Johannes Schulze）在 19 世纪 20 年代阻止了包括工业培训在内的职业学校的建立。对于他们而言，学习古典语言似乎比技术教育更重要。[4] 更广为人知的是工人们在工业化初期对机械的抵制。然而，“卢德分子”

（Luddites）或“机器破坏者”经常被误解。正如著名历史学家埃里克·霍布斯鲍姆所示，英国的卢德分子并不是对机器或技术进步本身感到敌对。更确切地说，他们关心的是“两个实际的问题”，即避免失业和维持生活水平。[5]

历史学家对19世纪德国的“机器破坏者”的研究也得出了类似的结论。最主要的是，“机器破坏者”对抗的是一种威胁他们工作的特定新技术，他们的破坏行为甚至是有纪律的。一般来说，他们不是抢劫者，通常只是有意摧毁他们所在地区的某种类型的最新机器。他们的目标始终是在引进新技术时就摧毁它。大多数“机器破坏者”牢记行会对新技术的限制，并期望当局控制新技术的引进。“机器破坏者”很少是渴望“前工业时代旧日好时光”的浪漫主义者，而是捍卫自己作为工匠所拥有的生存权利的人。因此，他们既不是反进步又不是反技术的。与其说是对创新的斗争，不如说是为了维护生计而进行的对社会适应性技术（socially adequate technologie）的斗争。对德国“机器破坏者”团体结构的深入研究显示，他们的抗议与对技术的旧式敌意或反动政治无关。反而可以找到一些反资本主义的成分。其中最主要的参与者正是那些职业朝着资本主义工资劳动方向发展的人——印花工、剪布工和印书工等工匠，曾经为包买商工作，后来进入了工厂。他们很早就经历了资本与工资劳动之间的冲突。抗议新机器的并不是最贫困的工人，如纺纱工，而是熟练且薪

191

酬丰厚的工匠，这种抗议需要实力。作为劳动阶级的贵族，这些工人长期以来一直有代表自身利益的丰富经验，可以追溯到18世纪。[6]

总体而言，19世纪初的“机器破坏者”相对较少，他们主要分布在保持前工业传统的地区。索林根的工匠们是晚期机器破坏行动的典型例子。1848年3月，他们捣毁了一个铸钢厂，因为这种技术威胁了他们的手艺。在捣毁之前，工匠们曾向当局上书请愿，但未能成功地调整工资。这些请愿书表明他们对技术的看法与日后的劳工运动有着显著的不同，这些人并未将技术视为通往更美好未来的必要过程。[7]这个重要差异解释了为什么后来坚信技术进步机会的现代德国劳工运动与工业化早期的“机器破坏者”有所区别。[8]社会民主党批评“机器破坏者”不守纪律且反动，因为他们没有理解马克思主义关于“机器本身”与资本主义使用机器的区别（见第四章）。直至现在，德国劳工运动始终强调他们并非“机器破坏者”。[9]但是，对“机器破坏者”和社会动乱的担忧，导致一些担心扰乱传统社会秩序的旧精英阶层反对工业化本身，这些群体将对技术的敌意与反动政治相结合。[10]

尽管机器破坏行为的数量相对较少，但19世纪末出现了更为广泛且文明的批评。[11]工业、能源或交通等领域的技术能否被接受，关键是风险问题。正如本章将展示的那样，对技术风险的批评并不是针对现代化本身。相反，对风险的认识和接受有助于现代技术获得重要改进，并获得公众认可。[12] 在许多情况下，批评者帮助新技术取得胜利，因为他们要求对技术进行改进。他们表达了自己的批评，并选择了适合社会的技术。相比之下，技术爱好者往往对新技术的任何批评都不予理会，并声称反对者是在否定进步本身。[13]

两次世界大战之间，讨论普遍针对泰勒主义和福特主义（见第一章），针对机器破坏的关注已出奇地少见。这在很大程度上归因于社会民主党和工会的政治立场，他们毫无保留地赞美技术，只有共产党公开反对效率措施。即使是合理化的反面结果也没有动摇社会民主党对“合理化必要性的信念”。例如，1928年，一份矿工工会的报纸谴责任何有关破坏机器的幻想都是“胡说八道，浪费力气”[14]。然而，基层工人并没有如此毫不犹豫地欢迎新技术，特别是老一代矿工对机器抱有敌意，因为他们担心失业。然而，当他们体验了机械化工作带来的好处——减轻了他们的劳累，敌意消失了。此外，大多数熟练工人通常不会被派到比较不讨人喜欢的流水线。这些任务是由非熟练工人，通常是女性负责的。总体而言，工人并没有完全拒绝技术变革。最重要的是，他们反感的合理化，是以资本主义剥削的标志为象征，如与效率措施相伴的秒表。[15] 纳粹掌权后，利用了人们对这种特定的“时间—动作”研究技术的普遍厌恶，并移除了象征剥削的标志，但没有改变工业作业常规。1939 年，科隆的一份报纸宣称，过

192

去人们害怕的“拿着秒表的人”现在已经消失了（见图 8.1）。然而，效率措施并没有废止。正如这篇文章坚持指出的，工人必须适应机器，因为在纳粹的全民就业政策下，机器不会威胁他们的工作。[16]

20 世纪七八十年代的计算机化浪潮又重新唤起了关于破坏机器的辩论。总体而言，联邦德国的工会并未排斥自动化技术。工会代表在辩论中始终考虑两个方面：一方面，担心失业；另一方面，对技术进步带来社会和政治变革的期望，这是劳工运动自

193

图 8.1————“过去令人恐惧的拿着秒表的人”在科隆的洪堡－德茨（Humboldt-Deutz）工厂。《科隆时报》，1939 年 2 月 12 日。莱茵—威斯特法伦经济档案，文件号 107-19-1，图片 10。

开始以来一直抱有的期望。[17] 因此，20 世纪六七十年代的自动化讨论在很大程度上类似于魏玛时期关于福特主义的相对温和的讨论。只是从 70 年代中期开始，改变工作生活的微芯片出现了，才对当时的工会政治产生了震动。印刷业是最早受到计算机化改造的行业之一（见第一章），从 20 世纪 70 年代末的印刷业劳动纠纷可以看出，工人对技术的传统友好态度如何遭到新型计算机的挑战。

1978 年 3 月，印刷业工会阻止了许多日报的出版，而在罢工期间，工会自己出版了所谓的紧急报纸或“罢工报纸”。1978 年 3 月 6 日，其中一份“紧急报纸”刊载的文章描述了在伍珀塔尔举行的罢工集会期间发生的一起事件。除去可能是编辑润色虚构的成分，这段文字明确地说明了罢工工人对未来的期望。它描述了一位来自其他行业的模型工的困惑，他询问印刷工会的纠察员，罢工工人到底为什么反对这项新技术。纠察员是工会的一名商店代表，他回答了这名持怀疑态度的工匠：“想象一下，如果有一份新的工件订单，而你的雇主还拥有这些可爱的计算机系统。然后你只需要拿起木材、胶水和模型图纸，将它们输入计算机，然后计算机就会生产出成品。而且不再需要你按下机器启动的按钮，这将由其他人来做。你对这样的情况有什么看法呢？”

根据报道，模型工听到这个描述后相当震惊，回应道：“哦，天啊，这不可能是真的！”然后向罢工基金捐赠了 5 马克。[18]

当时，大多数印刷业劳工仍然坚信技术进步和自己的不可替代性（见第四章）。直到他们面对“可恶的计算机系统”，早期计算机印刷厂的一些工人感到不得不拒绝新技术，甚至产生了卢德式幻想。一名工人和几位同事一起参加了年度印刷行业博览会，向参观者介绍了可怕的预期后果，他说自己“很想抓住并捣毁”这些机器，“因为它们正在夺走我的工作”。[19] 然而，德国的印刷厂没有出现破坏机器的情况，尽管排字工人非常清楚自己的工作岗位受到威胁。即使工人们对新技术有些厌恶或产生卢德式幻想，他们也会将这些想法抛弃。一位数码排字工人告诉采访者，他对“愚蠢的自动化设备”有不好的感觉，同时意识到排字的终结即将到来，就算将那些“垃圾”扔到窗外也没有任何用处，因为排字工人很快就会被“淘汰”了。[20] 194

印刷业只是普遍变革的先兆。在这个广泛的计算机化挑战背景下，德国工会联合会在1979年发布了一张海报，上面印着一个微芯片，并印有“小因素—大效应”的口号（见图8.2）。海报上的文字警告了计算机化的影响，微芯片会成为“就业杀手”。与此同时，海报上的文字明确表示工会主义者并不是“机器破坏者”[21]。相反，工会联合会主张推动社会公正的技术进步。据历史学家大卫·诺布尔（David Noble）透露——他本人也是一名活动家，许多工人在20世纪七八十年代反对技术变革，或者他们至少希望减缓变革的速度。只有工会领导人害怕被指责为卢德主义者，并接受了进步的观念。1982 年，一些对计算机充满批评的欧洲工人在汉堡会晤。在此次会议上，一位汉堡码头工人表示，他的同事们非常清楚新技术从来都不利于他们的事业。一家印刷厂的员工代表也同意这一观点，工人们关注当下，而不是遥远未来的进步成果。另一位印刷工人表示，底层劳动者准备抵制技术变革，而雇员代表则更为犹豫。[22] 最终没有发生抵制。代表大会很可能只代表了少数工人活跃分子。

195

图 8.2——1979 年，德国工会联合会（DGB）的海报——《“小因素—大效应”》。社会民主党档案 / 弗里德里希 · 艾伯特基金会。

乌尔里希·布里夫斯（Ulrich Briefs）是德国一位顶尖的计算机专家，他可能是唯一一个在德国公开建议工人开展机器破坏行动的著名工会成员。他曾暗示液体可能对计算机造成破坏，但并没有明确提及破坏行为的可能性。[23] 然而，即使是布里夫斯在 1984 年也指出，失业只是硬币的一面。硬币的另一面是工作时间缩短了。因此，社会的转变是有可能的，把时间花在新的社会任务上或缩短每周工作时间，这都是吸引人的机会。[24] 然而，对政治对手敌视技术的指责比破坏机械的呼吁要多得多。这种大规模指责是一种有效的手段，用来否定任何对特定技术的批评。通常，人们对特定技术存有疑问，往往是由于环境风险或对失业的担忧。在公众辩论中，这些批评者被指责害怕改变。1979 年夏天，德国总理赫尔穆特·施密特（Helmut Schmidt）甚至也使用类似的言论，警告对技术的恐惧可能会转变为对技术的敌视。[25]

计算机出现引发的担忧超越了职场范畴。在德国，人们特别关注数据保护问题。虽然美国与联邦德国关于数据保护的辩论有许多相似之处，但后者的数据保护主义者很早就成功地施加了压力，导致了关于这个问题的第一部全球立法的实施。1970 年，黑森州已经颁布了数据保护法，全国性法案在 1978 年出台。当时，数据保护在西方世界已经成为一个政治问题。美国和瑞典等国也在 20 世纪 70 年代早期采取了相应的法律措施。[26] 关于对国家管理计算机化的担忧集中在两个方面：一是成为总体监控下的国家的危险，二是数据被盗的威胁。从 20 世纪 70 年代中期开始，公众开始对数据保护问题产生兴趣。特别是 20 世纪 70 年代末对恐怖分子的计算机化追捕，引发了更多的政治团体对国家监控的担忧，即使自由派媒体也报道了这个话题。1983 年的全国普查成为批评电子数据收集的焦点。许多行动团体表达了对被计算机主宰和全面监控的恐惧。现在，参与批评计算机的人群进一步扩大：批评计算机不再是新左派的专利，中产阶级、知识分子和不同政党的政治家都加入了对计算机普查的批评。[27]

然而，随着计算机的快速普及，政治上的激情很快消退。许多人开始使用计算机，孩子们在家里用计算机玩游戏（见第七章）。随着计算机在工作场所和日常生活中的持续普及，避免使用新技术的可能性几乎不存在，人们必须应对计算机。因此，人们逐渐适应并熟悉这项新技术，之前对计算机的怀疑态度逐渐消退。20 世纪 80 年代中期，曾经激烈的公众讨论已经减弱，计算机的形象发生了巨大变化。如果在 20 世纪 80 年代初之前，计算机象征着一种不可控的监控技术，那么在 20 世纪 80 年代中期，计算机则成为现代性与娱乐的代表符号。[28] 对新技术的社会抗议似乎有一种一般性模式：一旦技术获得动力，彻底的抵制变得不可能，人们开始感到必须适应新的技术现实。尽管如此，人们在应用新技术并将其用于自身目的时仍保留着一定程度的主动性，

196

这在计算机用户中是显而易见的。类似的发展也出现在铁路问世后的现代交通史中。

对于那些没有进入工厂工作的农村居民来说，铁路是其与现代技术的第一次接触。许多乡村居民深深地不信任铁路所象征的变革。铁路是工业革命的先驱，而这种革命尚未触及他们的家园。作为工业化的关键技术，铁路既象征着转变，又加速了这一转变。[29] 铁路作为新型交通工具也带来了实际的危险，在铁路出现的早期，对事故的恐惧无处不在。然而，19 世纪中叶，乘客在文化和心理上已经适应了乘坐铁路旅行。[30] 正如前述，这是非常典型的公众对新技术的反应。人们需要时间和契机，逐渐将技术融入日常生活。

在乡村，汽车的出现引起了类似几十年前铁路导致的反应。在某种程度上可以说，早期的汽车引发了反对城市现代化进入乡村的抗议。与先前描述的模式一样，对城市汽车交通的批评早在 1900 年前后就已经开始。在汽车时代的早期，这项新技术并未得到公众的广泛接受。在这个过渡期，汽车并未融入传统的日常生活模式。在西方国家中，德国在抗议汽车方面有其独特之处。即使在 20 世纪 20 年代，德国对汽车的抗议也比美国、法国或英国更为强烈。随着纳粹上台掌权，这种抗议消失了，因为新政权积极推广汽车。[31] 然而，20 世纪 30 年代初，当汽车交通量仍然相对平稳时，未来的问题已经显现。1931 年，右翼文化悲观主义者奥斯瓦尔德·斯宾格勒声称汽车已经太过普及，失去了在拥挤的城市交通中提速的意义。在许多德国城市，汽车并没有什么用，步行反而更快。[32]

“二战”结束后，城市交通问题不断加剧。人们对其严重性的认识逐渐深入，从对其的描述中可以看出端倪。两次世界大战之间，主要使用的术语是“交通困难”，而 1954 年，当大多数联邦德国人还没有汽车时，一本畅销书的标题就是《城市交通的悲惨》(*Die Verkehrsnot der Städte*)。自 20 世纪 60 年代初以来，严重的交通问题主导了有关城市交通的讨论。当时，城市中对汽车的批评是德国政治的一个共同特点，因为市政当局不得不为“汽车友好型城市”负责。慕尼黑市市长汉斯－约亨·沃格尔（Hans-Jochen Vogel）甚至抱怨汽车的大规模流动使城市“瘫痪”。从 20 世纪 90 年代开始，“交通堵塞”这个戏剧性短语占据了主导地位。[33] 类似的问题在西方国家普遍存在。汽车的尾气排放也被视为健康风险。德国人对癌症敏感性的普遍关注晚于美国，但从 20 世纪 70 年代末开始，致癌污染开始改变汽车的形象。这种变化在 20 世纪 80 年代末加快，随着对汽车影响气候变化的新担忧的出现，对汽车的环保程度进行了仔细评估。[34]

197

20 世纪 70 年代之前，联邦德国的交通事故死亡率非常高，尽管交通事故导致的死亡人数很多，但对于这种危险，人们却出奇地少有抗议。尽管汽车存在种种危险和问题，但它仍是现代生活的一个中心象征。显然，人们愿意接受个人出行所带来的致命风险。直到60年代交通事故死亡人数达到峰值，公众才开始对这个问题有所认识，并主要通过采取一些技术手段提高交通安全。[35]然而，减少车祸的强制措施被引入时引起了激烈的争议。一些司机和游说团体反对越来越谨慎的交通政策，这些群体规模相对庞大，声音尤为响亮，试图主导公众讨论。最初，任何由国家限制交通的手段都引起了公众抗议，包括限制司机血液酒精含量、使用雷达监视、引入限速措施以及强制使用安全带。[36]

20世纪末，18世纪的卢德派在关于新技术的公众辩论中仍发挥着作用。1997年，后来被证明是一项失败创新的磁悬浮列车“Transrapid”的抗议者，甚至仍被称为“机器破坏者”。[37]通常，随着人们对新技术越来越熟悉，社会抗议会逐渐减少。然而与之不同的是，环境抗议却持续增长。虽然对于用户来说，适应不断变化的社会环境有时很容易，但环境危害却是确凿无疑的事实，在最糟糕的健康风险或看似迫在眉睫的全面毁灭的威胁下，个体行动显然无法改变什么。

环境抗议与“德国焦虑”

直到19世纪末，德国还没有对环境问题进行广泛的公众辩论。从 19 世纪中叶开始，水污染和空气污染是在许多地方引起关注的主要议题。特别是早期解决城市卫生和公共健康问题的尝试，可以在某种程度上被视为日后环保运动的前身。[38] 当时几乎没有真正意义上的环境意识，公众争论的主要内容是对资源的商业竞争。对于制糖、造纸和纺织等行业来说，清洁的水资源尤为重要。通常，这些公司会一面抱怨其他行业的废水，一面直接将废水排入河流。[39] 空气污染问题也在 19 世纪中叶出现，在煤烟成为一个严重问题之前，铜矿炉已经成为早期政治批评的对象。[40]

198 19 世纪，煤作为能源资源的不断普及产生了两个问题：第一，煤烟的排放比木材燃烧的烟雾更有害；第二，工厂不再依赖水力，而是越来越多地建立在人口密集地区，从而激怒了更多的附近居民。19 世纪的环境抗议中已经包含了现代环境抗议的一些特点。科技专家在许多诉讼中发表意见，居民倡议也在许多场合形成。此外，私人利益与公共利益也得以区分。健康、植被和财产方面的问题在任何与工业大气污染有关的争论中都是核心。总体而言，对煤烟的厌恶日益普遍化。[41] 1900 年以前，大部分针对工业烟雾或水污染的批评都只是基于审美上的不适，而非环境保护。[42] 然而，早在 19 世纪初，煤的工业使用就引起了有关煤烟有害性的激烈的医学讨论。[43]

因此，20 世纪相关争论的一些特点在 1900 年之前已经出现。在20世纪70年代对技术影响进行评估形式制度化之前，已有尝试的先例。例如，早在19世纪初，人们就已经开始担忧钾肥污水可能带来的危害。[44] 19世纪40年代，解决环境问题的技术方案逐渐取代传统的社会补偿办法。进入工业时代，环境破坏被视为一个需要找到技术解决方案的技术问题。[45] 直到19世纪中叶，环境负担仍然相对较低。然而，在随后的几十年里，随着工业生产大幅提高和新工艺的引入，情况迅速改变，排放量飙升。当时，有组织的抵制和严重冲突迅速增多。从1860年开始，由于煤的大量使用，对产生大气污染的公司的诉讼逐渐增多。工程师在接下来的几十年里开始寻找技术解决方案，但进展很慢。这种失败在一定程度上要归咎于技术原因，但主要困难是当局对此问题的兴趣不大，尤其是普鲁士商务部，阻碍了所有的进展。在商务部看来，大气污染只是有点麻烦，并没有带来健康风险。[46]

19世纪70年代早期，面对日益严重的环境问题，当局的思路有些模糊，认为技术手段就可以缓解日益严重的状况，命令钢铁厂安装机械装置来减少排放量。然而，这些措施在降低环境损害方面并不十分有效，而主要的作用是安抚反对者。类似的情况也出现在随后占据主导地位的化学措施上。尽管稍有进步，但这些新技术仅作为掩护，简化了工厂的审批程序。[47] 总体而言，工厂主及工程师声称自己是唯一的技术专家。从19世纪早期开始，认为抱怨者“对技术一无所知”的观点成为辩护词的核心。工厂主经常辩称早期的烟雾问题已经通过新技术的引入得到了解决，这方面的确取得了一些成功，但远不如承诺的那么显著。排放扩散难以解决，而管道泄漏也非常普遍。[48]对于水污染问题，相同的信念认为技术解决方案可以取代任何中期预防措施。[49]从某种意义上说，这些对污染批评的早期回应，使解决问题变得更为困难。

199

利益团体在环境抗议中最有可能获得成功。施特格利茨（Steglitz）是柏林附近的别墅住宅区，1890 年因为担心“有害的烟雾”和噪声而禁止建立工厂。虽然后来柏林政府取消了这一禁止，但是高昂的房地产价格阻止了在该地区进行的任何工业活动。[50]施特格利茨是 19 世纪环境批评动机的一个很好的例子。有些人担心工业环境破坏会导致经济损失。[51]从 20 世纪初开始，关于污染控制的讨论变得更加广泛。然而，与当时美国对环境问题抱有相对浓厚的兴趣相反，大多数德国市政当局对环境措施相当不情愿。汉堡是一个例外，当地成立了一个“节约燃料和减少烟尘协会”，但大多数官员只是要求工厂主们提高烟囱的高度。[52]“一战”的爆发突然中止了少数有希望的空气污染抗议活动，这种情况在魏玛共和国的危机和第三帝国的快速重新武装期间继续存在。[53]当然，问题依然存在，一些观察家继续对其进行严厉的批评。例如，著名记者埃贡·埃文·基希（Egon Erwin

Kisch）在1927年批评了法本化学公司，指责其污染了勒沃库森的空气，导致居民皮肤变色、罹患严重疾病。[54]

19世纪末，水资源短缺和水污染问题也开始引起越来越多的公众关注。在20世纪初的几十年里，议员们对德国几条河流的状态感到担忧。特别是煤炭和化工产业严重地污染了河流，因此这些河流得到了不太光彩的绰号。埃姆舍尔河（Emscher）被称为“地狱之河”，而瓦珀尔河（Wupper）则被称为“墨水之河”。与面对空气污染时一样，政府对此很少采取实质性制裁措施。对生物多样性的担忧也开始出现。一些抗议团体反对在劳芬堡（Laufenberg）修建莱茵河大坝，因为这将危及鲑鱼的迁徙。对此的反应类似于对“机器破坏者”的反对，抗议者被嘲笑为保守的浪漫主义者。[55]

乍一看，20世纪初期的环境意识似乎是很薄弱的。然而回顾历史，有证据表明这个时期对环保主义的发展具有重要意义。德国充满活力的生活改革运动开启了对消费方式的批判。此外，关于癌症的讨论使人们重新关注了污染物。虽然当时的参与者还相对保守，但日后的左翼环保主义者在20世纪70年代准备将这些传统现代化。[56]一些观察者甚至想象了气候灾难，1931年，右翼作家奥斯瓦尔德·斯宾格勒预测，气候变化将成为工业现代化过程中技术发展的灾难性结果。森林将不复存在，许多动物物种将在未来几十年内灭绝，许多“人种”也将灭亡。[57]然而，现

200 实中的政治家仍然不愿采取行动。纳粹使用了一些“绿色”言论，但“1933 年后处理空气污染仍是之前程序的延续”。尽管如此，纳粹德国的农民组织“国家食品部”，鼓励农民要求“因工业污染造成的农作物损失获得补偿”。[58]

“二战”结束后，环境政策逐渐确立。然而，20 世纪 50 年代的环境抗议历史也常常被忽视。在大多数情况下，这些抗议是针对当地问题的，抗议者没有更广泛的社会或政治变革议程。这一时期的抗议主要是反对运河开挖或危害自然保护点的工业项目。1955 年，联邦德国议会要求政府提供关于空气污染的信息以及针对有效解决问题的方案的建议。在接下来的几年里，空气污染政策逐步形成。这并不是一种左翼政策，相反，主流政治认为可以将经济增长与污染控制结合起来。[59] 当时，德国在环境保护政策方面仍远远落后于美国的综合努力。从 20 世纪 60 年代开始，公众逐渐形成环保意识。现代环保运动在这个背景下扎根，并取得了一些初步成效。从 20 世纪 60 年代中期到 20 世纪末，鲁尔区二氧化硫排放量急剧减少，当然这主要是由于煤炭和钢铁行业的衰退。[60] 然而，当时德国的环保政治获得了动力，此前的劣势在 20 世纪初变成优势。德国强大的官僚机构和独立工程师“抵制了 20 世纪初关于煤烟的辩论”，现在却形成了“对抗工业利益的制衡力量”。从 20 世纪 60 年代开始，美国工业界在空气污染政策中占主导地位，但在德国，由于工业界与国家之间的关系有着悠久的历史，其独特的结构使德国的工业影响力较小。[61]

环境政策的转向发生得很缓慢。在战后初期，环境批评的唯一目标是大宗商品和能源生产，而消费在很大程度上被忽视了。[62] 然而，由于环境问题不断加剧，人们逐渐不再忽视消费。新兴的消费社会促进了个体运用科技和消耗资源的生活方式的形成。20 世纪 50 年代，工业生产和生活的标准发生了变化，以极大的能源和物资消耗为特征。今天环境问题的根源就处于这一消费增长时期。化石燃料价格相对下降导致了这种浪费能源和消耗物资的模式的形成，环境问题即起源于这一时期。[63]

正如历史学家鲁思·奥尔登齐尔和米凯尔·哈德所指出的，战后环保运动在大多数西方国家逐渐形成，并最终成功地克服了一个内在矛盾。尽管大多数欧洲人都有重复使用和节俭的传统，但新兴的消费社会提供了一个非常吸引人的选择：可以消费且不必担心资源浪费。从美国引进的"自己动手"文化在一定程度上解决了这个问题，因为修理和回收变成现代消费社会的一部分，这似乎为现代消费提供了一条对环境影响较小的替代路径。[64] 然而，在环境抗议的一些方面，早期工业时代的论点仍然延续至今。早在 1876 年，防止水污染就被谴责为伤害工业利益和破坏就业的手段。1994 年，德国工业联合会主席仍然持有这样的论调：环境政策不应该妨碍工业和工人的利益。[65]

201

一项技术引发了抗议团体特别强烈的抗议：核能。联邦德国的反核活动家发起了“西方世界最强大的环保运动”，这有其特殊的原因。[66]首先，对核武器的恐惧在德国尤为强烈，因为如果冷战升级，德国显然会成为核战争的“地狱中心”，变成“核废土”。[67]必须强调的是，科学家对这些核战争的恐惧也有共鸣。德国最著名的物理学家发起了对联邦德国政府计划部署核武器的抗议。诺贝尔奖得主维尔纳·海森堡和其他17位核专家组成了著名的“哥廷根十八人”，他们的抗议宣言得到了广泛的公众关注。[68]三年后，活动家们抗议美军在沃纳·冯·布劳恩传记片《我瞄准星星》（*I Aim at the Strars*）首映式上展示短程核导弹。将纪念纳粹火箭科学家与骄傲地展示冷战武器结合在一起，引起了恐惧和愤怒。[69]

202 20世纪50年代中期，人们对民用核能的反对也开始出现。历史学家多洛雷斯·奥古斯丁（Dolores Augustine）正确地指出，当时的反核抗议规模相对较小。[70]然而，有证据表明，人们普遍意识到放射性辐射的风险。对癌症的担忧很可能是推动普遍环保意识产生的隐藏动力，尤其推动了刚刚兴起的反核运动。[71]甚至在70年代大规模反核抗议活动出现之前，活动家在地方就取得了相当大的成功。例如，他们阻止了在科隆附近建立一个核研究中心的计划。政府不得不在大城市之外找到新的场地。显然，公众对这种新技术的信任从一开始就远远低于政治家和核专家的预期。[72]

图 8.3————1960 年 8 月 19 日，慕尼黑，反对电影《我瞄准星星》首映的示威活动。德国联邦档案馆。

一些最著名的核专家也加入了批评的行列。海森堡在 1959 年表示，科技复合体已不再受社会控制。[73] 医生博多·曼斯坦（Bodo Manstein）在 1961 年的著作《在进步的压制下》（*In the Chokehold of Progress*）中也警告了“核能的危险”[74]。然而，大多数从事核电站项目的联邦德国科学家提出的批评显然比美国同行要少。美国是由核专家从内部批评反应堆的安全性，而联邦德国则是由反对核能的科学家指出安全风险。显然，反核活动家并不具有卢德派那样的盲目刻板形象，从一开始，科技知识就是抗议活动的一部分。[75] 与此同时，联邦德国文化在对待恐惧的态度上发生了显著变化。正如历史学家弗兰克·比斯（Frank Biess）所展示的那样，恐惧不再一律被视为病态，而是被视为“对外部危险的正常反应”[76]。

因此，反核活动家与现代技术之间的关系非常复杂——对核风险的恐惧是基于对核电厂和安全问题的了解。此外，这些活动家来自各种各样的群体，这一点在第一次大规模抗议联邦德国南部小村庄威尔（Wyhl）核电厂建设计划中体现得很明显。1973年夏季，该项目公开宣布后，抗议活动就开始了。抗议于1975年达到高潮，数以万计的抗议者参加了示威活动。经过20年的抗争，该项目最终在1994年被放弃，对于活动家来说，这是第一个意想不到的成功，也是世界上第一次成功地阻止核电厂建设的反核抗议。[77]因此可以说，1975年的第一次大规模抗议可能是“全球最强大、最有影响力的反核运动的诞生地”[78]。

正如所示，这是科学辩论与地方抗议活动持续了20年的结果。该运动的一个关键特点是多样性：当地居民与外来活动人士并肩示威，其中一部分来自附近的法国。乍一看，他们的利益似乎不相容。当地居民有具体的担忧，对于表达反对政治体制并没有真正的兴趣，而大多数外来活动人士则否定资本主义国家体制。甚至抗议群体担心的对象也不同：当地的葡萄种植者最初关心的是气候变化导致的葡萄酒质量降低的风险，而不是核能的风险。然而，威尔抗议者中的不同群体共同拥有对

203

现代性的批判观念：他们并不是拒绝现代性本身，而是对工业现代化的某些结果持怀疑态度。虽然保守的当地居民试图捍卫传统的乡村生活方式，但大多数外来抗议者则分享着新左派的后物质主义价值观。[79] 他们与一种将社会和环境问题置于大型技术项目之下的特定现代性观念背道而驰。这种特定的进步观念在联邦德国社会中已经失去了吸引力，但在 20 世纪 70 年代，抗议者在整个联邦德国社会中仍然是少数派。此外，甚至环保主义者多多少少也被计划的狂热所影响。虽然环保主义者否定了永久增长的观念，但许多人仍然相信系统和科学政治，尽管形式有所不同。[80]

在随后的 20 世纪七八十年代的大规模反核示威期间，抗议团体的多样性趋势持续存在。大多数抗议活动并非由外部人士组织，而是由当地居民发起，他们感到有必要抵制在家园附近建设核电站的计划。[81] 然而，这些抗议活动都会引发核能支持者的强烈反应。捍卫有争议的技术的保守派人士用“如果没有核电站，灯就会熄灭”[82] 的预言来唤起公众的恐惧感。在某种程度上，坚持使用核能的原因是既得利益。联邦各州部分拥有的公用事业公司运营着核电站，因此，政治体制倾向于维护核电投资决策。示威活动在布罗克多夫（Brokdorf）核电站附近举行之后，反对者与支持者之间的对抗变得更加激烈。虽然示威团体同样是多元化的，但媒体却集中报道了激进的活动人士。抗议活动不断增加，但在1977年的民意调查中，仍有53%的德国人选择扩大核能。[83]

在国际上，联邦德国的抗议者是最强大的群体之一。联邦德国反核运动的强大，部分原因可能是联邦德国在军事意义上并不是一个核大国。尽管美国和法国的反核运动也很强大，但这些核大国对核裂变技术的接受度要远高于联邦德国。[84]尽管如此，这些运动之间也存在许多相似之处，以及交流和纠葛。总体而言，西方国家的反核运动"彼此非常相似"[85]。正如前面提到的，法国的活动人士参与了威尔的抗议活动。此外，1975年微笑太阳徽章（"核电？不，谢谢"）在丹麦首次推出，并成为反核运动的跨国象征，在联邦德国非常受欢迎。[86]20世纪80年代初，联邦德国的反核活动家邀请美国原住民加入他们的抗议活动，原住民参与了几次示威活动，这清楚地表明，反核运动部分支持"自然生活"愿景，反对不惜一切代价追求进步的观念。与此同时，支持核能的政治力量，即保守派政府，指责抗议者冒着"回归原始水平"的社会倒退的风险。[87]

20世纪七八十年代的反核活动者不仅抱怨核电站问题，一些活动者也尝试研究替代能源生产技术，比如效率低但简单的风能系统，这是在丹麦活动者的引领下进行的。1975—1990年，联邦德国的环保运动分发了大约40本风能系统建造手册。"自己动手"是他们的主要方式，同时他们寻求一种"回归人类可控尺度"的选择，将其作为海森堡在1959年警告的无法有效控

204

制的大型技术系统的替代方案。因此，这些活动者绝不是技术的敌人；相反，他们尝试了符合未来希望的技术。反对并不是“支持技术”与“拒绝技术”之间的二选一，而是小型低水平技术与大型高水平技术之间的对立。[88] 当然，当时替代性能源的产量微乎其微。然而，这些活动者表达了自己的意图。他们展示了对可控与人性化技术的渴望，并反对不可控的大型技术系统。[89] 从这个意义上说，他们成功地进行了“对技术专家思维的反叛”。最终，反核抗议甚至催生了国家对工业规模风电的兴趣。[90]

即使在没有核电厂新建计划的情况下，20 世纪八九十年代，阿瑟（Asse）和戈尔莱本（Gorleben）的核废料存储场以及核废料运输成为许多抗议的焦点。[91] 对于日后的核电退出决定，最重要的诱因事件是核灾难：1986 年苏联的切尔诺贝利核电站事故以及 2011 年日本的福岛核电站事故。在强大的反核运动的背景下，切尔诺贝利核灾难引发了极为强烈的公众反应。德国与乌克兰在地理上相对接近只是部分原因，在邻近国家，如法国、瑞士或荷兰，人们对核灾难的担忧也日益普遍，但街头抗议没有联邦德国那么强烈。当时，“德国焦虑”的概念在德国以外的地方也被使用，用其形容德国政治文化中的恐惧似乎更具特色。正如前面所展示的，对核能的恐惧并不是非理性或反理性的，而是长期进行核风险科学评估和辩论的结果。[92]

从 20 世纪 80 年代中期开始，即使是支持核能的保守派政治家也非常清楚，大多数德国人反对任何新的核建设项目。然而，21 世纪初，德国的核电退出政策仍然备受争议。社民党与绿党组成的联合政府在 2000 年选择退出核能计划，最终目标是在 2020 年完全放弃核能，但随后新上台的中右翼政府在 2010 年取消了这一决定，取而代之的是延长核电站运行寿命。[93] 然而，仅仅一年后，福岛核灾难再次改变了德国的核能政策。刚刚延长了核电站寿命的保守派总理安格拉·默克尔，在灾难发生后两个半月，决定在 2022 年前退出核能计划。这一转变是在绿党——最强大的反对核能政党——赢得巴登 - 符腾堡州选举后发生的。因此，在核灾难发生后，绿党的一名政治家首次成为德国一州的领导。绿党的成立和选举的胜利是德国环保运动的一个决定性特征，也是其获得成功的部分原因。再加上反对核能的科学家，以及核能与核战争之间特别紧密的关联，这种政治结构是德国反核活动故事中的特殊之处。因此，弃核不仅是对福岛灾难的反应，在很大程度上是数十年来围绕有争议的技术进行批判性辩论的结果。[94]

205

结　论

2015 年，德国宣布退出核能决定 4 年之后，距离最后一座核电站关闭的时间还有 7 年，两位艺术家创作了一系列 19 个瓷盘，描绘了所有已关闭（或仍在运行）的德国核电站，被称为“原子盘”（Atomteller）。对于这些艺术家来说，这些核电站是“错误的纪念碑”。这些艺术作品嘲笑了挂墙瓷盘的传统，也讽刺了国家核能项目的失败。艺术家运用了浪漫主义甚至是俗气的瓷盘传统，讽刺性地提醒观众，这些核电站即将成为过去。通常，这种瓷盘描绘浪漫的自然景观，而“原子盘”则描绘了即将消亡的高科技产物，这些核电站是一段充满争议的长期政治历史的遗留。显然，艺术家渴望庆祝德国核能的终结。而这些“原子盘”也反映了本章探讨的抗议这项技术的长期历史。从某种意义上说，这些艺术品可以被视为对过去两个世纪内对某种技术的批评被如何对待的评论。通常，批评者被斥为反现代主义者或是技术进步的浪漫敌人。然而，如今这些高科技的象征——核电站——成为逝去的场所，以一种嘲讽怀旧的方式被铭记。其中一件描绘了布罗克多夫核电站的盘子，甚至将传统的瓷盘图案与艺术项目相结合：绵羊在核电站前的草地上吃草（见图 8.4）。

如前所述，对技术的抗议史如果没有研究当局和公众对抗议者的反应将是不完整的。从广义上讲，自 19 世纪初以来，对抗议者的指责并没有发生太大变化。根据相应的技术支持者的观点，这些抗议行为通常是由一些非理性混合因素驱动的：恐惧、浪漫主义、世外桃源或反现代主义。在通常情况下，技术支持者声称自己是理性与科学的唯一代言人，而抗议者只是对技术或者进步存在原始敌意的卢德分子。然而，深入地观察这些抗议行为会发现，通常抗议者并不是反对新技术本身。他们有充分的理由感受到技术变革的威胁。他们面临着失去社会地位、收入或暴露于健康风险之中的危险。20 世纪，抗议者最重要的要求是对技术进行人性化或社会化控制。在很多情况下，抗议者抵制那些超出民主控制范畴的大型技术系统。

图 8.4——————2015 年，米娅·格尔奥（Mia Grau）和安德列·维瑟特（Andree Weissert）制作的“原子盘”系列瓷板，共 19 块。图中的“原子盘”描绘的是布罗克多夫核电站。艺术家拍摄照片。

历史学家伯恩哈德·里格曾声称，“二战”结束后，公众对“技术现代性”的信仰显著减弱。根据里格的观点，人们普遍担忧核战争和环境灾难，反映了这种心态的变化。[95] 乍一看，里格对这一重要变化作出了准确的说明。然而，正如本章所展示的，有足够的证据表明，对技术进步和技术解决方案的信仰在 1945 年后并未减弱。在某种意义上，罗马俱乐部关于“增长的极限”的警告失败了。尽管该报告成为畅销书，并且许多政治家引用过它，但并未出现根本性的思想转变。几乎从没有出现过因现代技术造成环境危害而导致经济增长减少，相反，新技术被认为是解决问题的灵丹妙药。即使现在，政府也不会认真讨论通过大幅减少能源消耗来摆脱煤炭和核能等有问题的技术。相反，他们寄希望于太阳能和风能等技术创新。类似地，电动汽车被预计将取代内燃机，只有激进的环保主义者才想要减少私人交通工具。此外，当代一些人甚至提议重新使用核能，将其作为对抗全球变暖的答案。总而言之，科技进步愿景仍然是辩论的重要组成部分。然而，尚不确定这些技术创新将引导社会走向何种未来。

206

207 # 结束语

这个简短的结束语首先反思了技术史中的一些常见主题。随后，我将重新思考现代德国历史中技术的特殊性。本书的两个部分——第一章至第四章、第五章至第八章——在许多方面是相互关联的。第二部分是为了丰富而不是替代技术史的更常见主题——身体史和“自下而上”的历史，它们是新的工业化或城市化历史的重要方面。此外，持续进行的工业化进程已经改变了对身体的认识。同样，进步愿景总是与更具怀疑性的观点联系在一起。除此之外，旧事物、普通事物在高科技历史中仍然至关重要。城市被视为技术发展的主要推动者，这一传统观念需要修改——农村地区在工业化历史中也扮演着重要角色。最重要的是，技术的使用者对技术史及其社会和文化应用至关重要。

尽管如此，本书的一个中心主题是用户主动性的局限性。长期以来形成的稳固结构是很难改变的，这一点不容忽视。一般来说，社会、经济和心理的结构限制了技术用户的行动能力。一个例子是，将焦点放在个体消费模式上，忽略了一个关键点——20世纪后期不断发展的高能源社会，在很大程度上是现有技术基础设施和石油、天然气供暖驱动的结果。文化对技术也产生了持久的影响。在许多方面，这些影响助长了性别不平等：一旦男性身体与技术联系在一起，某些熟练的工作任务就成为男性的专属领域。在这个背景下，重要的是要指出，技术创新并不自动地与社会进步相关。相反，在一些情况下，新技术帮助传统价值观和社会结构得以继续存在。例如，1945年后性别分工的延续，依赖于厨房和农场的技术创新。

历史上的行动者在许多场合都在问自己，新技术是否增强了自己的主动性？乍一看，新技术丰富了许多人在日常生活中的行动自由；同时，在某种意义上，技术用户变得依赖这些技术及其可靠性。有时，人们会强烈地感受到这些新机器几乎在指挥用户的身体和思维。技术史学者应该考虑到历史上那些情绪的影响。通常，初次使用技术的人们感到受制于这些新事物，随着时间的推移，他们逐渐习惯了这种被支配的感觉。乘火车旅行的乘客就是一个很好的例子。因此，一方面，普遍认为技术是一种统治自然的愿望，这种观点通常由发明家、工程师和政治家所持有；另一方面，后来的用户至少在某些时候习惯于被机器或大型技术系统支配。这两方面存在一定的矛盾。然而，我们必须超越时人的情感印象来分析这些发展的具体结果。 208

用户的主动性通常不会导致出现抵抗行为。首要的是，用户通常会按照既定的模式使用技术。然而也存在一些特殊情况，用户的创造力影响着技术的发展。特别是用户的改造和创新，对于新技术的接受、改进和传播起着至关重要的作用。尤其是在工作场所，用户主动性的另一面变得重要：工人们对一些可能威胁到自己擅长的岗位甚至是工作本身的新技术表现出了犹豫甚至抵抗。总体上说，现代技术范围的扩展也意味着政治争议领域的扩大，围绕着谁从特定形式的技术创新及其具体应用中受益，产生了更多的冲突。此外，某些技术为不同社会领域的相互关联发展铺平了道路。其中，19 世纪的交通革命对于工业、农业和个人流动等领域的创新至关重要。尤其是新的交通技术对人们接受科技产生了重大影响。

对于用户来说，有时初次使用技术可能会很困难，但在许多情况下，这些经历会让既感兴趣又持怀疑态度的用户逐渐转变为技术爱好者。特别是耗时的改造和修复实践，为那些最终成功地掌控了棘手的技术工具的人建立了情感纽带。结合了技术进步与现代性等文化概念，这些个体化但广泛存在的实践对于新技术的成功和接受至关重要。一方面，技术工具象征着现代性；另一方面，即使用户初次使用这些新鲜复杂的技术工具时遇到了严重问题，这也给现代性增加了一圈神秘光环。为了全面理解这些发展，技术史学者需要仔细地研究情感和期望的历史，以及技术的

“文化挪用”。理解情感的文化系统与技术应用的社会实践相结合，为我们提供了技术史的框架。

曾经存在的社会不平等结构对新技术的实施产生了巨大影响；相反，技术的引入也影响着社会结构。与技术进步常常被认为是社会进步的开启者不同，新技术往往加剧了社会阶级和性别方面的不平等（更不用说它在殖民主义中的作用）。特别是在城市发展的背景下，大型技术体系的规划和实施在很大程度上依赖于中产阶级的游说团体，这些团体追求自己的利益，忽视了工人阶级的利益。然而，这些意图并不总是与结果相符，这在工业劳动领域尤其明显。诚然，对于技术化的工厂组织来说，管理者对 209 高效的追求至关重要。但是，效率与工作的人性化之间的关系是多维度的，并为工人在工厂自主处理机器创造了空间。同时，工人的自主性是更有效地利用其技能、发挥其潜力的基础。

在现代德国的技术史中，要确定特定的国家特色并不容易。例如，“技术修正”的概念在德国历史的不同时期都占主导地位，尤其是在城市发展或环境问题中。然而，这是现代西方历史的共同趋势，而非德国的特殊之处。此外，不能忽视德国历史中的地区差异。乍一看，现代德国的技术史似乎存在许多矛盾。自 20 世纪末以来，德国已出现了全球规模最大、力量最强的环保运动之一，对有害技术持极其批判的态度。因此，德国自称是世界回收利用的冠军。此外，德国工业长期以来生产了大量有害化学品，德国农业自20世纪初以来在农田中使用了大量化肥和农药。

在另一个例子中，自然是许多德国人对祖国的一种自我认知的核心，特别是森林与河流。然而，正如前文所展示的，从19世纪开始，这些社会自然场所已经被整合入大型技术系统。在许多方面，现代德国的技术发展似乎存在更多的矛盾，特别是在第三帝国时期。纳粹宣扬传统的乡村生活，同时通过使用技术手段对乡村进行系统改造。同样的情况也发生在工业领域，纳粹宣传口头上反对“美国主义”，但继续向合理化方向努力。此外，第二次世界大战期间的火箭发展等高科技项目利用了奴隶劳工，并采用了相当原始的技术手段。正如前文所示，这些现象只有在将技术史视为固有的线性进程时才会自相矛盾。而且，许多历史学家仍然倾向于将社会进步隐含地与技术进步等同起来。然而，并不是只有“进步”的社会（不管这是什么样的社会）才能利用现代技术。

这本书还提出了重新思考格申克龙经典的“经济后进性”概念，以及重新审视史料来源。虽然事实上德国并没有处于明显的落后位置，但19世纪人们对于自己可能落后的担忧对于理解德国技术史是至关重要的。这种担忧有助于解释为什么国家官僚机构中不同阶层的众多参与者投票赞成对高科技和日常技术传播的大规模国家支持。总体而言，德国的官僚机构对工业化产生了巨大的影响。因此，德国的一个结构性特点是，国家官僚机构的强大支持有利于建立工程与国家之间的密切关系。此外，19 世纪的德意志各邦国以及 1871 年统一后的德国国家，都是不同利益集团之间有效的调解者。这无疑有助于解释德国农业与工业之间长期存在的相互关联的历史。

德国国家的关键优势并不主要体现在狭义上的支持技术发展。相反，技术变革的制度框架在相对较早的时候已经建立，却常常被忽视，而创新通常是逐渐推进的。然而，德国的一个特殊优势是国家参与这些框架的建立，并在技术发展中发挥着有效的调解作用。协会与国家机构传播知识，成为制造商与用户之间的中介。此外，国家在推动机械化、电气化和汽车化方面也是高效的。然而，国家技术推广的焦点是生产，而不是消费，至少在 20 世纪 60 年代之前是这样。这不仅适用于政治家，而且适用于技术专家，如建筑师，他们对合理住房的构想与美国的方法明显不同。 210

20 世纪初，技术是大多数德国人拥抱的现代性的一个方面。德国在之前几十年中发生的变化，比大多数工业化国家都要快，这使得许多人认为技术改进将进一步改善社会生活。同时，德意志民族的崛起被认为是德国文化优越性导致技术优越性的结果。自信的技术可行性断言随处可见。“一战”战败后，对技术与民族主义的乐观构想转变为更具有侵略性的民族复兴和复仇梦想。在这一点上，德国成为“令人担忧的现代国家”[1]。当然，这并不完全是德国独有的路径，德国的发展与美国的技术官僚运动有许多相似之处，但与美国有着不同的社会和政治背景，尤其根植于 19 世纪末 20 世纪初的德国历史。

德国在 19、20 世纪的技术崛起有助于解释其政治野心。在某种意义上，广泛存在的技术狂热催生了德国的现代民族主义。基层民众对飞艇等引人注目的技术产物的热情推动了现代民族主义的形成。复杂的情感对于这些形成过程至关重要，悲剧性事故被视为英勇的灾难，许多德国人认为技术变革是德国文化优越性与德国人克服最初失败的能力的结果。早在 1900 年前后，现代技术就被认为是德意志民族不可分割的一部分。然而，德国人普遍存在着一种情感上的矛盾，许多人将对文化悲观主义的恐惧、无所不能的愿景与技术创新联系在一起。1918 年后，德国中产阶级普遍存在的高科技沙文主义与自我受害意识的结合，促成了纳粹主义的崛起，这是一个展示情感、技术与政治相互交织的典型例子。

关于现代技术更为普遍的方面，特别是工业劳动，德国也有一些特殊之处。有一些证据表明，生产中的人力因素在德国特别重要。在某种程度上，早期对人力资本和产业工人技能的关注是德国工业成功的关键。后来，这一特点在一定程度上解释了在大规模生产与多样化优质生产之间灵活切换的能力。从“自下而上”的历史视角来看，德国工人阶级的自我认知也有一些独特之

211

处。从 19 世纪末开始，许多熟练工人对自己的技术亲和力、体验性知识和所谓的德国高品质工作传统自豪。

现代技术为不同政治派别带来了许多承诺。进步派希望新技术能加速无法阻挡的社会进步，而保守派则寻求方法来放慢社会变革的脚步。对于后者来说，特定的技术应用提供了传统乡村生活、工作方式与城市化、工业化的现代挑战竞争的机会。纳粹党也将技术创新视为一条通往民族自给自足的现代化的另类可行途径。进步的观念服务于多种目标。我们仍然倾向于将进步与理性的结合视为自然而然的结果，然而德国历史告诉我们，存在着相互竞争的现代性观念和截然不同的技术进步。

自 1945 年以来的技术发展，尤其包括核能、太空时代和数字革命，终结了任何关于德国希望实现自给自足的高科技政策的幻想。冷战促使德国与其他欧洲国家合作开展高科技项目，如果这些国家想与全球超级大国竞争的话。不需要对德国历史的失败进行深刻的认识或道德再教育，面对主导冷战的超级大国，过往通过科技来追求权力的愿望是不现实的。在这种背景下，德国关于技术进步的愿景基本上与更广泛的西方模式相符。

264

附注参考文献

这份附注参考文献介绍了大约50本英文专著和编辑图书，这些图书都是本书研究领域中的重要著作。虽然我主要关注最近的研究成果，但也有必要介绍一些面世于20世纪八九十年代的经典著作。尽管技术史在德国历史学领域已经确立，但大多数研究涉及的主题和时间跨度比本书要窄得多。然而，在全球历史和西方历史领域，最近出现了一些优秀的技术史研究综述，特别是托马斯·米萨（Thomas Misa）的《从莱昂纳多到互联网》（*Leonardo to the Internet*，2011年）、米凯尔·哈德和安德鲁·贾米森（Andrew Jamison）的《傲慢与杂交》（*Hubris and Hybrids*，2005年）以及罗伯特·弗里德尔的《改进的文化》（*A Culture of Improvement*，2007年）。这三本书之所以突出，是因为它们将“普通的、无名的工人和修理匠”这一群体整合入技术史，他们在技术史中长期被忽视。弗里德尔特别强调了从中世纪一直延续到现在的技术“渐进改进”。[1] 另外两本书则以现代早期为起点。米萨认为印刷术的“综合发明”是技术史上的一个转折点。此后，技术变得“累积和不可逆转，永久存在”，而在此之前，发明往往在一段时间后被遗忘，技术传递经常失败。[2]

米萨在书中也强调了技术使用者的重要性，但他质疑过分强调使用者的主动性，认为这容易忽视“大规模成熟技术系统的社会效应”[3]。哈德和贾米森也指出技术并非中立。尽管米萨在部分章节中涉及了德国历史，但哈德和贾米森的书更适合德国历史学习者，因为它涵盖了德国特殊发展过程中的比较陌生的内容。这三本书都对全球层面进行了一定程度的关注，但主要还是关于西方历史的记录。对于全球技术史研究来说，大卫·艾杰顿的《历史的震撼》（2006 年）仍然是最佳选择。它挑战了片面简单化的创新观点，指出了旧技术以多种形式继续存在。

六卷本《塑造欧洲：科技与转变，1850—2000》（*Making Europe: Technology and Transformations, 1850–2000*）既关注全球化，又关注德国在欧洲技术史中扮演的关键角色。各卷涉及科学家、使用者和组织等方面。全书涵盖了殖民主义、基础设施和通信等问题。其中的一卷是由鲁思·奥尔登齐尔和米凯尔·哈德共同撰写的《消费者、修理者、反抗者》（*Consumers, Tinkerers, Rebels,* 2013 年），是令人印象最深刻的有关技术的新文化史研究著作之一。他们的著作着重研究了技术使用者及其在欧洲塑造中起到的关键作用。所有这些研究拓宽了技术史的范畴，涉及日常科技应用，例如，缝纫机、自行车、废物回收处理等成为研究的核心课题。技术史不仅关注机车和铁路建设，而且关注火车车厢和作为技术使用者的乘客。

265

在德语著作中，有两本书引人入胜地探讨了德国历史中的科技问题，但它们关注更多的是生产力，对其他主题较为忽视。约阿希姆·拉德考的经典著作《德国的技术》（*Technik in Deutschland*，2008 年）提供了对 18 世纪以来德国科技发展的杰出概述，但主要反映了 1989 年首版时的历史学讨论背景。克里斯蒂安·克莱因施密特（Christian Kleinschmidt）的《德国的技术与经济》（*Technik und Wirtschaft in Deutschland*，2006 年）在理论上明显侧重于生产性技术，它提供了关于经济史的高水平概述，并对技术问题给予了一定程度的关注。

一些专著探讨了德国特定时期的技术史。虽然大多数对 19 世纪的研究着重于工业化，但伯恩哈德·里格的《英国和德国的技术与现代文化》（*Technology and the Culture of Modernity in Britain and Germany*）是一部引人入胜的比较性研究著作，探讨了对技术的评价。里格指出，1900 年前后，许多人将技术制品视为“现代奇迹”。由于这种理解，由差异极大的技术制品组合而成的“新的总体范畴”逐渐形成。[4] 在这个背景下，里格指出现代民族主义在多大程度上是建立在对技术进步的某种断言上的。他的研究表明，存在着差异极大的现代性拥护者。因此，里格与杰弗里·赫夫的经典著作《反动现代主义》(*Reactionary Modernism*，1984年首次出版）存在分歧。赫夫认为，一群反动现代主义者，尤其是纳粹，将现代技术融入了他们对德国性质的愿景，而没有“屈服于启蒙理性”[5]。尽管赫夫的书仍然值得一读，有助于理解20世纪上半叶关于技术与德国民族主义的思想史，但最近的研究指出，对所谓“正常”现代性之路的假设具有误导性。相反，显然存在着多种形式的现代性。例如，最近蒂亚戈·萨拉伊瓦（Tiago Saraiva）批评了“反动现代主义”的概念，认为它只是暗示了纳粹意识形态内部存在“浪漫主义与技术理性之间未解决的矛盾问题”。萨拉伊瓦称，技术是法西斯主义的核心。[6]他对德国、意大利和葡萄牙法西斯主义的比较研究，是关于法西斯政权如何通过科技手段控制动植物，如猪或土豆，以适应其意识形态需求的引人入胜的描述。

通过探索德国高速公路的历史，托马斯·泽勒（Thomas Zeller）在《德国驾驶》(*Driving Germany*，2007年）一书中，展示了一个“纳粹国家的中心标志”在1945年后如何转变以适应新的条件。这个案例研究了德国公路系统这一人工技术产物，清楚地表明在纳粹时期和战后联邦德国，存在着差异极大的“现代性版本”。尽管1945年之后存在着极大的连续性，但在1970年，20世纪30年代的全景高速公路已经过时了。纳粹的现代主义者设想了一个“兼顾景观的高速公路”，联邦德国的现代性概念则侧重于快速和安全的交通。[7] 在一定程度上，弗兰克·比斯的著作《德国焦虑》(2020 年）也涉及纳粹德国的遗产：创伤与恐惧。尽管比斯不是技术史学者，但他的书中有三章对战后德国的情感与技术历史作出了非常有价值的贡献。对核战争的恐惧、自动化和核能的后果，从 20 世纪 50 年代开始影响联邦德国的政治。比斯表明这些恐惧被融入了关于技术风险的理性讨论。将情感因素融入现代技术的讨论，不仅支持了德国民主的发展，而且促进了人们对技术的普遍接受。

266

在冷战时期的另一个社会主义德国——德意志民主共和国，技术对于国家的发展尤为关键。两部优秀的综述作品——多洛雷斯·奥古斯丁和雷蒙德·斯托克斯（Raymond Stokes）的著作——探讨了政治、社会与技术之间的关系。斯托克斯的《构建社会主义》(*Constructing Socialism*，2000 年）指出了民主德国社会与经济问题的技术根源。此外，“技术卓越的孤岛”也支撑了该国的稳定性。[8] 奥古斯丁的《红色普罗米修斯》(*Red Prometheus*，2007 年）不仅涉及了民主德国的工程师和技术官僚，还全面介绍了其技术史。她令人信服地论述了技术在民主德国文化中的重要地位：“技术在社会主义现代性构想以及民主德国民众的民族认同中发挥着越来越重要的作用。”[9]

不同阶段的工业化仍然是许多技术史学者的研究兴趣所在。因此，相关文献颇为丰富，从早期工业化到计算机时代均有涉及。经济史学家加里·赫里格尔的著作《工业建设》(*Industrial Construction*，1996年)，至今仍然是一部值得关注的作品，距离其首次出版已有25年。赫里格尔展示了地区差异对于工业史的重要性。他的研究有助于摆脱对城市大规模工业的过度关注，扩大视野以涵盖农村产业。从技术史学者的角度来看，赫里格尔的研究对于维持创新与旧技术之间的平衡非常有价值。此外，埃里克·多恩·布罗泽在早期工业化研究方面的贡献——《普鲁士技术政策的变迁》(*The Politics of Technological Change in Prussia*，1993年)，研究了普鲁士国家在推动工业化过程中扮演的角色。布罗泽指出，国家官僚对于技术向普鲁士的转移至关重要，但他提醒我们，行动者的意图往往与实际结果大相径庭。在这种情况下，大多数官僚都设想了一个不那么激进的变革，并希望建立规模较小的农村产业。

正如拉尔斯·马格努松(Lars Magnusson)在其对英国、德国和瑞典冶金工业的比较研究中所证明的，虽然工业化在19世纪末使德国发生了转变，但工厂制度的过渡是“渐进的、零碎的和不均衡的”[10]。他的著作证明，为了全面理解社会与技术变革，必须考虑技术的文化改造。马格努松对德国索林根市的个案研究，体现了当时保留小规模产业的观念的必要性。同样，乌尔里希·翁根罗斯的《企业与技术》(*Enterprise and Technology*)认为应该全面了解创新。19世纪末，德国在钢铁产业获得的成功并非建立在技术优势的基础上，而是因德国企业与经济的结构和组织，使其与英国竞争对手有所不同。

如果说钢铁工业是德国科学导向型产业的一个好例子，那么化学工业可能是一个最好的例子。杰弗里·艾伦·约翰逊（Jeffrey Allan Johnson）的经典著作《皇帝的化学家》（*The Kaiser's Chemists*），展示了国家官僚机构在支持这一新兴产业和技术创新方面所做的努力，同时将旧的精英阶层整合入新系统。近期，维尔纳·阿贝尔斯豪泽编辑了一本关于最成功的化学公司巴斯夫历史的著作。他的《德国工业与全球企业》（*German Industry and Global Enterprise*，2004 年），探索了 150 年的化学研究和生产史。尽管良好的科研一直是成功的关键，但在 20 世纪的发展过程中，工艺技术的进步变得越来越重要，它成为一股有力的竞争力量，而不仅是化学上的创新。

20 世纪 20 年代对效率的痴迷激发了许多技术史的研究。玛丽·诺兰（Mary Nolan）的《现代性的幻想》（*Visions of Modernity*，1994 年）指出，全面理解魏玛德国需要考虑到德国的美国化和对福特主义的着迷。詹妮弗·卡恩斯·亚历山大在她的跨国历史著作《效率的咒语》（*The Mantra of Efficiency*，2008 年）中，用一章专门介绍德国关于高效率工位的展览。魏玛时期，德国对机器与工作的人体之间最佳关系的关注，在将效率的概念扩展到工厂的历程中起到了决定性推动作用。虽然亚历山大倾向于过分强调社会控制的影响，但她对工业效率史以及德国特定方面的广阔研究视野非常鼓舞人心。科琳娜·施隆姆（Corinna Schlomb）的《生产力机器》（*Productivity Machines*，2019 年），讲述了 1945 年后联邦德国持续进行的工业美国化的历史。她关于早期计算机化的历史研究再次表明，美国的技术和工业发明得到了“只适合德国本土条件的改进”[11]。此外，德国工业最突出的特定特点是强大的机械工业专注于通用型机器的生产，帮助联邦德国避免出现底特律自动化的问题。

在城市发展方面，19 世纪的德国最初遵循了英国的模式，但德国城市很快建立了全面的城市规划方法。布赖恩·拉德的先驱性研究《德国城市规划与市政秩序（1860—1914）》（*Urban Planning and Civic Order in Germany, 1860–1914*，1990 年），展示了从 19 世纪末起，不同的城市技术在市政计划中是如何相互交织的，卫生、能源、供水以及交通等问题迅速改变了德国的城市生活。另一部经典著作是理查德·埃文斯（Richard Evans）的《汉堡的死亡》（*Death in Hamburg*，1987 年），它是对 19 世纪城市卫生政策的社会结果与政治方面的案例研究。以不完整的形式建立的卫生技术，甚至可以导致霍乱在汉堡的流行。

近年来，关于城市技术的研究特别关注住房问题。长期以来，历史研究主要关注 20 世纪 20 年代现代主义建筑的著名改革项目。在这方面，莱夫·杰拉姆（Leif Jerram）的《德国的另类现代性》(*Germany's Other Modernity*，2007 年)值得重视，它是对 20 世纪初慕尼黑的案例研究。该研究表明，在两次世界大战之间的德国，现代住房的改革版本虽不那么引人注目但更为普遍，这些改革往往是现代性与传统主义的务实混合。冷战期间，城市规划变得更加公开的政治化。两德在竞争中试图证明自己的现代城市规划方法是最优越的。埃米莉·皮尤(Emily Pugh)的研究《分裂柏林的建筑、政治与身份》(*Architecture, Politics & Identity in Divided Berlin*，2014 年)是对两德城市住房与交通政治进行比较研究的一个很好的例子。埃利·鲁宾的《遗忘之城》(*Amnesiopolis*，2016 年)是对东柏林大规模预制住宅区马扎恩的案例研究，探讨了社会主义现代性中的日常生活。

268

研究电力史的大部分学者都关注用户、社会与技术的框架以及技术创新的结果。然而，其中一项最杰出的研究是托马斯·P. 休斯的《权力网络》(*Networks of Power*，1993 年)，他探讨了构建大型技术系统的国家文化。要全面理解电气化发展历史中的国家差异，休斯的书是必不可少的，书中关于柏林的章节解释了德国电力发展的许多特点。沃尔夫冈·希弗尔布施的《失去魔力的夜晚》(*Disenchanted Night*，1995 年)展示了 19 世纪的煤气灯和电灯如何改变了生活。他考虑了技术用户的文化内涵，并调查了技术从英国传入德国的过程。近期，安德烈亚斯·基伦(Andreas Killen)展示了 1900 年前后城市电气化的日常影响。他的著作《电都柏林》（*Berlin Electropolis*，2006年）探讨了电气化对家庭技术、交通与娱乐（特别是电影院）的多重影响，并将其与当时对一些现代疾病（如神经紧张）的抱怨联系起来。

《过去与现在的能源社会》（*Past and Present Energy Societies*，2012年）是由妮娜·默勒斯（Nina Möllers）和卡琳·扎赫曼编辑的专辑，着重研究欧洲家庭的能源消耗，尤其是20世纪的德国。其中的文章探讨了技术的文化历史全景——从技术的表现形式到消费实践。当然，厨房是家庭中最先电气化的地方。即使是看似不起眼的厨房技术在冷战期间也成为争议焦点，奥尔登齐尔和扎赫曼编辑的《冷战厨房》（*Cold War Kitchen*，2009年）展示了美国化在欧洲各国的不同结果。关于厨房，艾丽斯·魏因勒卜（Alice Weinreb）的专著《现代饥饿》（*Modern Hungers*，2017年）探讨了20世纪德国的食品政策史，研究了家庭技术化政策的结果以及传统模式的持续存在，尤其是性别分工。技术化消费家庭产生了大量废物。最近，技术史学者开始更加关注这个问题。雷蒙德·斯托克斯、罗曼·科斯特（Roman Köster）和斯蒂芬·萨姆布鲁克（Stephen Sambrook）的《废物经济》（*The Business of Waste*，2013年）是一项值得注意的英德比较研究，它探讨了1945年后建立大型技术系统的过程，并记录了普通民众消费习惯的变化。

可以说，从19世纪开始的交通革命是新技术带来的对日常生活最根本的改变之一。希弗尔布施在他经典的专著《铁路之旅》（*The Railway Journey*, 1986年）中反思了乘客们的不同感受。时间和空间有了不同的意义，而铁路“创造了新的景观”[12]。作为文化与社会历史学家，希弗尔布施指出新的交通技术如何对阶级社会的结构产生影响。个人机动车交通在20世纪20年代的德国成为大众现象，摩托车是这个新事物的代表。萨沙·迪斯科（Sasha Disko）的《恶魔的轮子》（*The Devil's Wheels*，2016年）探讨了这一新物件的性别历史。她的研究关注男子气概与摩托车的关系，展示了技术史如何与身体史结合。与摩托车不同，20世纪50年代汽车在德国才成为大众现象。然而，它的最成功的产品——大众甲壳虫，很快成为全球的成功之作。伯恩哈德·里格的《人民的汽车》（*The People`s Car*, 2013年）介绍了这件德国技术产品的全球历史，它因可靠性和低成本而备受赞誉。

269

20世纪初，德国在高科技领域尤其是航空航天领域作出的贡献与德国民族主义的发展密切相关。彼得·弗里切的《飞行之国》（*A Nation of Fliers*，1992年）展示了“机械梦想与国家梦想交织”的情况。[13]在调查飞机和飞艇的同时，吉约姆·德·西昂（Guillaume de Syon）的《齐柏林飞艇》（*Zeppelin*，2001年）专注飞艇及其在德国的重要历史。在比较研究中，赫敏·吉法德在《第二次世界大战中的喷气发动机制造》（*Making Jet Engines in World War II*，2016年）中探讨了军火生产史。吉法德修正了传统观点，即德国战时喷气发动机生产数量上的成功。吉法德认为，成功的大规模生产与其说是巧妙工程的结果，不如说是缺乏资源和熟练劳动力的结果。战争临近结束时，纳粹完全有必要根据简化强迫劳动流程的需要来设计一种实用的产品。因此，这些喷气发动机并没有成为改变战争走向的神奇武器。德国的火箭计划通常被认为神秘莫测，迈克尔·诺伊费尔德和迈克尔·彼得森（Michael Petersen）的著作揭示了20世纪20年代火箭零部件实验和之后在佩内明德陆军研究中心的大规模研发。虽然佩内明德的研究依赖强迫劳动，但从1943年末开始，火箭的生产转移到了米特堡–多拉集中营的防空安全隧道中。迈克尔·塞德·艾伦的《灭绝的生意》（*The Business of Gencoide*，2002年）探索了效率、高科技与强迫劳动的毁灭性结合。战争结束后，德国高科技产品和专家对同盟国来说具有至关重要的价值。马蒂亚斯·朱特（Matthias Judt）和布尔哈德·西斯拉（Burguard Cielsa）主编的《1945年之后的德国技术转移》（*Technology Transfer Out of Germany After 1945*，1996年）调查了这些备受追捧的纳粹专业知识。

尽管纳粹党驱逐了许多犹太科学家，但德国仍然有杰出的物理学家。然而，纳粹党的核计划彻底失败了。马克·沃克的《德国民族社会主义与追求核能》（*German National Socialism and the Quest for Nuclear Power*，1996年）明确指出，纳粹党在核能上没有取得任何成功，因为他们未能将项目扩展到工业规模。战后，民用核能主要是美国化的产物。然而，多洛雷斯·奥古斯丁的《拥抱技术专家》（*Taking on Technocracy*，2018 年）和安德鲁·汤姆金斯（Andrew Tompkins）的《行动起来胜过辐射！》（*Better Active than Radioactive!*，2016 年）表明，公众对核能的反应在某种程度上是德国特有的情形。美国人和法国人也抗议核电站，并且抗议者之间有跨国合作。然而，德国的反核运动尤其强大，并在福岛核灾难后令人惊讶地取得了成功。

德国环保运动的强大之处，在一定程度上可以用过去 250 年来在该国发生的技术转型对景观的剧烈改变来解释。大卫·布莱克伯恩（David Blackbourn）的《征服自然》（*The Conquest of* 270 *Nature*，2006 年）是一项富有成果的环境史与技术史交叉研究。马克·西奥克（Marc Cioc）在《莱茵河》（*The Rhine*，2002 年）一书中进行的个案研究，证明了自然与技术之间的密切关系，使得任何在现代历史中寻找未受破坏的自然的尝试都是毫无意义的。此外，西奥克探讨了环保主义者在 19 世纪就被攻击为现代技术的敌人。弗兰克·乌克特的研究，尤其是《烟雾时代》（*The Age of Smoke*，2009 年）和《最绿色的国家？》（*The Greenest Nation?*，2014 年），调查了德国环保主义的漫长历史。他的比较与跨国研究方法，使其对德国环保主义的成功故事不敢苟同。另外，弗朗茨–约瑟夫·布吕格迈尔（Franz-Josef Brüggemeier）、马克·西奥克和托马斯·泽勒编辑的《纳粹党有多么绿色？》（*How Green Were the Nazis?*，2005年）也非常有价值。这本书表明，就像一般的现代性一样，环保主义也有多种表现形式，可以用于多种政治目标。

Abelshauser, Werner, ed. *German Industry and Global Enterprise: BASF – The History of a Company*. Cambridge: Cambridge University Press, 2004.

Alexander, Jennifer Karns. *The Mantra of Efficiency: From Waterwheel to Social Control*. Baltimore: Johns Hopkins University Press, 2008.

Allen, Michael Thad. *The Business of Genocide: The SS, Slave Labour, and the Concentration Camps*. Chapel Hill: University of North Carolina Press, 2002.

Augustine, Dolores L. *Red Prometheus: Engineering and Dictatorship in East Germany, 1945–1990*. Cambridge: MIT Press, 2007.

Augustine, Dolores L. *Taking on Technocracy: Nuclear Power in Germany, 1945 to the Present*. New York: Berghahn, 2018.

Biess, Frank. *German Angst: Fear and Democracy in the Federal Republic of Germany*. Oxford: Oxford University Press, 2020.

Blackbourn, David. *The Conquest of Nature: Water, Landscape, and the Making of Modern Germany*. New York: Norton, 2006.

Brose, Eric Dorn. *The Politics of Technological Change in Prussia: Out of the Shadow of Antiquity, 1809–1848*. Princeton: Princeton University Press, 1993.

Brüggemeier, Franz-Josef, Marc Cioc and Thomas Zeller, ed. *How Green Were the Nazis? Nature, Environment, and Nation in the Third Reich*. Athens: Ohio University Press, 2005.

Cioc, Marc. *The Rhine: An Eco-Biography, 1815–2000*. Seattle: University of Washington Press, 2002.

de Syon, Guillaume. *Zeppelin! Germany and the Airship, 1900–1939*. Baltimore: Johns Hopkins University Press, 2001.

Disko, Sasha. *The Devil's Wheels: Men and Motorcycling in the Weimar Republic*. New York: Berghahn, 2016.

Edgerton, David. *The Shock of the Old: Technology and Global History since 1900*. London: Profile Books, 2006.

Evans, Richard J. *Death in Hamburg: Society and Politics in the Cholera Years, 1830–1910*. Oxford: Clarendon Press, 1987.

Friedel, Robert. *A Culture of Improvement: Technology and the Western Millennium*. Cambridge: MIT Press, 2007.

Fritzsche, Peter. *A Nation of Fliers: German Aviation and the Popular Imagination*. Cambridge: Harvard University Press, 1992.

Giffard, Hermione. *Making Jet Engines in World War II: Britain, Germany, and the United States*. Chicago: University of Chicago Press, 2016.

271 Hård, Mikael, and Andrew Jamison. *Hubris and Hybrids: A Cultural History of Technology and Science*. New York and London: Routledge, 2005.

Herf, Jeffrey. *Reactionary Modernism: Technology, Culture, and Politics in Weimar and the Third Reich*, repr. edn. Cambridge: Cambridge University Press, 2003.

Herrigel, Gary. *Industrial Constructions: The Sources of German Industrial*

Power. Cambridge: Cambridge University Press, 1996.

Hughes, Thomas P. *Networks of Power: Electrification in Western Society, 1880–1930*. Baltimore: Johns Hopkins University Press, 1993.

Jerram, Leif. *Germany's Other Modernity: Munich and the Making of Metropolis, 1895– 1930*. Manchester: Manchester University Press, 2007.

Johnson, Jeffrey Allan. *The Kaiser's Chemists: Science and Modernization in Imperial Germany*. Chapel Hill: University of North Carolina Press, 1990.

Judt, Matthias and Burghard Ciesla. *Technology Transfer Out of Germany after 1945*. Amsterdam: Harwood, 1996.

Killen, Andreas. *Berlin Electropolis: Shock, Nerves, and German Modernity*. Berkeley: University of California Press, 2006.

Kleinschmidt, Christian. *Technik und Wirtschaft im 19. und 20. Jahrhundert*. Munich: Oldenbourg, 2006.

Ladd, Brian. *Urban Planning and Civic Order in Germany, 1860–1914*. Cambridge: Harvard University Press, 1990.

Magnusson, Lars. *The Contest for Control: Metal Industries in Sheffield, Solingen, Remscheid and Eskilstuna during Industrialization*. Oxford: Berg, 1994.

Misa, Thomas. *Leonardo to the Internet: Technology and Culture from the Renaissance to the Present*, 2nd edn. Baltimore: Johns Hopkins University Press, 2011.

Möllers, Nina and Karin Zachmann, ed. *Past and Present Energy Societies: New Energy Connects Politics, Technologies and Cultures*. Bielefeld: transcript, 2012.

Neufeld, Michael J. *The Rocket and the Reich: Peenemünde and the Coming of the Ballistic Missile Era*. Cambridge: Harvard University Press, 1995.

Nolan, Mary. *Visions of Modernity: American Business and the Modernization of Germany*. New York: Oxford University Press, 1994.

Oldenziel, Ruth and Mikael Hård. *Consumers, Tinkerers, Rebels: The People who Shaped Europe*. Basingstoke: Palgrave Macmillan, 2013.

Oldenziel, Ruth and Karin Zachmann, ed., *Cold War Kitchen: Americanization, Technology and European Users*. Cambridge: MIT Press, 2009.

Petersen, Michael B. *Missiles for the Fatherland: Peenemünde, National Socialism, and the V-2 Missile*. Cambridge: Cambridge University Press, 2009.

Pugh, Emily. *Architecture, Politics & Identity in Divided Berlin*. Pittsburgh: University of Pittsburgh Press, 2014.

Radkau, Joachim. *Technik in Deutschland: Vom 18. Jahrhundert bis heute*. Frankfurt: Campus, 2008.

Rieger, Bernhard. *Technology and the Culture of Modernity in Britain and Germany*. Cambridge: Cambridge University Press, 2009.

Rieger, Bernhard. *The People's Car: A Global History of the Volkswagen Beetle*. Cambridge: Harvard University Press, 2013.

Rubin, Eli. *Amnesiopolis: Modernity, Space, and Memory in East Germany*. Oxford: Oxford University Press, 2016.

Saraiva, Tiago. *Fascist Pigs: Technoscientifc Organisms and the History of Fascism*. Cambridge: MIT Press, 2016.

272 Schivelbusch, Wolfgang. *Disenchanted Night: The Industrialization of Light in*

the Nineteenth Century. Berkeley: University of California Press, 1995.

Schivelbusch, Wolfgang. *The Railway Journey: The Industrialization of Time and Space in the 19th Century*. Leamington Spa: Berg, 1986.

Schlombs, Corinna. *Productivity Machines: German Appropriations of American Technology from Mass Production to Computer Automation*. Cambridge: MIT Press, 2019.

Schot, Johan and Philip Scranton, ed. *Making Europe: Technology and Transformations, 1850–2000*. 6 vols. Basingstoke: Palgrave Macmillan, 2013–19.

Stokes, Raymond G. *Constructing Socialism: Technology and Change in East Germany 1945–1990*. Baltimore: Johns Hopkins University Press, 2000.

Stokes, Raymond G., Roman Köster and Stephen C. Sambrook. *The Business of Waste: Great Britain and Germany, 1945 to the Present*. New York: Cambridge University Press, 2013.

Tompkins, Andrew S. *Better Active than Radioactive! Anti-Nuclear Protest in 1970s France and West Germany*. Oxford: Oxford University Press, 2016.

Uekoetter, Frank. *The Age of Smoke: Environmental Policy in Germany and the United States, 1880–1970*. Pittsburgh: University of Pittsburgh Press, 2009.

Uekoetter, Frank. *The Greenest Nation? A New History of German Environmentalism*. Cambridge: MIT Press, 2014.

Walker, Mark. *German National Socialism and the Quest for Nuclear Power, 1939–1949*. Cambridge: Cambridge University Press, 1989.

Weinreb, Alice. *Modern Hungers: Food and Power in Twentieth-Century*

Germany. Oxford: Oxford University Press, 2017.

Wengenroth, Ulrich. *Enterprise and Technology: The German and British Steel Industries, 1865–1895*. Cambridge: Cambridge University Press, 1994.

Zeller, Thomas. *Driving Germany: The Landscape of the German Autobahn, 1930–1970*. Oxford: Berghahn Books, 2007.

扫码阅读本书注释

索　引

（索引页码为原著页码，即本书边码）

A

D

E

F

G

275

H

276

277

N

O

P

Q

R

S

T

279

Z